矿井瓦斯风险管控理论与综合治理技术

吴新华　刘宇飞　著

应急管理出版社

·北　京·

图书在版编目（CIP）数据

矿井瓦斯风险管控理论与综合治理技术／吴新华，
刘宇飞著． —— 北京：应急管理出版社，2021
ISBN 978 - 7 - 5020 - 8966 - 5

Ⅰ．①矿…　Ⅱ．①吴…　②刘…　Ⅲ．①煤矿—瓦斯
爆炸—防治　Ⅳ．①TD712

中国版本图书馆 CIP 数据核字（2021）第 208646 号

矿井瓦斯风险管控理论与综合治理技术

著　　者	吴新华　刘宇飞	
责任编辑	武鸿儒	
责任校对	邢蕾严	
封面设计	安德馨	

出版发行　应急管理出版社（北京市朝阳区芍药居35号　100029）
电　　话　010 - 84657898（总编室）　010 - 84657880（读者服务部）
网　　址　www.cciph.com.cn
印　　刷　北京建宏印刷有限公司
经　　销　全国新华书店

开　　本　787mm × 1092mm$^1/_{16}$　印张　15　字数　362 千字
版　　次　2021 年 10 月第 1 版　2021 年 10 月第 1 次印刷
社内编号　20211252　　　　定价　58.00 元

前　言

矿井瓦斯一直是煤矿井下主要致灾风险因素之一，矿井瓦斯风险治理理论研究、技术应用与工程实务随着煤矿开采技术及装备的发展而不断发展提升，矿井瓦斯风险致灾事故持续减少。因矿井瓦斯风险治理工作的长期性、煤层瓦斯赋存的递增性、矿井井下地质条件复杂多变性、矿井通风及采场布局多变性等综合因素影响与制约，国内外煤炭开采还未能做到杜绝瓦斯风险致灾事故，矿井瓦斯风险管控与综合治理理论研究与工艺技术装备还有待不断发展提升，科研院校、企事业单位从业人员也一直在不懈努力。

本书作者长期从事矿井瓦斯风险管控技术与理论研究，以及瓦斯风险综合治理工程实务，既具有瓦斯风险管控治理理论知识，更具有丰富的现场工作实践经验，能够有效地结合自身工作实际，把掌握的理论知识与工程实务有机结合，融会贯通。本书是作者在充分吸收国内外先进工艺技术方法与理论研究成果基础上，全面分析总结新疆东沟煤炭有限责任公司（简称东沟煤矿）瓦斯风险管控与综合治理工艺技术及应用经验，在提升理论分析基础上，总结撰写而成。

本书一共分八章，第一章~第三章重点阐述了矿井瓦斯的概念及相关理论、矿井瓦斯风险分析与风险管控、矿井瓦斯风险管控技术；第四章~第八章介绍了矿井瓦斯抽采系统设计构建、瓦斯抽采钻孔施工技术、瓦斯抽采钻孔增透技术、矿井生产特殊时期瓦斯治理技术、瓦斯钻孔抽采技术性问题及解决方案等。

本书在撰写过程中得到韩帅杰、王显军、高志新、董浩、曹亚涛、吉格买提·吉布森（蒙古族）、尹磊鑫、党业龙、朱涛等同志大力支持和帮助，在此深表感谢！

限于作者水平，书中难免有不足之处，敬请读者批评指正。

作　者
2021 年 5 月

目　　录

第一章　矿井瓦斯的概念及相关理论

第一节　矿井瓦斯的概念及等级划分

一、矿井瓦斯

1. 概念

（1）广义概念。

矿井瓦斯泛指矿山井下煤岩层向采掘作业空间逸出的所有气体（包括烟尘），同时也包括进行采掘、机修、爆破作业产生的各类气体和烟尘，采空区长时间进行物理化学反应产生的各类气体等。其主要成分包括甲烷（CH_4）、氮气（N_2）、二氧化碳（CO_2）、氨气（NH_3）、氢气（H_2）、水蒸气（H_2O）、硫化氢（H_2S）、二氧化硫（SO_2）、一氧化碳（CO）、一氧化氮（NO）、二氧化氮（NO_2）、氩气（Ar）、氡气（Rn）等。

矿井瓦斯成分复杂，且随着矿井井下采掘、机修作业的进行时刻产生变化。如爆破作业时段，井下炮烟成分变化非常大；设备运转发热时，各类油脂散发的蒸汽也成为矿井瓦斯的组成部分。

（2）狭义概念。

矿井瓦斯专指甲烷（CH_4），俗称沼气，主要是煤岩层形成时期及地质构造运动过程中形成的甲烷成分。矿井瓦斯是古代植物在堆积成煤的初期，纤维素和有机质经厌氧菌的作用分解而成。

在采掘作业时，煤岩层中的瓦斯向采掘空间逸出（或突出），从而导致作业空间空气中含有一定的瓦斯成分，对矿井采掘及其他作业形成潜在危害。

2. 主要成分

（1）矿井煤岩地层中自然形成的瓦斯的主要成分。

矿井煤岩地层中自然形成的瓦斯的重要成分：甲烷（CH_4）、氮气（N_2）、二氧化碳（CO_2）、硫化氢（H_2S）、水蒸气（H_2O）、微量氩气（Ar）、微量氡气（Rn）及部分重烃等。

（2）矿井采掘作业过程中形成的瓦斯的主要成分。

爆破作业产生的瓦斯的主要成分：二氧化碳（CO_2）、一氧化碳（CO）、一氧化氮（NO）、二氧化氮（NO_2）、三氧化二氮（N_2O_3）、二氧化硫（SO_2）、硫化氢（H_2S）、氨、其他硫的氧化物及烟尘等。

机械运转产生的瓦斯的主要成分：胶带运转摩擦产生橡胶挥发分，胶带橡胶硫化产生的挥发分，各类油脂摩擦受热、储存及变质产生的挥发分，金属运转摩擦产生的氧化挥发分等。

（3）其他因素产生的矿井瓦斯的主要成分。

井下动火、烧焊产生的气体烟尘等；煤炭低温氧化产生的一氧化碳（CO）、二氧化碳（CO_2）、硫的氧化物等；煤炭自燃产生的一氧化碳（CO）、二氧化碳（CO_2）、水蒸气（H_2O）、硫的氧化物等；采空区遗留物质发生物理化学反应产生的二氧化碳（CO_2）、氨气（NH_3）、氢气（H_2）、水蒸气（H_2O）、硫化氢（H_2S）、二氧化硫（SO_2）、一氧化碳（CO）等；井下电瓶充电产生的氢气（H_2）等。

3. 矿井瓦斯（专指甲烷，以下同）的主要危害分析

瓦斯燃烧：瓦斯气体在标准大气压状况下浓度大于 5.3%，同时具备一定能量的点火源和一定浓度的氧气时，就会发生瓦斯燃烧。

瓦斯爆炸：瓦斯在高温火源作用下，与氧气发生化学反应，生成二氧化碳和水蒸气，并放出大量的热，这些热量能够使反应过程中生成的二氧化碳和水蒸气迅速膨胀，形成高温、高压并以高的速度向外冲出而产生动力现象，这就是瓦斯爆炸。在标准大气压状况下，瓦斯的爆炸浓度为 5%～16%，当混合气体氧气浓度小于 12% 时瓦斯失去爆炸性。

瓦斯突出：含瓦斯的煤体、岩体，在地层应力、瓦斯压力、采掘作业、煤岩硬度、自然应力（如地震力）等综合因素作用下，破碎的煤岩和解吸的瓦斯从煤岩体内部突然向采掘空间大量喷出的动力现象，即为瓦斯突出。瓦斯突出能够瞬间摧毁巷道、掩埋设备、人员，造成停工停产和人身伤害，高浓度的瓦斯引起人员窒息，甚至引起瓦斯爆炸。

窒息：因为瓦斯具有无色无味的特性，在浓度发生变化时不易被察觉，当瓦斯浓度增大到 57%，氧气浓度下降至 9% 时，会造成人员呼吸困难，引起窒息死亡。

二、矿井瓦斯等级划分

按照《煤矿瓦斯等级鉴定办法》（煤安监技装〔2018〕9 号）的通知，矿井瓦斯等级划分为低瓦斯矿井、高瓦斯矿井、煤（岩）与瓦斯（二氧化碳）突出矿井（"突出矿井"）三大类。

1. 矿井瓦斯涌出量

煤层瓦斯含量：指在自然条件下，单位质量或单位体积的煤体中含有的标准气体状态下瓦斯量，单位用 m^3/t 表示。煤层瓦斯含量通常指煤层瓦斯原始含量，但在实际工作中在钻探、采掘作业发生后，煤层瓦斯部分处于逸散状态，因此实际测定的数据要进行修正。

矿井相对瓦斯涌出量：指标准气体状态下，每生产 1 t 煤逸出的瓦斯体积量，单位用 m^3/t 表示。

矿井绝对瓦斯涌出量：指标准气体状态下，单位时间内向采掘作业空间或整个矿井井下空间逸出的瓦斯体积量，单位用 m^3/min 表示。

矿井相对瓦斯涌出量与矿井绝对瓦斯涌出量是两个相互独立的概念，但这两个概念与煤层瓦斯含量是紧密相连的。一般来说，煤层瓦斯含量越高，则矿井相对瓦斯涌出量与矿井绝对瓦斯涌出量也会越高，反之亦然。

2. 突出矿井

经鉴定，在采掘过程中发生过煤（岩）与瓦斯突出的矿井，即为突出矿井。

有下列情形之一的煤（岩）层为突出煤（岩）层：

（1）发生过煤（岩）与瓦斯（二氧化碳）突出的；

（2）经鉴定或者认定具有煤（岩）与瓦斯（二氧化碳）突出危险的。

非突出矿井或者突出矿井的非突出煤层出现下列情况之一的，应当立即进行煤层突出危险性鉴定，或直接认定为突出煤层；鉴定完成前，应当按照突出煤层管理：

（1）有瓦斯动力现象的；

（2）煤层瓦斯压力达到或者超过 0.74 MPa 的；

（3）相邻矿井开采的同一煤层发生突出事故或者被鉴定、认定为突出煤层的。

瓦斯动力现象指施工钻孔时发生喷孔、卡钻、夹钻、顶钻等现象；采掘作业时出现剧烈煤炮、强烈声响等；煤岩体出现瓦斯喷出、倾出、压出等现象。

3. 高瓦斯矿井

非突出矿井具备下列情形之一的为高瓦斯矿井，否则为低瓦斯矿井：

（1）矿井相对瓦斯涌出量大于 10 m^3/t；

（2）矿井绝对瓦斯涌出量大于 40 m^3/min；

（3）矿井任一掘进工作面绝对瓦斯涌出量大于 3 m^3/min；

（4）矿井任一采煤工作面绝对瓦斯涌出量大于 5 m^3/min。

4. 低瓦斯矿井

除突出矿井和高瓦斯矿井之外的，即为低瓦斯矿井。

5. 矿井瓦斯等级鉴定

矿井瓦斯等级鉴定是划分矿井瓦斯等级的依据，是煤矿瓦斯防治的重要基础工作，鉴定结果的准确性直接影响煤矿瓦斯防治成效。《煤矿瓦斯等级鉴定办法》有力地促进、强化、规范了煤矿瓦斯等级鉴定工作。

《煤矿瓦斯等级鉴定办法》依据《煤矿安全规程》，从鉴定方法、鉴定指标、判定规则、鉴定管理等鉴定工作中的重点内容和关键环节入手，对《煤矿瓦斯等级鉴定暂行办法》进行了系统性的修订完善，尤其是对新建矿井在可研阶段、建井期间矿井瓦斯等级鉴定，按突出煤层管理后完成突出鉴定工作时限，鉴定机构（单位）如何加强内部管理等做出了明确规定。《煤矿瓦斯等级鉴定办法》的出台，对进一步严格规范煤矿企业和鉴定机构（单位）开展煤矿瓦斯等级鉴定工作，提升煤矿瓦斯防治水平，有效防范和遏制煤矿瓦斯事故具有重要意义。

"矿井瓦斯等级鉴定报告"是《煤矿瓦斯等级鉴定办法》在矿井瓦斯等级管理中的具体体现。

第二节　矿井瓦斯地质

一、瓦斯地质学简述

瓦斯地质学是研究煤层瓦斯的形成、赋存和运移以及瓦斯地质灾害防治理论的交叉学科。研究内容包括：煤层瓦斯的形成过程或者煤层瓦斯组成与煤级的关系、瓦斯在煤层内的赋存与运移、煤与瓦斯突出机理、构造煤特征、地质构造控制煤与瓦斯突出理论、煤与瓦斯突出预测方法与控制措施、瓦斯资源地面开发、瓦斯地质图编制等。

瓦斯地质按照地质区域大小可以分为区域瓦斯地质（地质板块、国家、含煤盆地等大型区域的瓦斯地质）、矿区瓦斯地质、矿井瓦斯地质、采掘工作面瓦斯地质等。其中，与矿井有直接关系的为矿区瓦斯地质、矿井瓦斯地质和采掘工作面瓦斯地质等。

二、瓦斯地质图

瓦斯地质图是对煤矿生产过程中瓦斯地质规律与瓦斯预测成果的高度概括，是在收集、测定相关瓦斯参数的基础上总结、预测而来，它具有丰富、直观以及方便使用等特点。瓦斯地质图是瓦斯地质信息直接运用到煤矿安全生产中最直观的体现。

1. 矿井瓦斯地质图

（1）编制目的。

矿井瓦斯地质图是经系统整理矿井建设及生产期间地质、瓦斯地质、井巷揭露和测试的全部瓦斯参数和数据，能够高度集中地反映矿井瓦斯地质信息和瓦斯赋存、涌出规律，能够较准确地预测瓦斯涌出量、瓦斯含量、煤与瓦斯突出危险性等。

（2）编制要求及内容。

编制要求：采用等高线间距适宜的煤层底板等高线图或采掘工程平面图做底图进行编绘。

地质方面的内容：煤层底板等高线；矿井地质勘探资料、地质构造（火烧区、煤层露头、背斜、向斜、断层、陷落柱）、煤厚等。

瓦斯内容：瓦斯含量点、瓦斯压力点、掘进面绝对瓦斯涌出量点、回采工作面绝对瓦斯涌出量等值线和相对瓦斯涌出量等值线、煤与瓦斯突出动力现象点、煤与瓦斯突出危险性预测参数、区域突出危险性预测、矿井瓦斯资源量等。

2. 采掘工作面瓦斯地质图

（1）编制目的。采掘工作面瓦斯地质图主要是服务于采掘生产一线，指导矿井瓦斯灾害防治和瓦斯抽采治理，减少或消除瓦斯灾害风险，保障矿井安全。

（2）编制要求及内容。采用采掘工程平面图做底图，一般比例尺可选用1∶1000或1∶2000。火烧区、煤层露头、背斜、向斜、断层、陷落柱、煤厚、岩性等。

瓦斯内容：瓦斯含量点、瓦斯压力点、掘进面绝对瓦斯涌出量点、瓦斯放散初速度指标 ΔP、煤的坚固性系数 f、瓦斯突出危险性综合性指标 K 值、煤与瓦斯突出动力现象点、区域突出危险性预测等。

三、煤层瓦斯含量影响因素

影响煤层瓦斯含量的因素有很多，但主要是煤的变质作用、围岩条件、地质构造、煤层埋深、煤田的暴露程度、地下水活动、岩浆活动等影响因素。

一般情况下煤的变质程度越高，煤层瓦斯含量越大；围岩密闭情况越好，煤层瓦斯含量越大。地质构造会对地层造成封闭和利于逸散两种影响情况，煤层瓦斯含量高低需要进行具体分析。煤层埋藏越深，瓦斯含量越大。煤田的暴露程度需要根据覆盖层的情况具体进行分析。地下水活动频繁、水量大、水力连通渠道通畅的区域，瓦斯含量相对较小。岩浆活动要根据具体影响情况、地层因素进行具体分析。

1. 煤层变质程度影响

煤的变质程度越高，煤层瓦斯含量越大。煤层瓦斯的吸附性能决定于煤的煤化程度，一般情况下煤的煤化程度较高，存储瓦斯的能力就越强。煤层瓦斯气体的吸附是物理吸附，其作用力是煤的分子与瓦斯（CH_4）分子之间的作用力，因为这种作用力较弱，因此煤层中瓦斯分子的吸附一般为单分子层吸附。

从煤层保存瓦斯的能力分析煤的吸附能力，吸附能力随煤的变质程度的提高而增大。因此，在同一个温度和瓦斯压力条件下，煤层变质程度高的往往含有较高的瓦斯数量。

另外，随着煤炭变质程度不断提高，伴随着的煤炭的物理化学变化和地壳运动也在不断产生瓦斯。

根据国内煤矿的相关统计分析，同一矿区（或矿井）相近条件下，煤层瓦斯含量具有较明显的随煤的变质程度增高而出现瓦斯含量增大的特征。

2. 围岩条件对瓦斯赋存作用的影响

围岩密闭情况越好，煤层瓦斯含量越大。在几千万至几亿年漫长的煤层形成与煤炭的变质煤化演进过程中，煤层内形成的瓦斯时刻都在与周边环境进行互动。显然，若煤层上下覆盖的围岩结构完整、致密性好，则其密闭性能良好，煤层内形成的瓦斯则不易于向周围环境逸散，煤层内瓦斯赋存条件好，煤层内瓦斯含量就会比较高，反之亦然。

将煤层的各种围岩条件对瓦斯的密闭性影响进行比较，中、粗砂岩围岩对瓦斯的密闭性弱于粉砂岩；煤系地层灰岩围岩对瓦斯的密闭性一般弱于砂岩；砂质泥岩围岩对瓦斯的密闭性一般弱于泥岩；页岩围岩对瓦斯的密闭性最好。

3. 地质构造对瓦斯赋存作用的影响

（1）断层构造对瓦斯赋存作用的影响。

断层是沿着断裂面（带）两侧的煤岩层发生明显的上下或左右移动的一种断裂构造。断裂面称为"断层面"，两侧的煤岩层称为"盘"。若断裂面（带）为倾斜面，则倾斜断裂面（带）上方的煤岩层称为上盘，下方的煤岩层称为下盘。

通常按断层的位移性质分：上盘相对下降的为正断层，上盘相对上升的为逆断层；断层面倾角小于30°的逆断层又称冲断层；两盘沿断层走向作相对水平运动的为平移断层，也称平推断层，又称走向滑动断层（简称走滑断层）。正、逆断层在煤矿生产中最为常见。在地质构造复杂的地带，断层常以组合形式出现，成为阶梯状断层、地垒或地堑。几种断层构造示意如图 1-1 所示。

断层发育区域煤层、岩层比较破碎，裂隙发育，不利于瓦斯的保存。比较大的断层，甚至沟通地表的断层，易引起煤层风化、自燃，瓦斯含量降低。断层的存在代表着裂隙发育，煤层中的瓦斯向裂隙发育处聚集，由于地层封闭和上位层的覆盖作用，往往断层处容易造成瓦斯异常，甚至引起煤与瓦斯突出事故。

复合断层发育的区域，总体是瓦斯富集区，由于煤层的连续性差，瓦斯赋存存在不均一性，若断层、复合断层远离煤层，则对瓦斯赋存影响不大。

（2）褶曲构造对瓦斯赋存作用的影响。

褶皱构造是组成地壳的煤岩层受构造应力的强烈作用使其发生波状弯曲而未丧失其连续性的构造。褶皱构造是地壳煤岩层产生塑性变形的表现，是地壳表层广泛发育的基本构造。按具体形态不同可将其分为向斜构造、背斜构造。

向斜构造、背斜构造是褶皱构造中的基本形态之一。向斜：指的是岩层向下弯曲，主

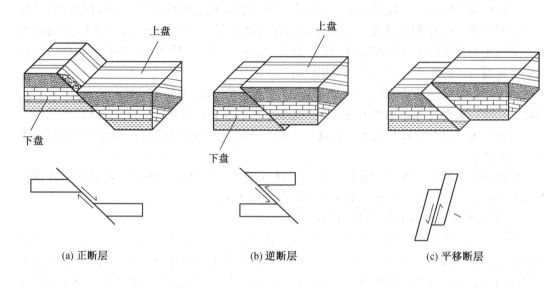

(a) 正断层   (b) 逆断层   (c) 平移断层

图1-1　几种断层构造示意图

要的判断方法是内新外老，在同一水平面上，中间是新岩层，而两边是老岩层。背斜：指的是岩层向上弯曲，主要的判断方法是内老外新，在同一水平面上，中间是老岩层，而两边是新岩层。

通常状态下，向斜构造比背斜构造对瓦斯保存更有利。单纯地从向斜构造来看，向斜两翼地层倾角越大，煤层瓦斯越容易逸散。在大型宽缓向斜中，两翼多有断层发育和次级褶曲发育，瓦斯往往向断层或者次生背斜顶板裂隙逸散，次级向斜部位往往是瓦斯保存最好的部位。

背斜构造又分为对称背斜、不对称背斜、次级背斜3种基本形态。

在对称背斜中，背斜顶部裂隙发育，形成气体逸散通道，因此在背斜轴部瓦斯含量较低，向两翼瓦斯含量有增大趋势。如果受构造力过大导致背斜轴部发育断层，在一定程度上有利于瓦斯保存，其含气性可能较好。不对称背斜顶部多裂隙发育，缓翼有断层发育，瓦斯在陡翼顺层运移从裂隙逸散，缓翼因为受到断层影响得以保存较好。次级背斜多位于大型宽缓式向斜两翼或发育在单斜构造背景中。一般次级背斜幅度小、两翼产状缓、裂隙不发育，有利于瓦斯的保存。

（3）推覆构造对瓦斯赋存作用的影响。

推覆构造是由（逆）冲断层及其上盘推覆体和下盘组合而成的整体构造。冲断层总体倾斜平缓，常呈上陡下缓的铲状或下陡上缓的倒铲状，也可呈陡、缓相间的台阶状。上盘为由远距离（数千米至上百千米）推移而来的外来岩块，称推覆体。下盘为较少位移的原地岩块。推覆构造多发育于造山带及其前陆地区。

按推覆体的形成方式可分为：①冲断推覆体，由外来的构造岩席沿（逆）冲断层面大规模位移而形成；②褶皱推覆体，外来构造岩席呈大规模的倒转层位，可能是在大的平卧褶皱基础上，其下部的一翼被拉薄并发育成剪切带而形成的。

推覆构造可形成区域性封盖构造而有利于瓦斯的保存，还可能强烈破坏煤体原生结构，使煤层渗透率降低，从而有利于瓦斯的保存。

经过对存在推覆构造的矿区（如淮南矿区等）煤层瓦斯赋存情况的分析，其下煤岩层瓦斯含量较临近煤矿瓦斯含量偏高，这与理论分析是一致的。

（4）沉积体系因素对瓦斯赋存作用的影响。

沉积体系有浅海－障壁海岸、浅海－无障壁海岸、三角洲、河流、湖泊、冲积扇，因为沉积环境不同造成含煤岩系的岩性、岩相组成和空间组合不同，因此沉积作用很大程度决定了瓦斯生成的物质基础及煤储层等特征，通过含煤地层周围的围岩组合关系而影响瓦斯的保存条件。几种煤层瓦斯储盖组合的基本类型及其主要特征见表1－1。

表1－1 煤层瓦斯储盖组合的基本类型及其主要特征

沉积体系	储盖岩相组合特征	储盖岩性组合特征	煤层在组合中的位置	封盖能力
浅海—障壁海岸	台地相→沙坝相→障壁岛→潟湖相→潮坪相→沼泽相→泥炭沼泽相→潟湖相	碳酸盐岩→细砂岩→粉砂岩或泥岩→泥岩或炭质泥岩→煤→泥岩或粉砂质泥岩	中部或上部	完整，强
浅海—无障壁海岸	台地相→潟湖或潮坪相→沼泽相→泥炭沼泽相→台地相	碳酸盐岩→粉砂岩或泥岩→泥岩或炭质泥岩→煤→碳酸岩盐	中部或上部	完整，弱
三角洲	前三角洲相→三角洲前缘相→三角洲前相（分流河道/沼泽相/泥炭沼泽相/分流河道相）	泥岩或粉砂质泥岩→砂岩→泥岩或粉砂质泥岩或砂岩→煤→泥岩或粉砂质泥岩或砂岩	上部或顶部	较强或弱
河流	河床相→河漫相→泥炭沼泽相→沼泽相	砂岩→砂质泥岩或泥岩→煤→砂质泥岩或泥岩	上部	完整，较弱
河流	河床相→河漫相→泥炭相→沼泽相→河床相	砂岩→砂质泥岩或泥岩→煤→砂岩	顶部	不完整，弱
湖泊	滨湖三角洲或浅湖或滨湖相→沼泽相/泥炭沼泽相→沼泽相或深湖相	细砂岩或粉砂岩或粉砂质泥岩→泥岩或粉砂质泥岩→煤→泥岩或粉砂质泥岩或油页岩	上部或顶部	强或极强
冲积扇	扇顶相→扇中相→扇尾相	砾岩或砂岩→炭质泥岩→煤→砂质泥岩或砂岩或砾岩	上部或顶部	较弱或弱

（5）煤层厚度对瓦斯赋存作用的影响。

瓦斯的逸散以扩散方式为主，煤体瓦斯的浓度差是扩散的主要动力。在其他条件相同的情况下，煤层厚度越大，其达到均衡状态所需要的时间就越长。因为瓦斯较轻，煤层越厚，其从煤层底板向顶板扩散的路径就越长，扩散阻力就越大，越有利于瓦斯的保存。

（6）水文地质因素对瓦斯赋存作用的影响。

瓦斯由于赋存状态不同，会以游离或者吸附等状态存在，地层中水的流动会影响到瓦斯的运移，因此水文地质条件会对瓦斯的保存、运移造成很大的影响。

水文地质条件对瓦斯保存的影响主要分为3个方面：水力运移、逸散，水力封闭，水力封堵。

水力运移、逸散作用主要发生在裂隙、断层等构造发育的区域，当含水层的水具有一定动力补给、排放，地下水在流动过程中携带煤层气体运移，使之逸散。水力运移、逸散作用的发生需要含水层富水性强、层位水力联系较好，煤岩层裂隙发育。

地层中岩石组成成分、致密性等不同，造成地层中存在含、隔水层的分布，水力运动在隔水层被阻挡，在含、隔水层的交界位置形成一个水封闭环境，在此封闭环境中煤层瓦斯含量较高。水力封闭作用常发生在构造简单的宽缓向斜中，以及裂隙、断层、断裂不发育、区域水文地质条件简单、水力联系小的地层中。

在自然状态下水受地球引力的作用向下运移，瓦斯由于较轻有向上运移的趋势。在相对运动的过程中，水对瓦斯的运移产生一定的阻力，而已溶解于水的瓦斯则随着水的运移向深处移动。水力封堵作用常发生在不对称向斜构造或单斜构造中，含水层受到地表水或大气降水的补给，由浅部向深部运移补给，将煤层中向上扩散的气体给予封堵，使瓦斯聚集。

四、矿井瓦斯涌出量预测

1. 矿井瓦斯涌出形式

矿井瓦斯涌出的形式按照瓦斯动力形态进行分类，大致可分成3类：瓦斯涌出、瓦斯（二氧化碳）喷出、煤（岩）与瓦斯（二氧化碳）突出。

（1）矿井瓦斯涌出现象。

一般情况下矿井瓦斯主要以涌出形态呈现，即由受采掘作业影响的煤层、岩层，以及由采掘落下的煤炭、矸石向井下空间相对均匀地释放出瓦斯的现象。

（2）矿井瓦斯（二氧化碳）喷出现象。

瓦斯（二氧化碳）喷出是指在瓦斯压力作用下从煤岩裂隙、孔隙、钻孔、采掘落煤（岩）等通道或工序集中快速涌出的现象。一般都伴有声响，如哨声、吱吱声等，有时出现肉眼可见带颜色的气体。瓦斯喷出现象根据喷出瓦斯量、持续的时间、瓦斯压力等不同而显现不同。在正常通风条件下，一般短时间内可造成局部瓦斯异常。

根据2016年制定的《煤矿安全规程》规定：瓦斯（二氧化碳）喷出是指从煤体或岩体裂隙、孔洞或炮眼中大量瓦斯（二氧化碳）异常涌出的现象。在20 m巷道范围内，涌出瓦斯量大于或等于1.0 m^3/min，且持续时间在8 h以上时，该采掘区即定为瓦斯（二氧化碳）喷出危险区域。

瓦斯喷出需要一定的压力和一定量的游离瓦斯，按照游离瓦斯生成源不同分类，分别为地质生成瓦斯源和生产生成瓦斯源。

地质生成瓦斯源是指瓦斯生成源由成煤地质或后期地质活动所形成，大量游离的瓦斯聚集在地质裂隙、形成孔洞或者地质构造中，在矿井建设、生产过程中揭露这些区域，聚集的瓦斯突然涌出，形成瓦斯喷出。

生产生成瓦斯源是指在采掘作业过程中对煤、岩层造成松动卸压影响，使开采煤层临近的煤层因卸压形成大量解吸的瓦斯，当游离的瓦斯聚集到一定量时，产生一定的能量，破坏周边的煤、岩结构向采掘作业区域喷出。

（3）矿井煤（岩）与瓦斯（二氧化碳）突出。

矿井煤（岩）与瓦斯（二氧化碳）突出指在地应力和瓦斯压力的共同作用下，破碎的煤、岩和瓦斯（二氧化碳）由煤体或岩体内突然向采掘空间抛出的异常动力现象。煤（岩）与瓦斯（二氧化碳）突出具有瞬间瓦斯涌量大、总量大、破坏性大的特点，因此在具有突出危险性的矿井或煤层中进行采掘作业生产时，需要采取专门的防治突出措施。

2. 矿井瓦斯涌出量预测方法

（1）矿山简易统计法。

煤层风化带以下的瓦斯带内，当地质条件、开采条件变化不大时，相对瓦斯涌出量随采深呈现近似线性关系。当相对瓦斯涌出量随采深不呈现近似线性关系时，需要根据实测值来计算相对瓦斯涌出量随开采深度的变化梯度与开采深度的变化规律，然后进行预测。

矿井相对瓦斯涌出量与开采深度关系计算公式：

$$q = \frac{H - H_0}{a} + 2 \tag{1-1}$$

式中　　q——矿井相对瓦斯涌出量，m^3/t；

　　　　H——开采深度，m；

　　　　H_0——瓦斯风化带深度，m；

　　　　a——相对瓦斯涌出量随开采深度变化的变化梯度，$m/(m^3/t)$。

其中 a、H_0 需要根据实测值进行计算调整。

（2）线性回归法。

线性回归法主要采用统计学处理数据的模式，建立数据统计模型，得出相应的线性方程与相关参数。

相对瓦斯涌出量预测值 q 计算公式：

$$q = aH + b \tag{1-2}$$

式中　　H——开采深度，m；

　　　　b——线性回归常数，m^3/t；

　　　　a——线性回归系数，即相对瓦斯涌出量梯度，$m^3/(t \cdot m)$。

线性回归法 q 计算公式要求采用矿井产量相对稳定时的数据，并且最少有一个水平的实测数据，预测外推范围垂深一般不超过 $100 \sim 200$ m，沿煤层倾斜方向不超过 600 m，走向范围内无大的地质构造相邻区。

（3）瓦斯地质统计法。

因为瓦斯赋存量在矿井不同煤层或同一煤层不同的区域中不是一成不变的，普遍存在着差异性。瓦斯地质统计法是在根据矿井或者临近矿井瓦斯地质资料和瓦斯实测数据，在清楚矿井瓦斯地质的基础上，综合考虑开采深度、开采方法等因素，划分瓦斯地质单元，分析影响瓦斯涌出量大小的因素，建立起瓦斯涌出量与相关因素的数学模型，进行预测瓦斯涌出量的一种方法。

瓦斯涌出量的影响因素一般有掘进采煤方法、开拓开采顺序、煤层埋深、地质构造、水文地质条件、煤层厚度及其变化、煤的变质作用、煤岩层组合、产量等。

瓦斯地质统计法预测首先要以煤层底板等高线作为底图（多煤层要分煤层绘制）编制瓦斯地质图。瓦斯地质图首先要圈定瓦斯风化带与瓦斯带的界限，然后根据采掘实测数据编制瓦斯涌出量等值线图。在图纸上还要反映地质、水文地质、瓦斯测定参数等相关数据。其次根据瓦斯地质图中瓦斯涌出量变化曲线和相关的地质参数变化来确定影响瓦斯涌出量变化的主要因素。最后把相近似的区域划分为区段，根据区段内的相关数据建立瓦斯涌出量与地质相关参数的数据模型，采用数理统计法计算相关参数。

（4）瓦斯分源预测法。

分源预测法是以瓦斯含量为基础，按照矿井生产过程中瓦斯涌出源的多少，各个涌出源瓦斯涌出量的大小来预测矿井、采区、采面、掘进面等瓦斯涌出量。含瓦斯煤层在采掘活动中，受到采掘作用应力重新分布，瓦斯赋存平衡状态被打破，游离的瓦斯通过裂隙、缝隙、孔洞、钻孔等涌入工作面。矿井涌出瓦斯的地点就是瓦斯涌出源。整个矿井的瓦斯涌出量包含了采煤工作面瓦斯涌出量、掘进面瓦斯涌出量、采空区瓦斯涌出量、临近层瓦斯涌出量和其他涌出量。分源预测法主要瓦斯涌出量计算公式如下。

采煤工作面瓦斯涌出量计算公式：

$$q_c = q_1 + q_2 \tag{1-3}$$

式中 q_c——采煤工作面瓦斯涌出量，m^3/t；

q_1——开采层瓦斯涌出量，m^3/t；

q_2——临近层瓦斯涌出量，m^3/t。

掘进工作面瓦斯涌出量计算公式：

$$q_j = q_3 + q_4 \tag{1-4}$$

式中 q_j——掘进工作面绝对瓦斯涌出量，m^3/min；

q_3——掘进工作面巷道煤壁绝对瓦斯涌出量，m^3/min；

q_4——掘进工作面落煤绝对瓦斯涌出量，m^3/min。

采掘工作面根据开采方式、掘进方式、布置方式、层厚等不同，q_1、q_2、q_3、q_4进行不同方式的计算取值。

五、煤层瓦斯赋存状态及特征

1. 煤层瓦斯赋存状态

瓦斯在煤层中赋存状态影响着煤层瓦斯含量的大小和对采掘作业的影响程度，因为其流动性状态直接影响着瓦斯灾害的风险性高低。在一般状态下煤层中瓦斯赋存状态主要分为两种：游离状态和吸附状态，极少部分处于吸收状态。游离状态，主要以活性分子状态赋存于煤岩孔隙裂隙中，一旦煤岩被采掘揭露形成逸出放散通道，活性瓦斯分子很快向采掘作业空间逸出（或突出）；吸附状态，主要是物理吸附，以吸附分子形态赋存于煤岩体中，与煤岩分子（原子）之间有静电荷约束，呈相对一体化存在，吸附赋存于煤岩体中的瓦斯占瓦斯总量的90%以上；吸收状态，占比极少，与煤体分子（原子）紧密结合在一起，呈"耦合"状态，且以化学吸附为主，通常情况下，该类瓦斯极难逸出或放散。瓦斯不是无限制地吸附于煤层，达到一定量的时候即达到饱和状态，其余的瓦斯就会以游离状态存在。在外界环境不变的情况下，吸附状态和游离状态达到动态平衡。

经试验研究表明，因煤岩层中瓦斯90%以上为吸附状态，瓦斯解析是进行瓦斯抽采治理的关键。煤层瓦斯3种赋存状态示意如图1-2所示。

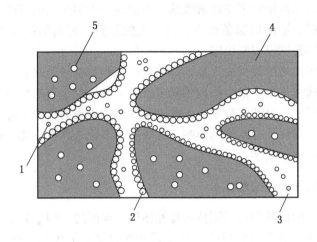

1—游离瓦斯；2—吸附瓦斯；3—空隙；4—煤体；5—吸收瓦斯

图 1-2　煤层瓦斯赋存状态示意图

2. 影响瓦斯吸附性的因素和解吸特征

1）影响煤层瓦斯吸附性的因素

瓦斯吸附于煤层多孔的内表面，吸附状态分为物理吸附和化学吸附。物理吸附是由范德华力和静电力引起的，两者之间的力较弱；化学吸附是由共价键引起的，两者之间的共价力强，为不可逆反应。煤层中瓦斯吸附以物理吸附为主。

煤层吸附瓦斯能力的强弱主要取决于煤的结构、煤的有机组成和煤的变质程度，被吸附物质的性质，煤层吸附所处的环境等。

煤层中瓦斯吸附量的大小主要取决于煤化程度、水分、温度、瓦斯成分、瓦斯压力等。煤层中瓦斯吸附量大小影响因素的影响规律：①当其他外部条件相同时，煤层瓦斯吸附量随着瓦斯压力升高而增大，当瓦斯压力到达一定程度后，吸附量增大变缓；②当其他外部条件相同时，温度越高，瓦斯分子活性越高，分子运动能力越强，越不容易被吸附；③当其他外部条件相同时，组分不同的瓦斯被吸附的量不同，吸附量与气体组分大致呈以下大小关系：二氧化碳>二氧化碳 + 瓦斯>瓦斯>瓦斯 + 氮气>氮气；④瓦斯吸附量与煤层变质程度存在着一定的关系，一般情况下煤层变质程度越高，瓦斯吸附量越大；⑤煤中水分的增加会使煤的吸附能力降低。

根据俄罗斯艾琴格尔的经验公式，煤中水分与瓦斯吸附量的关系式为

$$X_{ch} = X_g \times \frac{1}{1 + 0.31M} \tag{1-5}$$

式中　X_{ch}——水分含量为 M 的湿煤的瓦斯吸附量，m^3/t；

$\quad\quad M$——煤的天然水分含量，%；

$\quad\quad X_g$——干煤（不含水分）的瓦斯吸附量，m^3/t。

2）煤层瓦斯的解吸特征

煤层中呈吸附状态的瓦斯因为外界环境因素的变化（压力降低、温度升高等）重新变成游离状态即为瓦斯解吸。

煤层瓦斯解吸特征常用解吸率和解吸速率来体现。中国区域的煤层瓦斯解吸率在不同地区、不同年代煤层、不同埋深条件下，有很大的差异。瓦斯的解吸速率主要由煤的组分、变质程度、破碎程度等因素决定。

煤层瓦斯解吸率是指解吸损失气量、解吸气量之和与总气量之百分比。

煤层瓦斯解吸速率是指单位时间内的解吸气量。它受控于煤的组成、煤基块大小、煤化程度及煤的破碎程度。自然解吸条件下解吸速率总体表现为快速下降，但初始存在一个加速过程，中间可能受煤孔径结构的影响，解吸速率出现跳跃性变化。储层条件下的解吸速率因压降不同变得更加复杂。

六、煤层瓦斯地球物理探测技术

探测瓦斯富集区的地球物理探测技术是瓦斯地质探测的一项重要手段。通过测量煤层的电阻率、介电常数、地震波的速度和煤层弹性参数之间的关系、极化率物理力学参数等，通过研究主动发射电磁波或地震波在突出煤层中的传播规律等手段，对煤层瓦斯区域赋存量进行探测，分析评估预测煤与瓦斯突出区域。受地质构造复杂性、煤岩层及含水情况的多变性、资料的多解性等因素影响，现阶段地球物理探测手段还存在一定的局限性。

1. 常用地球物理探测技术简述

1）无线电透视探测技术

煤的电阻率一般大于 $5\,k\Omega\cdot m$，周边的泥岩、砂岩电阻率一般为 $1\sim2000\,\Omega\cdot m$。煤的种类电阻率在突出煤层与非突出煤层也不一致，例如突出煤层中变质程度在烟煤以下的电阻率小于非突出煤层。

煤的相对介电常数变化不大，而岩层的相对介电常数变化范围稍大些，空气的相对介电常数为 1，水的相对介电常数为 81。

根据对煤岩体的测定数据，依据无线电在介质内的传播原理，建立介质电阻率、介电常数与无线电频率之间的逻辑数学关系，对煤层瓦斯区域赋存量进行探测，分析评估预测煤与瓦斯突出区域。

2）雷达探测技术、地震弹性波探测技术

雷达探测技术是一种用于确定地下介质分布的光谱电磁技术。利用发射天线发射高频宽带电磁波脉冲，接收天线接收来自介质的界面反射波。电磁波在介质中传播时，其路径、强度与波形随着所通过的介质的电性性质及几何形态变化而变化，根据其变化规律，进一步分析推断介质的结构和形态大小，从而确定煤层瓦斯区域赋存量，预测煤与瓦斯突出区域。

雷达探测技术与单道反射地震法相类似，都是利用波通过不同介质界面的反射波来推断介质的结构和形态大小，只是发射波的类型不同。雷达探测受限于电磁波衰减特性，探测距离不如地震方法远，特别是三维地震探测，在地质构造体探测方面精度要远大于其他探测方法。

2. 电磁辐射监测技术

煤岩在受载变形破裂过程中有电磁辐射信号产生，电磁辐射与煤岩破坏之间具有很好的相关性，电磁辐射强度和脉冲数随着载荷及煤岩体变形破裂强度的增大而增大，随着载荷的降低而降低。

工作面含瓦斯煤岩体的变形破坏呈现流变特征，具有时间效应，采掘工作面煤与瓦斯突出预测就是根据其准备及发动阶段，监测收集前兆信息判断其危险程度。煤体中的瓦斯能够使煤体电磁信号增强，瓦斯压力越大，电磁辐射信号越强；瓦斯流动速度越大，电磁辐射信号也越强。根据上述原理，开发了煤岩动力灾害非接触式实时电磁辐射监测仪器，实现对煤与瓦斯突出的非接触式、连续动态监测及预警。

七、瓦斯来源的相关性分析

1. 瓦斯来源与采掘作业情况的相关性

1）单一煤层开采或者煤层间距过大的多煤层开采

当矿区内煤层为单一煤层开采或者煤层间距过大时，采掘工作面瓦斯涌出主要受到本工作面煤体和临近工作面煤体、采空区的影响。

掘进工作面在实体煤层中掘进时，受到周围实体煤层游离瓦斯逸出的影响，同时，在掘进状态下巷道周边的应力重新分布，巷道两侧形成卸压区，造成该区域实体煤层中的瓦斯解吸，游离的瓦斯和解吸的瓦斯向掘进巷道空间释放。掘进工作面与采空区临近时，除去受到周围实体煤层中的游离瓦斯、因矿压改变解吸的瓦斯影响，还会受到采空区瓦斯通过裂隙逸出影响。

同理，回采面与采空区临近时，除去受到周围实体煤层中的游离瓦斯、因矿压改变解吸的瓦斯影响，还会受到采空区瓦斯通过裂隙逸出影响。采掘工作面瓦斯关系示意图如图1-3所示，具体描述如下。①回采工作面邻近区段巷道掘进工作面瓦斯来源，一方面来源于本区段煤层，即所掘巷道周边煤体和掘进落煤瓦斯，另一方面来源于邻近回采工作面采空区瓦斯。回采工作面瓦斯来源，主要是本煤层回采落煤瓦斯、回采面前方煤体因超前采动压力影响解吸释放瓦斯和回采后部采空区瓦斯，另有工作面外段风流经过的巷道煤壁逸出的少量瓦斯。②回采工作面邻近区段采空区与本回采工作面瓦斯来源，一方面来源于本煤层工作面回采落煤瓦斯、回采面前方煤体因超前采动压力影响解吸释放瓦斯和回采后部采空区瓦斯，另一方面来源于邻近区段采空区瓦斯，通过煤柱裂隙渗入，或通过采空区垮落通道逸出进入回采面采空区；工作面外段风流经过的巷道煤壁逸出的少量瓦斯。③单一回采工作面的瓦斯来源于本煤层回采落煤瓦斯、回采工作面前方煤体因超前采动压力影响解吸释放瓦斯和回采后部采空区瓦斯，工作面外段风流经过的巷道煤壁逸出的少量瓦斯。④单一掘进工作面的瓦斯来源于本煤层掘进落煤及所掘巷道周边煤体。

2）近距离煤层群开采

当矿区为多煤层开采的时，采掘工作面不但受到图1-3所述的瓦斯来源影响，还要受到其他瓦斯来源的影响。

矿区内存在多煤层开采情况下，现代采矿技术一般都是自上而下进行顺序开采，同时也存在反层序"蹬空"开采的方式。在掘进期间因为巷道断面有限，对矿压重新分布的影响也很有限，因而上下"三带"对掘进工作面瓦斯影响也很有限，一般情况下不考虑掘进期间对上下"三带"的影响。只有在煤岩体自身存在裂隙、孔隙较发育的临近层瓦斯才会向掘进作业面空间进行释放，释放量与裂隙、孔隙自身发育情况和煤层瓦斯含量、煤层间距、厚度、煤层透气性等因素有关。

现代矿井多为机械化开采矿井，具有开采推进速度快、效率高、工作面产量大、矿山

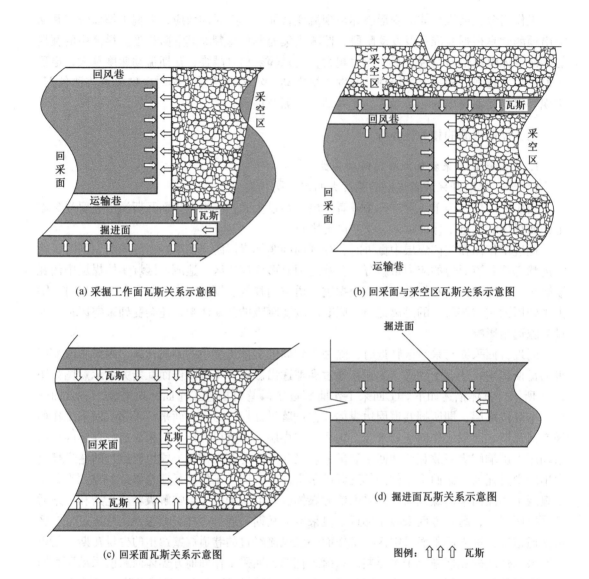

(a) 采掘工作面瓦斯关系示意图

(b) 回采面与采空区瓦斯关系示意图

(c) 回采面瓦斯关系示意图

(d) 掘进面瓦斯关系示意图

图例：⇑⇑⇑ 瓦斯

图1-3　采掘工作面瓦斯关系示意图

压力显现强烈等特点。在一次采全高的综采工作面，工作面每加宽10 m，底板破坏带就加深1 m；顶板的裂隙发育带可根据《煤矿防治水细则》中经验公式计算和现场实际测算得出。因此，回采作业会造成上下"三带"的形成，在上裂隙发育带以下和底板破坏带以内的临近层都会向回采煤层作业及采空空间逸散瓦斯，临近层对回采面的影响具有一定的时间性，会随着矿压裂隙发育和充填压实等过程的出现而不断发展变化。上位煤层开采对下位煤层形成卸压释放，瓦斯从煤体解吸、渗透逸出，如图1-4所示。

在上裂隙发育带以下临近层，在回采过程中，煤岩层经历弯曲、下沉、裂隙发育、甚至断裂垮落（垮落带区间），上位煤层（如有的情况）赋存的瓦斯因卸压、煤体张拉及压缩产生裂隙、甚至断裂垮落（垮落带区间）破坏，其大部分解吸逸出，充盈垮冒空间并

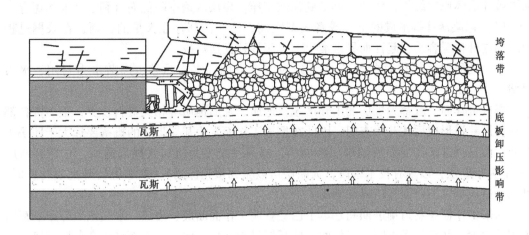

图1-4　回采工作面与煤层群瓦斯关系示意图

向回采作业空间逸散。"反层序"下释放层开采就是利用上位煤层因卸压、煤体张拉及压缩产生裂隙等瓦斯解吸和释压效果,对上位煤层进行瓦斯释放和解突。被释放上位煤层应避开垮落带,以免煤体遭到破坏而无法正常开采。

在煤层底板裂隙发育及破坏带以上临近层,在回采过程中,煤岩层经历卸压、向上弯曲、裂隙发育、甚至断裂破坏,下位煤层赋存的瓦斯因卸压、煤体张拉及压缩产生裂隙、甚至断裂破坏,其部分解吸逸出,充盈采空空间,并向回采作业空间逸散。上释放层开采就是利用下位煤层因卸压、煤体张拉及压缩产生裂隙等瓦斯解吸和释压效果,对下位煤层进行瓦斯释放和解突。

2. 采掘工作面瓦斯与地质、水文地质的相关性

采掘工作面相对矿井而言是属于小区域、小系统,小区域内的煤层瓦斯也并不是一成不变的,而是带有明显的区域性质,特别是在地质构造较发育或矿区地面地形复杂的矿井或采掘工作面表现尤为明显。

矿井或者采掘工作面区域内存在断层、陷落柱、褶皱等情况时,按照一般的瓦斯地质规律:

(1)断层发育区域煤层、岩层比较破碎,裂隙发育,不利于瓦斯的保存。特别是比较大的断层,甚至沟通地表的断层,引起煤层风化、自燃,瓦斯含量降低。但断层的存在代表着裂隙发育,且煤岩体完整性及力学特性弱化,煤层中的瓦斯向裂隙发育处聚集,由于上覆地层封盖作用,往往断层处容易造成瓦斯积聚异常,弱化的煤岩体甚至易于诱发煤与瓦斯突出事故。

(2)通常状态下,向斜构造比背斜构造对瓦斯保存有利。单纯地从向斜构造来看,向斜两翼地层倾角越大,煤层瓦斯越容易逸散。在大型宽缓向斜中,两翼多有断层发育和次级褶曲发育,瓦斯往往向断层或者次级背斜顶板裂隙逸散,所以次级向斜部位往往是瓦斯保存最好的部位。如果受构造力过大导致背斜轴部发育断层、断裂构造,在一定程度上有利于瓦斯保存,其含气性可能较好。

(3)推覆构造一方面可形成区域性封盖构造而有利于瓦斯的保存,另一方面还可能强烈破坏煤体原生结构，致使煤体受到强烈挤压，煤层渗透率降低而有利于瓦斯的保存。

（4）像陷落柱等形成的空洞或者大型空间，往往内部存在大量的瓦斯，在采掘过程中遇到这种情况容易引起瓦斯异常涌出，甚至导致瓦斯事故。

水文地质对瓦斯保存的影响主要分为3个方面：水力运移、逸散水力封闭、水力封堵。

掘进工作面一般都为煤层的未知区域，地质、瓦斯地质等相关资料较少，很多资料都是在掘进巷道形成后才开始查明，因此在掘进工作面发生瓦斯事故的概率要远大于回采工作面。而且掘进工作面揭露的煤层断面小，通风系统多为机械式局部通风，在遇到断层（一般为小断层，以现有技术手段，大断层可以做到预先探测）、褶皱等特殊地质构造时，可能会造成掘进工作面瓦斯异常涌出。

回采工作面在巷道掘进期间基本上已经查明工作面断层、褶皱、水文地质等影响瓦斯的相关因素，并且已经查明本工作面一些瓦斯异常区域。回采工作面采用全负压通风，针对瓦斯灾害的抗灾能力要远大于掘进工作面。

八、矿井瓦斯地质日常工作

矿井瓦斯地质日常工作主要有：①严格遵循十天测一次风和根据需要随时测风的原则，保留测风台账数据；②按照矿井瓦斯等级和国家、行业部门相关规定对井巷、采掘工作面测量瓦斯，特别是对新揭露的井巷测定瓦斯数据，测定回采面回采作业点瓦斯数据，所有瓦斯数据按照时间进行登记形成台账；③对矿井建设期间、生产期间煤层厚度进行数据收集、探测，更新煤层底板等高线和煤层厚度小柱状；④对矿井测量数据进行整理，绘制巷道剖面图，为绘制煤层底板等高线图做好基础工作，收集相关资料；⑤查阅资料，针对矿区内构造、火烧区等进行上图，对生产期间新出现的断层、陷落柱、褶皱等进行上图，对编制台账进行管理；⑥对矿井建设、生产期间的瓦斯异常点进行重点管理，必须在台账、图纸同时显示；⑦对委托其他单位进行的瓦斯相关参数测定数据和矿井自测的瓦斯相关参数进行收集、记录；⑧多煤层矿井，考虑临近层的影响，对临近层层位进行探测、记录；⑨测定评估瓦斯抽采能力，收集整理抽采浓度、抽采流量等相关数据。⑩收集其他需要收集的资料。

第三节　矿井瓦斯事故与瓦斯突出机理假说

一、矿井瓦斯成因

现在普遍认为瓦斯是在煤层煤化过程中生成的，瓦斯的形成伴随整个成煤过程。

按照生物地球化学应力和热力地球化学应力效果，将瓦斯成因分为生物成因和热成因两个基本生成条件。

生物成因又分为原生生物成因和次生生物成因。在生物地球化学煤化作用阶段（成煤早期阶段），随着堆积和掩埋，需氧菌通过纤维素酶和催化作用把纤维素水解成单糖类，单糖类在还原环境中在还原菌参与下生成脂肪酸、甲烷等物质。次生生物成因发生在煤层后期抬升阶段，煤层温度等环境条件又适宜微生物生存，微生物通过补给区的通道伴随水流带入，在相对低温条件下代谢水气、正烷烃和其他有机化合物生成甲烷和二氧化碳。次生生物成因形成的瓦斯一般生成在含煤地层浅部。

瓦斯热成因分为热解成因和裂解成因。热解成因发生相当于长焰煤～贫煤阶段，在热力作用下有机质的各种官能团和侧链分别按照活化能大小依次发生分家，主要转化为不同分子结构的烃类和非烃类气体，反应大体可分成早、中、晚三期，生成的甲烷气体由少—多—较多转变。

裂解成因发生相当于贫煤～无烟煤阶段，有机质基本结构单元上的大部分烷烃支链在热解阶段基本消耗完毕，后续以裂解为主转为芳香核之间的缩合为主，并伴随产生大量的甲烷。

二、矿井瓦斯爆炸事故

1. 矿井瓦斯爆炸条件

矿井瓦斯爆炸主要受到 3 个因素影响，分别是一定浓度的氧气、一定浓度的瓦斯（或其他可燃气体、粉尘）、一定温度的火源（或一定能量的热源）。

（1）瓦斯浓度。正常情况下，瓦斯爆炸的浓度下限为 5%，上限为 16%，所以瓦斯浓度在 5%～16% 范围内，有一定浓度的氧气，遇火则可以发生爆炸。

（2）引火温度。瓦斯的点燃温度为 650～750 ℃，所以井下的明火、电弧火花、爆破、自然发火、架线机车火花，甚至铁器撞击、摩擦产生的火花、静电火花等都可以引燃、引爆瓦斯。

（3）有足够的氧气。当井下空气中氧气含量低于 12% 时，则瓦斯遇火也不发生爆炸。

2. 可燃性气体、煤尘对瓦斯爆炸的影响

可燃性气体的混入。混合气体中混入可燃性气体，增加了可燃性爆炸气体总浓度，使瓦斯爆炸浓度下限降低，从而扩大了瓦斯爆炸范围。可燃性气体如氢气（H_2）、一氧化碳（CO）、乙烷（C_2H_6）、硫化氢（H_2S）、其他可燃气体（如油气）等。

爆炸性煤尘的混入。混合气体中如有爆炸性煤尘，由于煤尘本身遇到火源放出可燃性气体，因此能使瓦斯爆炸下限降低。除煤尘外，其他有机物、金属粉尘也具有类似特性。

3. 惰性气体对瓦斯爆炸的影响

惰性气体的混入。混合气体中混入惰性气体，可使氧气浓度减少，缩小瓦斯爆炸范围，如氮气（N_2）、二氧化碳（CO_2）等。

水蒸气（H_2O）等具有降低或消耗引爆热源能量的作用，因此空气中水蒸气（H_2O）含量的增加能降低瓦斯爆炸的概率。

4. 混合气体的初始温度、压力等因素

混合气体的初始温度越高，瓦斯爆炸界限就越大；混合气体的压力越大，所需引火温度越低，瓦斯也就越容易爆炸。反之亦然。

三、矿井煤（岩）与瓦斯（二氧化碳）突出

1. 矿井煤（岩）与瓦斯（二氧化碳）突出的概念

2016 版《煤矿安全规程》中解释，煤（岩）与瓦斯（二氧化碳）突出是指在地应力和瓦斯的共同作用下，破碎的煤、岩和瓦斯由煤体或岩体内突然向采掘空间抛出的异常的

动力现象。

按照动力现象的成因和特征不同分类：煤（岩）与瓦斯（二氧化碳）突出、煤（岩）与瓦斯（二氧化碳）压出、煤（岩）与瓦斯（二氧化碳）倾出，简称为突出、压出、倾出。

按照参与突出物种类不同分类：煤与瓦斯突出、岩石与瓦斯突出、煤与二氧化碳突出、岩石与二氧化碳突出。另外，还有两种突出物同时存在的混合类突出，如同时存在煤岩、同时存在瓦斯和二氧化碳或四种物质同时存在等。

按照突出发生地点不同分类：石门突出、平巷突出、上山突出、下山突出等。

按照突出发生的作业地点不同分类：掘进工作面突出、回采工作面突出等。

2. 矿井煤（岩）与瓦斯（二氧化碳）突出的条件

根据《防治煤与瓦斯突出细则》（煤安监技装〔2019〕28号）的相关规定，突出煤层鉴定应当首先根据实际发生的瓦斯动力现象进行，瓦斯动力现象特征基本符合煤与瓦斯突出特征或者抛出煤的吨煤瓦斯涌出量大于或等于 30 m^3（或者为本区域煤层瓦斯含量 2 倍以上）的，应当确定为煤与瓦斯突出，该煤层为突出煤层。

当根据瓦斯动力现象特征不能确定为突出，或者没有发生瓦斯动力现象时，应当根据实际测定的原始煤层瓦斯压力（相对压力）P、煤的坚固性系数 f、煤的破坏类型、煤的瓦斯放散初速度 Δp 等突出危险性指标进行鉴定。当全部指标均符合表 1-2 中所列条件，或者钻孔施工过程中发生喷孔、顶钻等明显突出预兆的，应当鉴定为突出煤层。否则，煤层突出危险性应当由鉴定机构结合直接法测定的原始瓦斯含量等实际情况综合分析确定，但当 $f \leqslant 0.3$、$P \geqslant 0.74$ MPa，或者 $0.3 < f \leqslant 0.5$、$P \geqslant 1.0$ MPa，或者 $0.5 < f \leqslant 0.8$、$P \geqslant 1.50$ MPa，或者 $P \geqslant 2.0$ MPa 的，一般鉴定为突出煤层。煤层突出危险性鉴定指标见表 1-2。

表 1-2　煤层突出危险性鉴定指标

判定指标	原始煤层瓦斯压力（相对）P/MPa	煤的坚固性系数 f	煤的破坏类型	煤的瓦斯放散初速度 $\Delta P/\text{mmHg}$
有突出危险的临界值及范围	$\geqslant 0.74$	$\leqslant 0.5$	Ⅲ、Ⅳ、Ⅴ	$\geqslant 10$

3. 煤与瓦斯突出的预兆

煤与瓦斯突出大多数伴随产生有声或无声的预兆，作业人员如果能够熟悉掌握突出预兆的相关知识，就能够提前判断突出危险，及时采取有效的措施消除突出或妥善避险，能有效减少或消除突出灾害所造成的损害。

（1）响煤炮。突出煤层在煤体深处发出大小、间隔不同的响声，有的像炒豆声，有的像鞭炮声，有的像机枪连射声，有的像闷雷声等。特别是煤炮声由小到大、由远到近、由稀到密是突出较危险的信号。

（2）气体穿过含水裂缝时的吱吱声，表明瓦斯气体压力较大。

（3）因压力突然增大而出现的支架嘎嘎声、劈裂折断声、金属支架受压变形声、煤岩壁开裂声、煤壁震动声等。

（4）煤（岩）体开裂、片帮或掉矸、底鼓发出的响声；煤（岩）体位移发出的响声等。

（5）瓦斯涌出异常，打钻喷瓦斯、喷煤，出现闷响声、吹哨声、风声和蜂鸣声等。

（6）煤层结构构造方面表现为煤层层理紊乱，煤质变软、变暗淡、无光泽，煤层干燥、煤尘增大，煤层受挤压褶曲、变粉碎、厚度不均或突然变大，倾角变陡、波状起伏，顶底板阶梯凸起、出现新断层。

（7）矿山压力显现方面表现为压力增大使支架变形，煤壁外鼓，片帮、冒顶次数增多，底鼓严重；炮眼变形快，装药困难，打炮眼时易顶钻、卡钻、喷钻、垮孔等。

（8）其他方面预兆：瓦斯涌出量忽大忽小，煤尘增大，空气气味异常，忽冷忽热，人体有燥热、不适、耳膜鼓胀等感觉，空气有震颤感等。

4. 煤与瓦斯突出的特征

煤与瓦斯突出可分为煤与瓦斯突然喷出（以下简称"突出"）、煤的压出伴随瓦斯涌出（以下简称"压出"）和煤的倾出伴随瓦斯涌出（以下简称"倾出"）3 种类型。

（1）煤与瓦斯突出的基本特征：①突出的煤向外抛出的距离较远，具有分选现象；②抛出煤的堆积角小于自然安息角，具有明显的动力现象；③抛出煤的破碎程度较高，含有大量碎煤和一定数量手捻无粒感的煤粉；④有明显的动力效应，如破坏支架，推倒矿车，损坏或移动安装在巷道内的设施等；⑤有大量的瓦斯（二氧化碳）涌出，瓦斯涌出量远远超过突出煤赋存的瓦斯含量，有时会使风流逆转；⑥突出孔洞呈口小腔大的梨形、舌形、倒瓶形、分岔形或其他形状。

（2）煤与瓦斯压出的基本特征：①压出有两种形式，即煤的整体位移和煤有一定距离的抛出，但位移和抛出的距离都较小；②压出后，在煤层与顶板之间的裂隙中，常留有细煤粉，整体位移的煤体上有大量的裂隙；③压出的煤呈块状，无分选现象；④巷道瓦斯（二氧化碳）涌出量增大；⑤压出可能无孔洞或呈口大腔小的楔形孔洞。

（3）煤与瓦斯倾出的基本特征：①倾出的煤就地按自然安息角堆积，无分选现象；②倾出的孔洞呈孔大腔小，孔洞轴线沿煤层倾斜或铅垂（厚煤层）方向发展；③无明显动力效应；④倾出常发生在煤质松软的急倾斜煤层中；⑤巷道瓦斯（二氧化碳）涌出量明显增加。

5. 煤与瓦斯突出一般规律

（1）煤层突出危险性随着采深增加而增大。

（2）绝大多数突出发生在煤巷掘进工作面。

（3）石门揭煤突出危险性最大。

（4）煤层突出危险性随煤厚增加而增大。

（5）突出绝大多数发生在地质构造带。

（6）大多数突出前有作业式诱导，如爆破、支护、落煤、打钻等。

（7）突出前大多有突出预兆。

（8）煤体破坏程度越高，突出危险性越大。突出煤层结构特点是破坏程度高，大多是Ⅲ、Ⅳ、Ⅴ类煤，一般煤的坚固系数 $f \leq 0.5$，煤层瓦斯放散初速度指标 $\Delta p \geq 10$ mHg，煤层透气性系数小，层理紊乱。

（9）煤层突出危险区域常呈条带状分布。

煤的破坏类型分类见表1-3。

表1-3　煤的破坏类型分类表

破坏类型	光泽	构造与构造特征	节理性质	节理面性质	断口性质	手试强度
Ⅰ类（非破坏煤）	亮与半亮	层状构造，块状构造，条带清晰明显	一组或二三组节理，节理系统发达，有次序	有充填物（方解石），次生面少，节理、劈理面平整	参差阶状、贝状、波浪状	坚硬，用手难以掰开
Ⅱ类（破坏煤）	亮与半亮	1. 尚未失去层状，较有次序；2. 条带明显，有时扭曲，有错动；3. 不规则块状，多棱角；4. 有挤压特征	次生节理面多，且不规则，与原生节理呈网状节理	节理面有擦纹、滑皮。节理平整，易掰开	参差多角	用手极易剥成小块，中等硬度
Ⅲ类煤（强烈破坏煤）	半亮与半暗	1. 弯曲呈透镜体构造；2. 小片状构造；3. 细小碎块，层理紊乱无次序	节理不清，系统不发达，次生节理密度大	有大量擦痕	参差及粒状	用手捻之可成粉末、碎粒
Ⅳ类煤（粉碎煤）	暗淡	粒状或小颗粒胶结而成，形似天然煤团	无节理，呈黏块状		粒状	用手捻之可成粉末
Ⅴ类煤（全粉煤）	暗淡	1. 土状构造，似土质煤；2. 如断层泥状			土状	易捻成粉末，疏松

四、煤与瓦斯突出机理假说

煤与瓦斯突出机理是解释煤与瓦斯突出发生原因、条件及发生过程的理论。虽然世界各地花费大量的人力物力进行煤与瓦斯突出机理的相关研究，但并没有形成统一的理论体系。现在的理论假说概括起来为瓦斯主导作用假说、地压主导理论假说、化学本质作用假说、综合作用假说及其他假说。

1. 瓦斯主导作用假说

以瓦斯作为突出主导作用的假说主要有以下几种。

（1）"瓦斯包"说。苏联学者 E. H 贝可夫、英国学者 R. 威廉姆等提倡的"瓦斯包"假说认为，煤层内存在着可以积聚高压瓦斯的空洞，其压力超过煤层强度减低区的煤体强度极限，当工作面接近这种"瓦斯包"时，煤壁就会发生破坏，并抛出煤炭、释放瓦斯，从而发生突出。

（2）煤透气性不均匀说。苏联学者 P. M. 克里切夫斯基等人提出这一假说，认为煤层中有透气性变化剧烈的区域，在这些区域的边缘，瓦斯流动速度变化很大。如透气性小的恰好是坚硬的煤，而透气性大的又是不坚硬的煤，那么当巷道接近这两种煤的边界时，瓦斯潜能就有可能使煤和瓦斯喷出。

（3）瓦斯解吸潜能释放说。德国学者 K. 克歇尔倡导这一假说，他认为，卸压时煤的微孔隙扩展，孔隙吸附潜能降低，吸附和吸着瓦斯解吸，潜伏的压力转化为游离的瓦斯压力，使瓦斯压力增高，可破坏不坚硬的煤体而引起突出。

（4）地质破坏带说。日本学者兵库信一郎提倡这一假说，认为由于有地质破坏带的存在，潜藏着一定数量的高压瓦斯。当巷道或工作面接近该地带时，在爆破及地压的影响下，煤、岩壁裂缝增多，如覆盖层的阻力与瓦斯压力的平衡遭到破坏时，将会发生突出。

（5）粉煤带假说。因地质构造作用，把煤体粉碎成粉末状，当巷道或采场接近这一地带时，粉末状煤在瓦斯压力作用下，就可能与瓦斯一起喷出。

（6）突出波假说。瓦斯潜能要比煤岩的弹性变形潜能大 10 余倍，当巷道接近煤岩强度低的地区时，在瓦斯潜能作用下产生连续破碎煤体的突出波。

（7）裂缝堵塞假说。由于均匀排放瓦斯的裂缝系统被封闭和堵塞，在煤层中形成增高的瓦斯压力带，从而引起突出。

（8）闭合孔隙瓦斯释放假说。近工作面地带，由于煤吸收和解析瓦斯的周期性，使其强度降低，包含在闭合孔隙中的瓦斯在孔隙壁的闭合面和敞开面之间产生很大压力差，当煤体破坏时，便被解吸瓦斯抛向巷道，形成突出。

（9）瓦斯膨胀应力假说。在煤层中存在瓦斯含量增高带，因而引起煤体的膨胀应力增高，该处煤层透气性接近为零。当巷道掘进时，其应力急剧降低，造成煤的破碎和突出。

（10）火山瓦斯假说。由于火山活动，煤体受到二次热力变质，产生热力变质瓦斯和岩浆瓦斯，在煤体内形成高压瓦斯区，当进入该地带采掘作业时，就可能引起突出。

（11）瓦斯解及假说。卸压时煤的微孔隙扩张，孔隙吸附潜能降低，吸附瓦斯的内能转化为游离瓦斯压力，使瓦斯压力升高，破坏松软煤岩层引起突出。

（12）瓦斯水化物假说。在某些地质构造活动地区，在一定的温度压力下，有可能生成瓦斯水化物（$CH_4 \cdot H_2O$），以稳定状态存在，具有很大潜能，受到采掘工作影响后，会迅速分解成高压瓦斯，破坏煤体而造成突出。

（13）瓦斯－煤固溶体假说。处于未受到采动影响自然条件下煤的有机物质是一种特殊的瓦斯－煤固溶体。瓦斯－煤固溶体处于稳定状态，在压力和温度变化时发生分解，并以气态涌出，在支撑压力带有可能形成具有增高瓦斯含量的次生固溶体。煤与瓦斯突出可以看成是瓦斯－煤固溶体的转化，固溶体的分解伴随着煤岩完整性的破坏和涌出气态产物。

2. 地压主导作用假说

以地压作为瓦斯突出主导作用的假说，主要有以下几种。

（1）岩石变形潜能说。苏联学者 H. M. 别楚克、B. T. 阿尔沙，法国学者莫连，加拿大学者伊格拿季叶夫及日本学者外尾善次郎提倡这一假说，他们认为突出发生是变形的弹性岩石所积聚的潜能引起的，这些岩石位于煤层周围，而这种潜能是以往地质构造运动造成的，当巷道掘进到该处时，弹性岩石便像弹簧一样伸展开来，从而破坏和粉碎煤体而引起突出。

（2）应力集中说。苏联学者 B. H. 别洛夫和 A. M. 卡尔波夫提倡这一假说，他们认为在采煤工作面前方的支承压力带，由于厚弹性顶板的悬顶和突然沉降垮落引起附加应力，煤体在此集中应力的作用下产生移动和遭到破坏。如果再施加动载荷，煤体就会冲破工作面煤壁而发生突出。突出时，伴随大量的瓦斯涌出。

（3）应力叠加说。日本学者矢野贞三提倡这一假说，他认为突出是由于地质构造应力、火山与岩浆活动热力变形应力、自重应力、采掘应力、放顶动压等叠加引起的。突出危险性煤层具有特殊的"分支性裂隙"的显微结构。

（4）剪应力假说。煤在突出前的破碎始于最大应力集中处，是在剪应力作用下发生的。

（5）振动波动假说。突出过程的发展是外力震动引起煤体和围岩的振动波动过程的发展，由于岩石的潜能和煤体的破坏而维持和发展了这一过程。

（6）冲击式移近假说。突出中起主导作用的是顶底板的冲击式移近，冲击式移近发生的可能性和大小，取决于煤岩体的性质、巷道参数、掘进方式和速度。突出的条件：煤层边缘有脆性破坏，从破坏的煤中涌出的瓦斯有一定压力。

（7）顶板位移不均匀假说。突出是由于煤层顶底板不规则和不连续移动而引起的一种动力现象，突出发生在顶底板移近速度值增加后而又下降阶段。

除此之外，还有塑形变形、拉应力波说、放炮突出说等。

3. 化学本质作用假说

以化学本质作为瓦斯突出主导作用的假说，主要有以下几种。

（1）"爆炸的煤"说。突出是由于煤在地下深处变质时发生的化学反应而引起的，即由于煤的变质，在爆炸性转化的物质的介稳区，能够呈现连锁反应过程，并迅速形成大量的瓦斯和二氧化碳，从而引起爆炸和煤与瓦斯突出。

（2）地球化学说。苏联学者 A. M. 库兹涅佐夫提出这一假说，他认为，瓦斯突出现象是煤层不断进行地球化学过程——煤层中的氧化还原过程引起的，由于活性氧及放射性气体的存在而加剧，生成一些活性中间物，导致高压瓦斯的形成。中间产物和煤中有机物的相互作用，使煤分子遭到破坏，从而发生突出。

（3）重煤假说。煤在形成时由重碳（原子量 13）及带氢的同位素（原子量 2）重水参加，形成煤的重同位素称为"重煤原子"，当进行采掘作业时，发生煤与瓦斯突出。

（4）硝基化合物假说。突出煤层中积蓄有硝基化合物，只要有不大的活化能量，就能产生发热反应。当其热量超过分子键性能时，反应将自发地加速进行，从而发生突出。

4. 综合作用假说

综合作用假说最早由苏联学者 Я. Э. 涅克拉索夫斯基在 20 世纪 50 年代提出，他认为煤与瓦斯突出是由地压和瓦斯的共同作用引起的。到 20 世纪 50 年代中期，A. A. 斯科钦斯基根据开采突出危险煤层经验以及当时的科研工作成果，提出瓦斯突出是地压、煤体中的瓦斯、煤的物理学性质、煤的微观结构和宏观结构及煤层结构等因素综合作用结果；在急倾斜煤层中，煤层工作面附近的煤的自重等也是综合作用因素之一。

综合作用假说认为：煤与瓦斯突出是由地应力、包含在煤体内的瓦斯、煤体自身物理学性质三者综合作用的结果。但对各因素在煤与瓦斯突出中所起到的作用却没有一致的结论。

综合作用假说主要有能量假说（B. B. 霍多特提出，认为煤与瓦斯突出是煤的变形潜能和瓦斯内能引起的）、分层分离说（H. M. 彼图霍夫等人认为煤与瓦斯突出是由地应力和瓦斯共同作用的结果）、破坏区说（矾部俊郎等人认为煤与瓦斯突出是地应力和瓦斯压力共同作用的结果）、游离瓦斯压力说（J. 耿代尔等认为，煤与瓦斯突出是煤质、地应力、瓦斯压力综合作用的结果），应力分布不均匀假说等。

（1）能量假说。认为突出是由煤的变形潜能和瓦斯内能引起的。当煤层应力状态发生突出变形时，潜能释放引起煤层高速破碎，在潜能和煤中瓦斯压力双重作用下煤体发生迅速移动，瓦斯由已破碎的煤中解吸、涌出，形成高压高速瓦斯流，把已粉碎的煤抛向巷道。引起煤层应力状态突然变化的原因有：巷道从硬煤进入软煤体，顶板岩石对煤层动力加载，爆破时煤体突然向深部推进，石门揭开煤层，巷道进入地质破坏区等。该假说认为无论游离瓦斯，还是吸附瓦斯，都参与突出的发展。瓦斯对煤体有 3 个方面的作用：全面压缩煤的骨架，增加煤的强度；吸附在微孔表面的瓦斯对微孔起楔子作用，同时降低煤的强度；存在瓦斯压力梯度，引起作用于梯度方向的力。

（2）分层分离说。当突出危险带煤体表面急剧暴露时，由于瓦斯压力梯度作用使作用分层承受拉伸力，拉伸力大于分层强度时，发生分层从煤体上的分离。突出通常是重复的破坏组合：一部分是瓦斯参与下的分层分离而破坏，另外一部分是地压破坏。在急倾斜煤层，还有在自重作用下分离。从煤体分离的煤粒和瓦斯急速冲向巷道，随着混合物的运动，瓦斯进一步膨胀，速度加快。当其遇到阻碍时，速度降低而压力升高，直到增高的压力不能超过破坏条件，过程才能停止。

（3）破坏区说。突出煤层是不均质的，各点强度不等。在高压力作用下，由强度最小的点发生，在其周围造成应力集中，如邻点的强度小于这个集中应力，就会进一步形成破坏区，区内的吸附瓦斯由于煤体破坏时释放的弹性能供给能量而解吸，解吸的瓦斯使得煤层的内摩擦力下降，变成一种流动状态，瓦斯粉煤流喷出便形成突出。

（4）游离瓦斯压力说。法国的 J. 耿代尔等认为，突出是煤质、地应力、瓦斯压力综合作用的结果，但瓦斯因素是主要的，煤体内游离瓦斯压力是引起突出的主要力量，解吸的瓦斯仅参与突出煤的搬运过程。如果工作面在突出危险区是逐渐推进的，那么工作面前方煤体处于匀速动态的状态；如果工作面前方的过载应力区的围岩突然变化，将出现加速动态而突出。有利于突出的条件是：煤的结构紊乱，瓦斯压力高，煤和围岩的应力大。

（5）应力分布不均匀假说。认为在突出煤层的围岩中具有较高的不均匀分布的应力，其主要原因是地质构造运动，个别情况下是由于采掘过程中引起的。由于煤体深部应力分布不均匀，就会产生围岩的不均匀移动，围岩位移减缓或停滞，从而建立了不稳定平衡状态。突出前，由于工作面的机械作用，破坏了围岩的不稳定平衡，引起围岩的移近和伸直，使含瓦斯的煤层暴露和破碎。在煤体破坏时，在暴露面附近形成瓦斯压力梯度引起很薄的分层分离并破坏，饱含瓦斯的分层又重新暴露，破坏过程反复进行，并以突出波的形式向深部传播，释放出的大量瓦斯把碎煤抛出。

瓦斯主导作用假说、地压主导理论假说、化学本质作用假说、综合作用假说都能解释一部分煤与瓦斯突出现象，但还有一部分无法解释的现象，因此瓦斯突出机理研究还需要进一步的深入，以便形成合理的瓦斯突出理论体系。

5. 其他假说

中国矿业大学俞启香教授等提出了球壳失稳假说。该假说认为在石门揭穿瓦斯突出煤层时所发生的动力现象过程中，煤体的破坏以球盖状球壳的形式形成、扩展及失稳抛出为其典型特征，突出过程中煤体在应力作用下破坏是突出的必要条件而不是充分条件，并指出在理想石门揭煤条件下，煤层能否突出及突出强度的大小只取决于地应力、瓦斯压力、煤体强度及软分层厚度。而地应力、瓦斯压力和煤体强度只影响煤体破裂后的初始释放瓦斯膨胀能，所以只要测定煤样的初始释放瓦斯膨胀能和软煤厚度，就可以判断煤体是否会发生突出及突出的类型。

周世宁和何学秋两位教授提出了煤与瓦斯的流变机理。流变假说认为含瓦斯的煤体在外力作用下，当达到或超过其屈服载荷时，明显地表现出变形衰减、均匀变形和加速变形3个阶段。

西安科技大学的李萍丰提出了瓦斯突出机理的二相流体假说。该假说认为由于工作面受采场应力的作用，工作面前方煤体可分为突出阻碍区、突出控制区、突出积能区（或突出中心）和突出能量补给区。

笔者综合多年现场工作与研究分析成果，结合已有的各类煤层瓦斯突出机理假说，认为以下机理假说分析更能与现场实践相契合。

（1）"气球"假说。该机理假说认为煤层内存在有许多煤与瓦斯气体形成的"气球"，"气球"内充盈着煤与瓦斯气体，当采掘作业破坏了"大气球"壁时，其内充盈的煤与瓦斯气体瞬间喷涌而出，这就形成煤层瓦斯突出现象。

经过对多个具有明显突出危险的矿区和煤层的调研分析，突出危险性的煤层多数具有以下特征：煤层松软破碎，在顶底板非常完整的情况下煤层呈涡旋状、水流状、揉皱呈团状，层理紊乱，甚至没有层理。这些现象都具有明显的流动特征，分析认为，"气球"内的"煤气混合体"在漫长的地质年代呈"耦合流动"特征。

"气球"假说还能解释埋藏较浅、地压不大的煤层仍具有突出危险性的问题。

"气球"假说与"瓦斯包"说、瓦斯－煤固溶体假说有一定的相似理论基础。

（2）"极限弹性能"假说。该机理假说认为煤系地层内赋存的坚硬岩层（关键层）因地壳运动应力、地质构造应力、地层应力、物理化学应力、生物因素应力、采掘作业应力等影响，积聚了强大的弹性能，部分区域与煤岩层有机耦合处于"极限弹性平衡状态"，一旦这种平衡状态被扰动或打破，扰动或打破的因素就成为"压死骆驼的最后一根稻草"，呈现"蝴蝶效应"现象，发生煤层瓦斯突出。

（3）"管道效应"假说。该机理假说认为煤系地层内赋存的煤与瓦斯具有强大的压力势能和运动势能，煤岩体内的微裂隙、微孔隙为其提供了一定的通道，当采掘作业或钻探作业揭露这些微裂隙、微孔隙时，微裂隙、微孔隙就像枪炮管子一样，发挥"管道效应""管涌效应"，"煤瓦混合流体"在"管道"中加速喷流而出，其后形成的负压空间加速了煤层中瓦斯解吸运动与压力势能和运动势能的释放，大量的"煤瓦混合流体"的快速喷出形成煤层瓦斯突出。

五、煤与瓦斯突出机理分析

关于煤与瓦斯突出机理方面的理论假说多达几十种，业界专家学者进行了大量的有益探索与研究，可谓"百家争鸣"，但却没有一个或几个能"放之四海而皆准"的理论分析与假说为业界所广泛接受。从这方面来看，说明煤与瓦斯突出机理是非常复杂的，它与地层应力、地质构造应力、地壳运动应力、煤岩体强度与破坏程度、煤岩体内瓦斯（二氧化碳）压力、煤岩体埋藏深度、煤岩体原岩温度、采掘作业因素、煤层顶底板因素、煤系地层因素、采场设计布局等因素都是密切相关的。

笔者结合多年现场工作实践，以及对多个不同地区具有突出危险性矿井的调研分析认为，煤层瓦斯突出危险性与以下几个因素具有明显的正相关关系。

1. 地层应力

地层应力主要是指煤岩地层因重力因素影响而形成的自重应力。对于相对稳定的煤岩层来说，该应力是相对固定的。

随着煤层埋深的增加，煤层瓦斯突出危险性同时递增，呈现一定的正相关关系。

2. 坚硬板块应力

煤层顶板或多煤层煤系地层中含有厚层中粗砂岩、灰岩及其他坚硬岩层，如推覆构造从远处带来的片麻岩等，这些坚硬岩层在地壳运动、构造运动及采掘作业过程中会积聚、蕴藏强大的弹性能，在坚硬岩层板块内形成坚硬板块应力。该应力与煤层瓦斯突出危险性呈现正相关关系。该坚硬板块一般称之为"关键层"。

3. "夹心"板块极限平衡应力

煤系地层中较软弱的煤层或岩层与厚层坚硬岩层组成"夹心"复合体，软弱的煤岩层呈弹塑性状态，坚硬岩层与之形成应力极限平衡状态。矿井采掘作业打破了极限平衡，易于引起软弱的煤岩层与瓦斯突出。

4. 地壳运动应力

地球的地壳运动时刻都在发生与发展，只是人体没有明显感觉而已。但当地壳运动应力遇到构造应力区域，或遇到构造应力对地层破坏较严重区域时，则易于引起煤岩层与瓦斯突出，如地震诱发、火山喷发诱发等。

5. 采场布置与采掘作业因素

煤岩层与瓦斯突出是一个极复杂的力学过程（伴随着物理、化学、甚至生物因素影响等），采场布置与采掘作业过程中形成的应力集中、煤岩柱失稳、大面积悬顶、爆破震动、水力冲击、冲击地压、机组落煤震动等因素都可以成为诱因。

六、低瓦斯矿井煤与瓦斯突出

对于低瓦斯矿井煤与瓦斯突出的研究，应该综合考虑瓦斯作用、地应力、采掘布置以及煤的物理力学因素等。对于低瓦斯矿井发生煤与瓦斯突出提出了两种假设，一种是在低瓦斯矿井存在局部高瓦斯区域，在这种情况下，瓦斯可能起到了主导作用，但必须在一定的地应力条件下诱发；另一种是在低瓦斯矿井存在局部高应力区域，在这种情况下，应力可能起到了主导作用，但必须在一定的瓦斯浓度条件下。"气球"假说也能解释低瓦斯矿井煤与瓦斯突出问题。

七、瓦斯燃烧事故

瓦斯燃烧事故是相对于瓦斯爆炸事故来说的，即瓦斯参与或进行相对稳定的氧化反应的过程。

1. 瓦斯燃烧条件

与瓦斯爆炸事故三要素相近，即一定浓度的瓦斯、一定高温火源的存在和充足的氧气。

（1）瓦斯浓度：瓦斯爆炸界限为 5% ~ 16%。当瓦斯浓度低于 5% 时，遇火不爆炸，但能在火焰外围形成燃烧层；当瓦斯浓度为 9.5% 时，其爆炸威力最大（氧和瓦斯完全反应）；当瓦斯浓度在 16% 以上时，失去其爆炸性，但在空气中遇火会稳定燃烧。

（2）引火温度：瓦斯的引火温度，即点燃瓦斯的最低温度。一般认为，瓦斯的引火温度为 650 ~ 750 ℃，但也受瓦斯的浓度、火源的性质、混合气体中水蒸气含量及混合气体的压力等因素影响而变化。当瓦斯含量在 7% ~ 8% 时，最易引燃（引爆）；当混合气体的压力增高时，引燃温度即降低；在引火温度相同时，火源面积越大、点火时间越长，越易引燃瓦斯；混合气体中水蒸气含量越大，在引火温度相同时，需要点火时间越长，说明需要消耗的点火能量越大。

（3）氧的浓度：实践证明，空气中的氧气浓度降低时，瓦斯爆炸界限随之缩小，当氧气浓度减少到 12% 以下时，瓦斯混合气体即失去爆炸性，此时瓦斯也不能燃烧。

2. 瓦斯燃烧事故危害

（1）消耗氧气，引起人员窒息。矿山井下作业空间狭小，瓦斯燃烧消耗有限空间内大量的氧气，引起人员窒息。

（2）产生有毒有害气体，引起人员中毒。瓦斯在有限空间内燃烧，可能生成大量的碳的非完全氧化物———一氧化碳，能引起人员中毒。

（3）生成热量，形成高温，引起人员伤亡、设备与工程的破坏。

（4）点燃可燃的煤炭及其他可燃物等，引起次生火灾。

（5）参与燃烧，加剧火灾事故。

八、煤与瓦斯突出判定目标参数及测定方法

煤（岩）与瓦斯（二氧化碳）突出判定标准的几个目标参数：原始煤层瓦斯压力（相对压力）P、煤的坚固性系数 f、煤的破坏类型、煤的瓦斯放散初速度 Δp 等。

1. 几个目标参数的概念

（1）原始煤层瓦斯压力（相对压力）P：煤层瓦斯压力，即存在于煤层孔裂隙中的气体分子因自由热运动而引起相互撞击时产生的相互作用力。原始煤层瓦斯压力是指原始煤层未受采掘作业、瓦斯抽采及人为卸压等因素影响的煤层瓦斯压力。考虑到凡是测量总有误差，井下实际现场测定的表压并不是严格意义上的原始煤层瓦斯压力。由于现场测定时，压力表暴露在大气中，表压自然是相对瓦斯压力，而煤层的原始瓦斯压力应该是表压加上测定环境下的大气压，工程上一般大气压取值为 0.1 MPa，也就是说原始瓦斯压力 = 表压 + 大气压，表压实际上就是相对瓦斯压力（前提条件要求测定结果准确）。

（2）煤的坚固性系数 f：坚固性系数又称普罗托季亚科诺夫系数（Protodyakonov's coefficient），简称普氏系数。岩石（煤体）的坚固性有别于岩石（煤体）的强度，强度值必定与某种变形方式（单轴压缩、拉伸、剪切）相联系，而坚固性反映的是岩石在几种变形方式的组合作用下抵抗破坏的能力。

根据岩石的坚固性系数（f）可把岩石分成 10 级，见表 1 - 4。等级越高的岩石越容

易破碎。为了方便使用又在第Ⅲ、Ⅳ、Ⅴ、Ⅵ、Ⅶ级的中间加了半级。考虑到生产中不会大量遇到抗压强度大于 200 MPa 的岩石，故把凡是抗压强度大于 200 MPa 的岩石都归入Ⅰ级。

表1-4 普氏系数岩石分级表

岩石级别	坚固程度	代 表 性 岩 石
Ⅰ	最坚固	最坚固、致密、有韧性的石英岩、玄武岩和其他各种特别坚固的岩石（$f=20$）
Ⅱ	很坚固	很坚固的花岗岩、石英斑岩、硅质片岩，较坚固的石英岩，最坚固的砂岩和石灰岩（$f=15$）
Ⅲ	坚固	致密的花岗岩，很坚固的砂岩和石灰岩，石英矿脉，坚固的砾岩，很坚固的铁矿石（$f=10$）
Ⅲa	坚固	坚固的砂岩、石灰岩、大理岩、白云岩、黄铁矿，不坚固的花岗岩（$f=8$）
Ⅳ	比较坚固	一般的砂岩、铁矿石（$f=6$）
Ⅳa	比较坚固	砂质页岩，页岩质砂岩（$f=5$）
Ⅴ	中等坚固	坚固的泥质页岩，不坚固的砂岩和石灰岩，软砾石（$f=4$）
Ⅴa	中等坚固	各种不坚固的页岩，致密的泥灰岩（$f=3$）
Ⅵ	比较软	软弱页岩，很软的石灰岩，白垩盐岩，石膏，无烟煤，破碎的砂岩和石质土壤（$f=2$）
Ⅵa	比较软	碎石质土壤，破碎的页岩，黏结成块的砾石、碎石，坚固的煤，硬化的黏土（$f=1.5$）
Ⅶ	软	软致密黏土，较软的烟煤，坚固的冲击土层，黏土质土壤（$f=1$）
Ⅶa	软	软砂质黏土、砾石，黄土（$f=0.8$）
Ⅷ	土状	腐殖土，泥煤，软砂质土壤，湿砂（$f=0.6$）
Ⅸ	松散状	砂，山砾堆积，细砾石，松土，开采下来的煤（$f=0.5$）
Ⅹ	流砂状	流砂，沼泽土壤，含水黄土及其他含水土壤（$f=0.3$）

这种分级方法比较简单，而且在一定程度上反映了岩石的客观性质，但也还存在着一些缺点：①岩石的坚固性虽概括了岩石的各种属性（如岩石的凿岩性、爆破性，稳定性等），但在有些情况下这些属性并不是完全一致的；②普氏分级法采用实验室测定来代替现场测定，这就不可避免地带来因应力状态的改变而造成的坚固程度上的误差；③地层围岩体受压力、地温等诸多因素影响很大，同样岩性的岩石，当置于较深的地层深度、较高的地层温度时，其呈现明显的"蠕变"特性，此时其抗压强度明显降低，与普氏分级难以契合。

因为岩石的抗压能力最强，故把岩石单轴抗压强度极限的 1/10 作为岩石的坚固性系数，即

$$f = \frac{R}{10} \tag{1-6}$$

式中，R 为岩石的单轴抗压强度（MPa）。

f 是个无量纲的值，它表明某种岩石的坚固性比致密的黏土坚固多少倍，因为致密黏土的抗压强度为 10 MPa。

岩石坚固性系数的计算公式简洁明了，f 值可用于预计岩石抵抗破碎的能力及其钻掘以后的稳定性。

（3）煤的破坏类型：按照煤被破碎的程度划分的类型。在构造应力作用下，煤层发生碎裂和揉皱。中国采煤界为预测和预防煤与瓦斯突出，将煤被破碎的程度分成 5 种类型。

第 I 类型：煤未遭受破坏，原生沉积结构，构造清晰。

第 II 类型：煤遭受轻微破坏，呈碎块状，但条带结构和层理仍然可以识别。

第 III 类型：煤遭受破坏，呈碎块状，原生结构、构造和裂隙系统已不保存。

第 IV 类型：煤遭受强破坏，呈粒状。

第 V 类型：煤被破碎成粉状。

（4）煤的瓦斯放散初速度 Δp：煤的瓦斯放散初速度，是预测煤与瓦斯突出危险性的指标之一，它反映了煤体解吸释放瓦斯速度的快慢程度，即煤在常压下吸附瓦斯的能力和放散瓦斯的速度，是反映煤层突出区域危险性的一种单项指标。

煤的瓦斯放散初速度表示在一个大气压下吸附瓦斯后用 mmHg 表示的 45～60 s 的瓦斯放散量与 0～10 s 内的瓦斯放散量的差值。

2. 原始煤层瓦斯压力（相对压力）P 的测定方法

（1）原始煤层瓦斯压力（相对压力）P 测定方法之一。用固体材料封孔测定瓦斯压力（图 1–5）。

首先在距测压煤层一定法线距离（≥5 m）的岩巷施工钻孔，孔径一般取 68～108 mm。钻孔最好垂直于煤层顶底板布置。从钻孔进入煤层起，尽可能不停钻直至贯穿整个煤层。然后清除孔内积水和煤（岩）屑，放入一根刚性导气管，立即进行封孔。

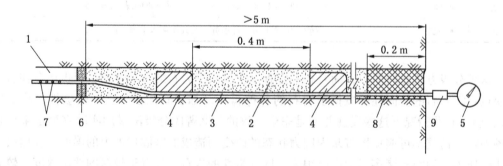

1—测压室；2—封孔固体材料；3—测压导气管；4—木楔；5—压力表；
6—挡盘；7—导气孔；8—水泥；9—压力表接头

图 1–5　固体材料封孔测定瓦斯压力示意图

固体封孔材料一般是指黏土、水泥砂浆等。使用黏土时，应每隔 0.4～1 m 打一个木楔，以提高封孔质量。孔口最好填堵 0.2～0.5 m 的水泥砂浆，以紧固强化孔口。

封孔长度决定于封孔段岩性及其裂隙发育程度，岩石坚硬而无裂隙时可适当缩短，但不能小于 5 m；岩石松软或有裂隙时应增加。导气管一般选用管径 6～20 mm 的紫铜管或无缝钢管，如果兼测煤层透气性系数时，管径不宜太细，一般应为 10～20 mm，以保证测定流量时不至于产生过大的压力损失。

黏土封孔方法。封孔操作时要多人共同用力打紧木楔，黏土要软硬适当。黏土太软时容易黏在孔壁上，泥土送不到位，形成空腔与裂缝。黏土过硬时会出现裂缝导致漏气。所以封孔前要预先把黏土与水调配好，制成稍小于孔径的黏土条备用。测压管位于测压孔中心时，所用泥条和木楔的中心要有孔，这种有孔泥条可用模子压制。木楔直径一般小于孔径 10 ~ 15 mm，导气管若选用较柔软的紫铜管时，也可以使导气管贴靠孔壁。但为了防止出现漏气沟缝，在封孔时应多次改变导气管贴靠孔壁方位。该方法简便易行，封孔后即可上压力表，不需要等待固化时间。

水泥砂浆封孔方法。水泥砂浆封孔一般采用压缩空气作为动力把充填物送入测压孔中。水泥与砂子的配比为 1 : 2.5（质量比）。为避免水泥砂浆凝固后出现收缩现象，要选取膨胀水泥，或选用高铝水泥和自应力水泥按 1 : 4 的比例配置。若购买或配置膨胀水泥有困难，也可以在普通水泥中按重量加入 12% 的矾土水泥和 12% 的石膏混合成速凝水泥，这种水泥的特点是一天可达到 28 d 强度的 80%，并具有一定的膨胀性。

水泥砂浆压气封孔的主要设备为喷浆罐，其结构及工艺系统示意如图 1 - 6 所示。

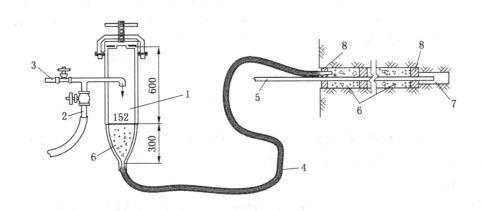

1—喷浆罐；2—压气管；3—水管；4—胶管；5—导气管；
6—水泥砂浆；7—钻孔；8—木塞（挡盘）

图 1 - 6　压气封孔设备结构及工艺系统示意图

压气封孔操作步骤如下：测压孔穿透煤层并清除岩粉和积水后，将导气管下至预定位置（挡盘距煤层约 0.5 m），打开喷浆罐，将搅拌均匀的水泥砂浆倒入罐内，数量可占其容积的 2/3，将罐压紧，然后把注浆管插入钻孔中（注浆管前端不能接普通塑料管和铁管，以免在喷注过程中产生静电和火花引燃孔中瓦斯），打开压气阀门，把砂浆注入孔中，直至注满为止。

（2）原始煤层瓦斯压力（相对压力）P 测定方法之二：胶圈黏液封孔测定瓦斯压力。

1980 年中国矿业大学周世宁教授等研制成功胶圈黏液封孔器，其结构及装配使用如图 1 - 7 所示。

它的封孔测压原理是用膨胀着的胶圈封高压黏液，再由高压黏液封高压瓦斯，由压力表测定瓦斯压力。这种测压方法的要点是在测压过程中始终保持黏液的压力大于瓦斯压

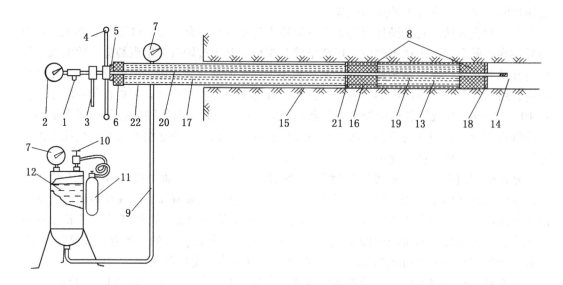

1—向孔内测压室注气入口；2—瓦斯压力表；3—固定手把；4—对胶圈加压手轮；5—推力轴承；6—胶圈（阻止
黏液外漏）；7—黏液压力表；8—封孔胶圈；9—黏液用高压软管；10—阀门（控制高压 CO_2 或 N_2 用）；
11—高压 CO_2 或 N_2 瓶；12—黏液罐；13—黏液封孔段；14—测压室；15—钻孔；16—黏液连通管；
17—高压黏液；18—测压导气管挡盘；19—支撑胶圈筛管；20—测压导气管；
21—外管挡盘；22—外管

图 1-7　胶圈黏液封孔器测定瓦斯压力系统示意图

力，从而避免瓦斯向外泄漏，比较准确地测定瓦斯压力。为了缩短测压时间，测压时可向孔内注气，以补偿在打钻和封孔过程中释放的瓦斯量，停止注气后数日，压力表数据就是所测的瓦斯压力。

黏液可采用淀粉或化学糊精调制。用淀粉调制时，淀粉与水的质量比应视所需黏度而定，淀粉占比一般为 8% 左右，为了增加黏度可略加一点碱。调制时用 100 ℃ 的开水冲制淀粉，冷却后加入 2% 的工业甲醛，以防黏液受微生物分解而黏度变稀。用化学糊精时，可在封孔前 2 h 用凉水调制。无论采用哪种黏液，在使用前都要使用塑料纱网或其他工具将其过滤，以防注液过程中堵塞管路。

封孔及测压操作程序如下：

① 当钻孔即将见煤时应停止钻进，通知测压人员，待其到达现场后，恢复钻进，穿透煤层，并清洗钻孔，排除孔中积水和岩屑。②测压人员要及时组装测压器，尽快封闭测压孔。封孔器的安装长度视深度而定，一般应尽可能靠近煤层，前端胶圈距煤层 1~1.5 m 为宜。装配时在所有胶圈处的内管外壁上抹上黄油，以减少胶圈移动时的摩擦力。为了保证内外管不漏气，在其接口处缠上适量的生料带。③当封孔器的封孔段送到预定位置时，转动加压手轮，使两组胶圈受压膨胀，当感到胶圈膨胀与孔壁接触紧密后停止加压。④在孔口打上防滑楔，以保证安全。⑤连接注液罐，并将预先准备好的黏液倒入罐中，封闭罐口，检查系统无误后，打开黏液罐上的注气阀门，加以 1.0 MPa 的压力，将黏液压入钻孔封孔段。然后关闭阀门，再次向罐中补充黏液，补液后打开阀门加压，并使注

液罐中的压力在整个测压过程中始终略高于预计的煤层压力。⑥安装压力表。安装时要仔细检查压力表密封垫圈是否合格，为可靠起见，最好也缠绕适量的生料带。⑦为缩短测压时间，可向测压室内注入适量的气体（CO_2 或 N_2），注气压力大致控制在预计的瓦斯压力值左右。⑧封孔完毕后要用肥皂水检查整个系统接口处有无渗漏现象，若有渗漏要及时处理。⑨测压孔为下向孔时，封孔完毕后要将孔口盖住，以防杂物掉入孔内，造成测压器回收困难。⑩在整个测压过程中，每天要观察记录各压力表的数据，并根据情况向测压室补气，若发现有异常情况要及时处理；如果瓦斯压力连续 3 天无变化，则可认为这个稳定压力就是煤层瓦斯压力值。

比较常规胶圈封孔器，胶圈黏液封孔器具有封孔长度大、高压黏液能够渗入煤岩缝（裂）隙中、密封效果更好的优点。胶圈黏液封孔器与常规胶圈封孔器的区别主要在于在两组密封胶圈之间充入压力黏液。

（3）原始煤层瓦斯压力（相对压力）P 测定方法之三：胶囊黏液封孔器封孔测定瓦斯压力。

中国矿业大学已研制成功并生产胶囊黏液封孔器。与胶圈黏液封孔器所不同的是用胶囊代替了胶圈。由于胶囊的弹性大，与孔壁可以全面紧密接触，密封黏液的性能要优于胶圈，不仅适用于封岩石钻孔，而且也适用于封较硬煤层中的煤层钻孔。这两种封孔器都可以回收复用，但复用前，一定要在井上进行耐压检漏试验。

（4）原始煤层瓦斯压力（相对压力）P 测定注意事项。

封孔测压技术的测定效果，除了与钻孔未清洗干净、封孔充填料未填密实、水泥固化收缩裂缝、管接头漏气等工艺因素有关外，还应考虑煤岩体破坏情况、采掘作业对煤层瓦斯的扰动影响等。因此，原始煤层瓦斯压力要对测定的数据进行一定的修正。

3. 煤的坚固性系数 f 的测定方法

（1）仪器设备及用具。捣碎筒、计量筒、分样筛（孔径 20 mm、30 mm 和 0.5 mm 各 1 个）、天平（最大称量 1000 g，感量 0.5 g）、小锤、漏斗、容器等。

（2）采样与制样。①沿新暴露的煤层厚度的上、中、下部各采取块度为 10 cm 左右的煤样两块，在地面打钻取样时应沿煤层厚度的上、中、下部各采取块度为 10 cm 的煤芯两块。煤样采出后应及时用纸包上并浸蜡封固（或用塑料袋包严），以免风化。②煤样要附有标签，注明采样地点、层位、时间等。③在煤样携带、运送过程中应注意不得摔碰。④把煤样用小锤碎制成 20～30 mm 的小块，用孔径为 20 mm 或 30 mm 的筛子筛选。⑤称取制备好的试样 50 g 为一份，每 5 份为一组，共称取 3 组。

（3）测定步骤。①将捣碎筒放置在水泥地板或 2 cm 厚的铁板上，放入试样一份，将 2.4 kg 重锤提高到 600 mm 高度，使其自由落下冲击试样，每份冲击 3 次，把 5 份捣碎后的试样装在同一容器中。②把每组（5 份）捣碎后的试样一起倒入孔径 0.5 mm 分样筛中筛分，筛至不再漏下煤粉为止。③把筛下的粉末用漏斗装入计量筒内，轻轻敲打使之密实，然后轻轻插入具有刻度的活塞尺与筒内粉末面接触，在计量筒口相平处读取数 L（即粉末在计量筒内实际测量高度，读至毫米）。

当 $L \geq 30$ mm 时，冲击次数 n，即可定为 3 次，按以上步骤继续进行其他各组的测定。

当 $L < 30$ mm 时，第一组试样作废，每份试样冲击次数 n 改为 5 次，按以上步骤进行冲击、筛分和测量，仍以每 5 份作一组，测定煤粉高度 L。

（4）坚固性系数的计算。

坚固性系数计算公式为

$$f = \frac{20n}{L} \qquad (1-7)$$

式中　f——坚固性系数；

　　　n——每份试样冲击次数，次；

　　　L——每组试样筛下煤粉的计量高度，mm。

测定平行样 3 组（每组 5 份），取算术平均值，计算结果取一位小数。

（5）软煤坚固性系数的确定。

如果取得的煤样粒度达不到测定 f 值所要求的粒度（20～30 mm），可采取粒度为 1～3 mm 的煤样按上述要求进行测定，并进行换算。换算公式为

$$f = 1.57f_{1-3} - 0.14 \quad (f_{1-3} > 0.25) \qquad (1-8)$$

$$f = f_{1-3} \quad (f_{1-3} \leqslant 0.25) \qquad (1-9)$$

式中　f_{1-3}——粒度为 1～3 mm 时煤样的坚固性系数。

4. 煤的瓦斯放散初速度 Δp 的测定方法

（1）在煤层新暴露的界面上采取煤样 250 g，或打钻采取新鲜煤芯 250 g。煤样附上标签，注明采样地点、层位、采样时间等。

（2）将所采煤样进行粉碎，筛分出粒度为 0.2～0.5 mm 的煤样。每一煤样取两个试样，每个试样重 3.5 g。

（3）测定步骤。①把两个试样用漏斗分别装入 Δp 测定仪的两个试样瓶中。②启动真空泵对试样脱气 1.5 h。③脱气 1.5 h 后关闭真空泵，将甲烷瓶与试样瓶相连，充气（充气压力 0.1 MPa）使煤样吸附瓦斯 1.5 h。④关闭试样瓶与甲烷瓶阀门，使试样瓶与甲烷瓶隔离。⑤开动真空泵对仪器室空间进行脱气，使 U 形管汞真空计两端汞面相平。⑥停止真空泵，关闭仪器室空间通往真空泵的阀门，打开试样瓶的阀门，使煤样瓶与仪器被抽空的室空间相连并同时启动秒表计时，10 s 时关闭阀门，读出汞柱计两端汞柱差 p_1（mgHg），45 s 时打开阀门，60 s 时关闭阀门，再一次读出汞柱计两端的压差 p_2（mgHg）。

（4）计算瓦斯放散初速度指标 Δp。计算公式为

$$\Delta p = p_2 - p_1 \qquad (1-10)$$

式中瓦斯放散初速度指标 Δp 的单位为 mmHg。

第二章　矿井瓦斯风险分析与风险管控

第一节　矿井瓦斯风险分析

一、与风险相关的几个概念

1. 风险

从广义上来说，风险是指在特定的客观条件下，特定时期内，某一事件其实际结果于预期结果的变动程度。变动程度越大，风险越大；反之，则越小。

从狭义上说，风险是指可能发生损失的不确定性，强调可能存在损失，而这种损失是不确定的。

风险具有普遍性、客观性、不确定性。风险无处不在、无时不有，时刻伴随着人们的日常生活和工作，不会以人的意志而消除，人们只能采取相应的管控措施，在一定范围内改变风险成因条件，降低狭义风险发生的概率，减少风险事故带来的损失。

有些风险是"灰犀牛"事件，有的风险是"黑天鹅"事件，"灰犀牛"是指经常发生却没有得到充分重视的经常性风险，"黑天鹅"是指发生概率小，一旦发生，影响巨大的风险。还有些风险是新兴风险，如智能电网要谨防黑客袭击等。

多维度辨识风险，可以更加清晰全面地了解风险，才能制定切实有效的管控措施。

2. 风险源

风险源从字面理解是风险的源头，是指直接导致风险事件发生的环境因素、自然因素、人为因素。风险源与风险密不可分，风险源是导致风险事件发生的根本原因。

风险源（risk source）的概念与"可能单独或共同引发风险的内在要素"相对应。风险源可以是有形的，也可以是无形的。风险源跟风险一样，是一个中性概念。

3. 风险点的概念

在风险管控实施过程中，涉及风险点的概念，它与风险源是密不可分的。

风险无处不在，每一个事件、每个人、每个物都可以被认为是一个风险点，风险点包含一系列风险源。风险点是指相对静态的设施、部位、场所和区域，以及在特定的设施、部位、场所和区域实施的伴随风险的动态作业过程，或者以上两者的组合。对于风险点和风险源的概念，通俗来说就是源在点中，点比源大。一个风险点可以包含有很多个风险源。

4. 风险管控

风险管控的实施：就是把组织内部人、事、物和与组织有关联的外部因素按一定规律（或系统、类别、功能等）划分为若干个风险点，以风险点作为单元始点，对风险源（风险）进行全面辨识，尽可能找出所有的风险源，并列出风险源清单；对风险源进行风险评估后，依据评估结果对风险源进行分级，对不同的风险源，按不同的分级进行风险管控。

二、矿井风险辨识

1. 矿井风险辨识的主要注意事项

危险源辨识需要全员参与，而危险源的风险评估需要专业力量和专业系统。辨识全风险是一件非常烦琐和困难的事情，很容易出现风险辨识不全、漏判、误判、信息缺失等问题。不仅要找全风险源（危险源），而且要找全风险源（危险源）导致的风险事件（事故）以及事件（事故）的原因和后果，特别是导致风险事件（事故）的原因。

在风险辨识过程中，也要注意：相同的安全风险可由不同的风险源（危险源）产生，如煤矿井下火灾风险，可以是煤炭自燃（风险源）引起的内因火灾，也可以是动火、动焊管控不力引起的外因火灾，还可以是爆破工程管控不力引起的瓦斯燃烧火灾。

安全风险评估时，要注意"点""线""面""体"的相互关系与综合评估。随着矿井机械化、自动化、信息化、智能化"四化"建设全面深入开展，要注重加强对新兴风险的辨识与评估。

2. 矿井风险源分类

（1）自然因素类，包括源于矿井地质因素等，如瓦斯、油气、煤岩粉尘、地表水与地下水、自燃煤层引起的内因火灾、采掘空间形成的煤岩层顶底板和巷帮、地热、煤矿工业广场地形、地貌与地质稳定性等。

（2）建筑及设备、设施、材料因素类，主要包括矿山井上下各类建筑物、构筑物、设备、设施等的设计质量、制造质量、施工质量及维护保养等；爆破器材、燃料油脂和其他化工品的运输、使用、储存与管理等。

（3）环境因素类，主要包括矿井所处地理位置、气象条件、交通通信、周边工矿企业情况及发展规划情况等；政府与地方社会环境因素等。

（4）人为因素类，包括人的身体因素、思维因素、行动因素等，人的管理因素等。

3. 矿井风险辨识评估方法

矿井安全风险辨识评估方法通常采用 LEC 评价法，LEC 评价法是对具有潜在危险性作业环境中的风险源进行半定量的安全评价方法，用于评价操作人员在具有潜在风险性环境中作业时的危险性、危害性。该方法用与系统风险有关的 3 种因素指标值的乘积来评价操作人员伤亡风险和经济损失量大小，这 3 种因素分别是：L（事故发生的可能性）、E（人员暴露于危险环境中的频繁程度）和 C（一旦发生事故可能造成的后果）。

给 3 种因素的不同等级分别确定不同的分值，再以 3 个分值的乘积 D（风险值）来评价作业条件风险性的大小。计算公式：

$$D = LEC \qquad\qquad (2-1)$$

主要根据以往的经验和估计，分别对 L、E、C 3 个方面划分不同的等级，并赋值。具体如下：

分数值	风险事件发生的可能性（L）
10	完全可以预料
6	相当可能

3	可能，但不经常
1	可能性小，完全意外
0.5	很不可能，可以设想
0.2	极不可能
0.1	实际不可能

分数值	暴露于危险环境的频繁程度（E）
10	连续暴露
6	每天工作时间内暴露
3	每周一次或偶然暴露
2	每月一次暴露
1	每年几次暴露
0.5	非常罕见暴露

分数值	发生风险事件产生的后果（C）
100	10 人以上死亡
40	3~9 人死亡
15	1~2 人死亡
7	严重，重伤
3	人员受伤
1	不会让人受伤

根据风险值 $D = LEC$ 计算结果，判断评价风险性的大小。

D 值	风险程度（分级）
$\geqslant 320$	重大风险（一级）
160~320（包含 160）	较大风险（二级）
70~160（包含 70）	一般风险（三级）
<70	低风险（四级）

三、矿井瓦斯风险

矿井瓦斯是指赋存在煤层中以甲烷为主的气体的总称。瓦斯在煤层中主要以游离和吸附两种状态存在，是煤矿重大风险源之一，瓦斯具有爆炸、燃烧、窒息、突出等风险。

1. 矿井瓦斯具有爆炸风险

当瓦斯浓度达到 5%~16% 时，氧气充足并且具有点火源，可造成瓦斯爆炸的风险，瓦斯爆炸事故波及范围广，爆炸产生的冲击波可损坏设备，造成大量人员伤亡，甚至还会发生次生灾害事故，如冲击波扬起大量煤尘，使具有爆炸危险性的煤尘再次发生爆炸，甚至产生链式反应，使灾害扩大；矿井井下有限空间内瓦斯发生爆炸，还能产生大量的一氧化碳，一氧化碳会造成大量的人员伤亡。

2. 矿井瓦斯具有燃烧引起火灾的风险

当瓦斯浓度低于 5% 或高于 16% 时，在空气中遇火会燃烧，给井下带来火灾风险。瓦斯燃烧可点燃井下可燃物，如木材、煤炭、邻近区域瓦斯等，扩大火灾危害程度，甚至引起矿毁人亡。

3. 矿井瓦斯具有引起人员窒息的风险

瓦斯是无毒的，但在空气中瓦斯浓度升高会导致氧气浓度降低，从而造成窒息事故。为避免瓦斯窒息事故的发生，禁止人员进入井下通风条件不好的区域及独头巷道等。

4. 矿井瓦斯具有引起煤层瓦斯突出的风险

在煤层瓦斯含量较大，煤层瓦斯压力达到临界值，相应指标达到突出危险，采掘作业具备诱导因素时，就会发生煤层瓦斯突出事故，瞬间向采掘空间涌出大量瓦斯气体和煤炭，造成巷道破坏、设备设施损坏、人员掩埋、窒息事故，甚至引起瓦斯燃烧、爆炸。

第二节 矿井瓦斯风险管控

一、风险管控

1. 风险管控的概念及基本方法

风险管控是指风险管理者通过对风险的分析、认识、研判，选择合理的管控手段、措施、方法来控制风险，降低风险事件发生概率，减少风险事件带来的损失和人身伤害。

风险管控的 4 种基本方法是风险回避、损失控制、风险转移和风险保留。

（1）风险回避。风险回避是企业组织有意识地放弃风险的行为，完全避免特定的损失风险。简单的风险回避是一种最消极的风险处理办法，因为企业组织在放弃风险行为的同时，往往也放弃了潜在的目标收益。

一般只有在以下情况下企业组织才会采用风险回避的方法进行风险管控：①企业组织对风险极端厌恶；②存在可实现同样目标的其他方案和途径，其风险更低；③企业组织无能力消除或转移风险；④企业组织无能力承担该风险，或承担风险得不到足够的补偿；⑤政策、法律、法规约束、禁止或限制。

（2）损失控制。损失控制不是放弃风险，而是制定计划和采取措施减少和降低风险事件发生的概率、消除风险事件发生的诱因、降低风险事件损失的可能性或者减少实际因风险事件造成的损失。控制的阶段包括事前、事中和事后 3 个阶段。事前控制的目的主要是为了降低风险事件发生的概率、消除风险事件发生的诱因，事中和事后的控制主要是为了减少风险事件实际发生的损失。

（3）风险转移。风险转移是指通过契约，将让渡人的风险转移给受让人承担的行为。通过风险转移过程有时可以大大降低经营主体的风险程度。

风险转移的主要形式是合同和保险。①合同转移。通过签订合同，可以将部分或全部风险转移给一个或多个其他参与者。②保险转移。保险是使用最为广泛的风险转移方法，可以帮助企业组织用较小的投入规避或减少风险事件发生造成的损失。

（4）风险保留。风险保留即风险承担，当损失发生，企业组织以当时可利用的任何资金进行支付。

风险保留包括无计划自留、有计划自我保险。①无计划自留。指风险损失发生后从收入中支付，即不是在损失前做出资金安排。当企业组织没有意识到风险并认为损失不会发生时，或将意识到的与风险有关的最大可能损失显著低估时，就会采用无计划保留方式承担风险。一般来说，无计划自留应当谨慎使用，因为如果实际总损失远远大于预计损失，将引起资金周转困难。②有计划自我保险。指在可能的损失发生前，通过做出各种资金安排以确保损失出现后能及时获得资金以补偿损失。有计划自我保险主要通过建立风险预留基金的方式来实现。

2. 风险管控与风险处置的区别和联系

（1）风险管控与风险处置的区别主要有以下几个方面。①概念外延不同。风险管控重点关注于涉及人身安全与经济财产损失方面的风险；风险处置延伸到各个行业，各个方面，可以说达到全行业、全方位范畴。②概念内涵不同。风险管控是通过对风险的分析、辨识、评估，对风险进行分级，选择合理的管控手段、措施、方法来控制风险，降低风险事件发生概率，减少风险事件带来的损失。风险处置是指针对不同的风险，进行评估分类，采取相应的对策、措施或方法，使风险损失对企业组织生产经营活动的影响降到最小限度，其本质是用最小成本达到最大安全保障的经济运行过程目的。③侧重点不同。风险管控侧重于事前与事中过程控制，针对的风险事件要求是不能发生，有的风险事件其后果是无法承担的，如涉及人身伤害的风险事件。风险处置侧重于事前控制与事后处理，实际更侧重于事后处理。④侧重行业不同。风险管控侧重于实体经济行业。风险处置侧重于金融、证券、房地产、商业等行业。⑤实施方法不同。风险管控的基本方法是：风险回避、损失控制、风险转移和风险保留。风险处置的方法主要有风险自留、风险预防、风险规避、风险分散、风险转嫁、风险抑制和风险补偿等。

风险管控没有风险预防、风险分散、风险补偿等方法。从中可以看出，实施管控的风险往往是企业组织生产经营活动过程中无法取舍的，很多是与生俱来的，附着于实体的风险往往无法进行风险分散。风险管控概念范畴内虽没有风险预防，但实际进行风险管控过程中，事前损失控制也含有这方面的管控举措。

（2）风险管控与风险处置的联系。两者都是针对风险事件进行的管理措施，处理方法大多相同或相近；对于风险损失事前与事后的举措也有许多相近之处。

3. 风险管控实施方法

风险无处不在，任何人、事、物，各行各业都面临着各种风险，纷繁复杂。如何将风险控制在一个较低的水平已经成为关系各行各业、各个企业组织能否持续健康发展的主因之一。现代企业组织发展实践证明：风险控制和企业组织自身发展密不可分。控制风险、减少风险事件损失正是为了自身更好地发展。只有稳健健康经营，才有持久发展的生命力，因此，建立一个健康、稳健、高效的风险控制体系至关重要。具体说来，风险管控实施方法主要包括以下几大部分。

（1）建立风险管控体系。风险控制得比较好的企业组织，都有一个共同特点，即不仅建立了完善的风险管控体制，而且建立了高效、健康的风险管控机构体系。也就是风险管控，不仅要有制度，更要有执行制度的人和机构，才能真正将风险管控工作落到实处。

（2）风险管控的独立性。这种独立性不仅表现在风险管控要独立于安全生产、安全监管，还表现在对企业各项工作的程序控制、内部监管和依法管理3个方面。从程序控制上看，包括：采用工艺先进、技术可行、安全可靠、经济高效的施工方法等；从内部监管上看，包括：控制和管理制度的建立与制定，各方面制度的实施与落实，主体责任、岗位责任落实等；从依法管理上看，包括：各项施工作业工艺活动符合法律、法规、规范等强制性约束条款的要求，与行业监管部门保持密切联系，为各项活动提供规则保障等。

（3）建立风险管控的指标体系。建立完善的风险管控指标体系，通过科学的风险指标体系来实现企业组织的各项目标。这些指标包括企业组织资产的安全性、流动性和营利性；企业组织生产的安全性、生产系统的稳定可靠性、生产可持续性；企业组织面临的各类风险的可控性；企业组织员工队伍的稳定性及人力资源市场情况等一系列指标因子。根据这些风险指标因子及时提供预警信号，严格控制风险、消除风险事件的发生。

（4）建立风险管控的规章制度。企业组织应当逐步建立一套有效的风险管控制度体系，其中应包括建立健全以整体风险管控为目标的人、财、物，产、供、销系统性风险管控制度，以局部风险管控为内涵的主体责任、岗位责任落实约束制度，以风险管控和评估为核心的风险管控制度和以风险转化为内容的保障制度等。通过完善的规章制度使企业组织各业务部门、各基层单位、员工个人，落实主体责任、岗位责任，做到风险管控"重心下移，关口前移"。

（5）实施风险管控的奖惩制度。考核企业组织风险管控业绩好坏的主要指标是持续盈利能力与水平。但是对于不同行业、不同企业组织、不同经营模式，企业组织风险管控业绩考核的重点是不同的。对于煤炭生产企业组织来说，安全风险管控是业绩考核的重点指标。

（6）建设企业组织风险文化。要把风险管控作为一种文化、一种灵魂注入企业组织各项工作之中。人们所说的企业文化，它是一种能支配企业组织行为的思想性、灵魂性的东西，而风险文化是一个成熟企业组织文化的重要内涵，这个内涵就是风险威胁盈利能力与水平、威胁可持续发展，甚至威胁企业组织的生存。在从事企业组织的各项业务中，每个人、每个岗位、每个部门面对的都是风险与管控处置风险，要把风险管控意识从上到下贯穿在每位员工的思想中，形成思想理念、自觉行动和行为准则，使之成为各项工作的支撑点。因此，作为组织和个人，要做到更好地生存、发展，实现可持续发展，就要真正面对风险形成的隐患与威胁，并采取有效的管控措施，消除风险、整治隐患、解除威胁。

4. 矿井风险管控

矿井风险事件的发生具有不确定性，许多风险事件的发生是小概率事件，人们只能通过提高自我保护意识、安全风险防范意识来降低各类风险带来的伤害和损失，采取有效的风险管控措施，减少或消除风险事件的发生，或降低风险事件造成的损失。

结合前述风险管控的 4 种基本方法，现对矿井存在的一些主要风险进行有针对性的管控方法介绍与实施方案论述。

（1）风险回避。

对于矿山企业组织来说，与自然相关的风险是矿井项目立项之初就有的，这些风险因素的存在不以人的意志为转移。因此，对于这些风险源，企业组织一旦确定投资建设矿井项目，就会面临水、火、瓦斯、煤尘、顶板、地热以及地面地形、地貌、大气环境、水土环境、地震等客观因素带来的安全风险。若要进行这些风险因素回避，企业就只能是转而投资建设其他项目，而不是矿井项目。

矿井项目一旦上马施工建设，上述自然因素带来的风险就会接踵而至。但实际风险管控操作过程中，往往出现回避一种或一类风险源因素，会重新面临另一种甚至多种新的风险源因素。作为风险管控人员，就需要进行认真的分析比较与取舍，努力做到"两害相较取其轻"。

针对矿井建设与生产，人身伤害风险较高，并且与生产作业环境因素及人身个体因素都存在密切关系。为了回避或降低人身伤害风险，矿山企业组织和行业管理部门先后采取了限制入井人数、实施机械化减人、生产系统简化减人、工序组织优化减人等举措，努力实现矿山"自动化少人、智能化无人"。通过"减人、少人、无人"的风险回避管控措施，矿山人身伤害风险及造成的风险损失逐年降低。

在采取少人、无人等风险管控举措后，"自动化工作面、智能化工作面、机器人技术"应运而生，相继在矿山井下得到广泛应用与长足发展，但同时新的风险源也粉墨登场，新的风险事件也不断产生。5G技术、互联网$^+$技术应用，电脑病毒的传播、黑客攻击将成为构建智能化矿山面临的新的风险；受制于煤岩识别技术、超前地质构造高分辨率探测技术的发展，智采工作面面临对地质条件变化适应性不强的风险，导致工作面煤机截割顶、底板，损坏设备、影响煤炭质量，或导致工作面设备拉移步距不一致而出现参差不齐现象；自动智能的运输系统对大宗非匀质物料的运输也面临技术上的短板，如混合在物料中的杂物可能引起系统的严重破坏；矿山井下高湿、高粉尘，甚至高温的环境，对智能化系统也提出了挑战，降低系统寿命、引起误动作、甚至造成系统瘫痪。另外，智能设备还存在造价高昂，维护成本高、可靠性差等影响安全、经营效果的风险。

对于施工使用的材料，如火工品使用，为煤炭产业的进步与发展做出过极大贡献，但伴随火工品的使用，各种风险事件也如影随形。火工品爆破产生的冲击波，控制不好就会对巷道支护造成损坏，甚至造成冒顶事故；产生的高温火焰可能引燃（引爆）瓦斯和煤尘；产生的高浓度烟尘，可引起人身伤害，腐蚀设备设施；火工品爆破，管理不善可引起爆破崩人事故；火工品管理操作不当，可发生早爆事故；火工品库存领用管理不当，发生丢失被盗，可引起社会问题风险；火工品管理成本也非常高。

随着装备制造技术的提升，科技进步，火工品有被新装备、新工艺、新技术逐步替代之势，相应上述各类风险也有被回避的趋势。例如，岩巷掘进施工由火工爆破掘进改岩巷掘进机施工，相应的粉尘职业危害风险提高，掘进机组作业机械方面的风险事件概率也相应提高；深孔预裂爆破有部分被水压预裂、CO_2致裂取代的趋势，但后两者存在高压泄漏伤人、预裂致裂制约因素较多影响效果的风险等。

（2）风险损失控制。

损失控制主要包括3个阶段，即事前、事中和事后。对于矿山企业，强调事前控制为主，事中控制为辅的风险管控宗旨，实施风险管控关口前移，事后控制作为风险事件的善后处理，在相应预案中也有所涉及。损失控制是矿山企业风险管控基本方法之最。

作为矿山企业组织，每进行一项工程施工计划之前，需要进行风险事前控制。如首先进行全面系统的风险辨识，全面找出该项工程施工可能出现的各类风险源，列出风险源清单；其次对辨识出来的风险进行分析，并进行适当分类，实施风险评估，实行分级管控。对事前管控的风险进行持续事中控制，对工程施工面临或出现的各类风险进行全面管控，如综合防尘、顶板管理、通风管理、人员"三违"管控、煤层自然发火指标气体监测与管控措施响应等。对工程施工中因管控失效而发生的风险事件进行善后处理，如对工程施工质量不合格处理、损坏设备设施处理、人身伤害处理等，包括损失评价、责任追究、损失支付、工程返工、设备设施修复等。事前控制举措还有编审预案、编审施工作业规程及技术措施，编审工种操作规程，编制工种岗位责任制等。

通过举例详细说明矿井风险损失控制的基本方法。将矿井综掘施工的一个煤巷掘进工作面作为一个风险点来进行风险管控，更利于理解和掌握相关知识。

第一步，进行风险辨识工作。煤巷综掘工作面风险源主要有：水，煤岩层赋存水、临近采空区积水、老巷积水、可能穿过（或接近）钻孔积水（封孔不良造成导水）等；火，临近采空区着火火源、本煤层着火、电气设备着火、其他火源等；瓦斯，本煤层瓦斯、临近层瓦斯、临近采空区瓦斯、临近老巷瓦斯等；煤尘，施工作业产生的粉尘、煤炮震动产生的粉尘等；顶板，煤帮、煤岩层顶板、底板；机电运输，人身触电、电气失爆、机械故障、机械伤人、运输事故、供电事故等；职业伤害，风机噪声、钻机噪声、设备噪声、风镐振动、设备截割振动等。其他方面风险源还包括人的因素、环境因素、管理因素、工具材料因素等。

第二步，分析归类风险，列出风险清单。列出风险清单就是对所辨识的风险进行分析归类并列出明细表。

第三步，进行风险评估。风险评估就是对所辨识的风险进行 *LEC* 半定量化评估，并给出分值进行风险分级。

第四步，实施事前风险管控。依据风险清单，制定风险管控措施，进行全员学习宣贯，实施分级管控；编审应急预案、编审施工作业规程及技术措施，编审工种操作规程，编制工种岗位责任制等，并进行学习贯彻落实；实行超前物探，对水、地质构造等情况进行探测，预先采取管控措施；对煤层瓦斯进行预抽，减少瓦斯事故风险等。

第五步，实施事中、事后控制。对于某矿井掘进工作面，事中控制的安全风险清单及管控措施见表 2-1。事后控制详见本小节相关内容，在此不再赘述。

表 2-1 某矿井综掘工作面安全风险清单及管控措施

序号	风险地点或风险事件致因	风险描述	风险评估					管控措施
			可能性	暴露率	后果	风险值	风险等级	
1	综掘工作面	动力电缆管理不到位，存在短路、过负荷、意外挤伤或外皮损坏等现象，可能造成火灾事故	0.5	6	7	21	低风险	1. 加强矿井供电管理，严防电缆短路、过负荷运行； 2. 加强电缆的管理维护，发现电缆外皮损伤要及时修复或更换； 3. 带电电缆按规定进行盘放，并采取有效的保护措施； 4. 严把材料质量关，严禁使用非阻燃电缆
2	综掘工作面	煤流运输系统胶带带面与堆积煤炭摩擦、打滑、托辊不转、带面跑偏等，可能造成摩擦火灾事故	0.5	6	7	21	低风险	1. 煤流运输系统胶带各转载点按规定配备灭火器材； 2. 加强胶带检查维护与运转巡视，发现各类故障要及时停机处理； 3. 按规定定期冲洗、清扫胶带底下堆积的浮煤、杂物； 4. 带式输送机各大保护齐全、灵敏、可靠

表 2-1（续）

序号	风险地点或风险事件致因	风险描述	风险评估					管控措施
			可能性	暴露率	后果	风险值	风险等级	
3	综掘工作面	区段煤柱矿压致裂漏风、顶板破碎巷道高冒区漏风，导致临近采空区遗煤、区段煤柱破碎煤体自然发火事故	1	3	7	21	低风险	1. 采取喷混凝土、喷涂高分子材料封闭煤体表面、封堵煤柱裂隙，减少漏风； 2. 对临近采空区遗煤采取灌浆、注氮等措施进行防灭火，对区段煤柱破碎煤体进行加固、封闭煤体表面、封堵煤柱裂隙等； 3. 进行采空区监测，及时采取综合措施防灭火
4	掘进工作面及关联巷道	厚煤层留顶煤掘进，顶煤冒落高冒区空气微循环氧化聚热，引发自然发火事故	3	6	3	54	低风险	1. 巷道掘进过程中加强顶板、顶煤管理，严防出现高冒区； 2. 制定专项措施，及时封闭、充填巷道高冒区； 3. 加强气体、温度等参数检测，发现发火隐患及时处理 4. 采取高冒区注水降温、注氮防灭火、注充填材料封堵等措施
5	掘进工作面及关联巷道	通风不畅区域煤尘、易燃杂物堆积，引发自然发火事故	0.5	6	3	9	低风险	1. 加强通风管理，杜绝微风、无风巷道； 2. 加强综合防尘，及时清理煤尘、杂物并妥善处理
6	掘进工作面及关联巷道	违章操作电气设备，引起电气火灾	1	6	7	42	低风险	1. 严格按规程、措施操作电气设备，严禁带电作业、带电搬运电器设备 2. 加强维护保养，保证设备完好、各类保护齐全
7	掘进工作面及关联巷道	违章进行电气焊作业，导致火灾事故	1	6	7	42	低风险	1. 严格电气焊作业管理，杜绝违章操作； 2. 进行电气焊作业前必须配备足够的合格的消防器材； 3. 作业场所必须进行严格的安全确认
8	掘进工作面及关联巷道	违章使用火种，导致火灾事故	0.2	6	7	8.4	低风险	1. 加强入井检身制度，防止无措施携带火种入井； 2. 加强全员安全培训，提高全员安全意识
9	掘进工作面及关联巷道	管理不到位，掘进巷道顶板、顶煤高冒区瓦斯可能积聚超限	1	3	7	21	低风险	1. 合理配风，确保采掘工作面最佳稀释瓦斯风速； 2. 按掘进工作面瓦斯治理方案，做好掘前预抽工作； 3. 配置专职瓦检员，如有异常立即采取相应措施； 4. 加强高冒区管理，定期检测、及时处理； 5. 加强瓦斯监测监控管理

表 2-1（续）

序号	风险地点或风险事件致因	风险描述	风险评估					管 控 措 施
			可能性	暴露率	后果	风险值	风险等级	
10	掘进工作面及关联巷道	管理不到位，因无计划停电、停风造成瓦斯超限	1	6	40	240	较大风险	1. 制定安全技术措施，确保供电符合要求； 2. 按照双回路供电要求，确保矿井一级负荷供电可靠； 3. 安排人员做好供电系统日常巡查工作； 4. 加强日常检修工作，确保供电安全可靠
11	掘进工作面及关联巷道	管理不到位，掘进工作面瓦斯预抽不达标，导致瓦斯超限事故	1	6	40	240	较大风险	1. 严格执行掘进瓦斯治理措施； 2. 严格执行瓦斯检查及瓦斯预警制度，发现瓦斯浓度预警，及时停工处理； 3. 严格执行瓦斯抽采达标评判制度
12	掘进工作面	掘进机掘进期间，可能发生片帮、冒顶事故	3	6	7	126	一般风险	1. 煤巷综掘机掘进时，要严格按照规程规定的掘进方式作业，不可随意更改截割路线； 2. 顶煤（板）破碎时，做好超前支护，实行短掘短支，进行补强支护； 3. 综掘机司机要随时观察煤壁顶板情况，发现异常，及时停机撤人，汇报处理； 4. 割煤控顶距不能超过作业规程规定，严禁空顶作业； 5. 掘进机割煤期间除掘进机司机及电缆看护人员外，严禁其他人员进入工作面 10 m 范围内
13	掘进工作面	掘进工作面支护期间，可能发生片帮、冒顶事故	6	6	15	540	重大风险	1. 工作面支护前，要严格执行敲帮问顶制度，及时撬掉危岩活矸； 2. 支护作业要严格按照规程规定执行，不可滞后规定距离进行支护； 3. 顶煤（板）破碎时，必须及时采取"短掘短支"工艺，并补强支护； 4. 加强施工质量管理，确保每一根锚杆、锚索达到设计要求，锚杆、锚索失效立即补打
14	掘进工作面及关联巷道	掘进作业时防尘措施落实不到位，工作面粉尘浓度可能超标	1	6	40	240	较大风险	1. 合理配风，确保掘进工作面最佳降尘风速； 2. 掘进工作面进行掘进作业期间必须严格落实粉尘综合防治措施，及时开启喷雾、净化水幕等，确保降尘效果； 3. 按照粉尘冲洗计划及时冲洗、清扫巷道内堆积的煤岩尘； 4. 防尘设施必须保证完好，掘进机内外喷雾必须齐全有效，喷雾水压符合要求

表 2 - 1（续）

序号	风险地点或风险事件致因	风险描述	风险评估					管控措施
			可能性	暴露率	后果	风险值	风险等级	
15	掘进工作面	掘进过程中可能会破坏含水层或者顶板裂隙沟通含水层和临近采空区积水进入巷道引起巷道出水量异常，造成设备淹没损坏、顶板支护失效垮落或发生透水事故	1	6	15	90	一般风险	1. 掘进时进行瞬变电磁超前探测与钻探相结合，对积水区域进行超前疏放； 2. 收集矿井地质、水文地质资料进行分析，对可能造成危害的区域及时下发预报，指导安全生产； 3. 发现透水预兆（挂红、挂汗、空气变冷、出现雾气、水叫声、顶板淋水加大、顶板来压、底板鼓起或产生裂隙出现渗水、水色发浑有臭味等异状）时，必须停止作业，立即发出警报，撤出所有受水害威胁地点的人员，报告矿调度室； 4. 掘进巷道内完善排水系统，排水能力符合要求
16	掘进工作面及关联巷道	在未闭锁的输送机上行走、作业，遇突然开机造成人员伤害；违规利用输送机运送物料、设备，不停机卸料，造成人员挤伤	1	3	15	45	低风险	1. 输送机停机后立即进行闭锁，人员必须从行人过桥上通过； 2. 采用输送机运送物料，必须制定专门的安全措施，严格做到停机卸料，防止出现意外； 3. 人员蹬机作业，必须搭设操作台或对运输机进行闭锁，确保操作安全
17	掘进工作面及关联巷道	掘进工作面巷道无极绳绞车拉运物料过程中可能发生钢丝绳及连接装置断裂、信号失灵造成跑车，造成人员受到伤害	1	6	40	240	较大风险	1. 跟车人员开车前对连接装置进行全面检查； 2. 定期对钢丝绳、设备制动等进行检查； 3. 无极绳运行期间，保证巷道内无人员作业及行走； 4. 对信号装置进行定期检查
18	瓦斯抽采管路与电缆在同一侧吊挂	静电、电缆事故引起火灾爆炸事故	1	6	15	90	一般风险	1. 严格按设计要求安装敷设管路； 2. 安装管路侧严禁吊挂电缆； 3. 加强管路检查维护
19	瓦斯抽采钻孔施工时，未进行危险源辨识和敲帮问顶或落实不到位	钻孔施工地点冒顶、片帮伤人，钻机伤人	1	6	7	42	低风险	1. 严格执行作业前危险源辨识、敲帮问顶、隐患排查制度； 2. 现场作业严格按照《安全技术措施》《操作规程》施工； 3. 加强施工人员安全技术培训

表 2 - 1（续）

序号	风险地点或风险事件致因	风险描述	风险评估					管控措施
			可能性	暴露率	后果	风险值	风险等级	
20	管路损坏，瓦斯泄漏	瓦斯气体超限，瓦斯爆炸	6	6	3	108	一般风险	1. 落实岗位安全生产责任制； 2. 加强日常检修、巡查力度
21	瓦斯抽采钻孔施工无安全技术措施或组织落实不到位	瓦斯抽采钻孔施工发生瓦斯事故	1	6	40	240	较大风险	1. 制定并严格落实施工安全技术措施； 2. 严格实行"瓦斯电闭锁"供电，严格检测现场作业点瓦斯； 3. 严防喷孔伤人、顶钻伤人等事故
22	钻孔施工未按标准作业流程施工	瓦斯抽采钻孔施工钻机伤人	1	6	15	90	一般风险	1. 编制标准的施工操作流程并严格执行； 2. 加强施工人员安全技术培训
23	管路安装	管路滑落、坠落伤人，高处跌落伤人	3	3	7	63	低风险	1. 编制标准的施工操作流程并严格执行； 2. 登高作业必须搭设平台、佩戴保险带； 3. 作业前严格执行隐患排查和安全确认制度； 4. 施工前，认真检查工器具完好性，确保工器具完好； 5. 加强施工人员安全技术培训

（3）风险转移。

风险转移的主要形式是合同和保险。根据煤炭行业规章制度修订调整，结合对历年大的矿井风险事件发生管理因素统计分析，合同风险转移已部分在行业内被禁止，即禁止以分包、转包、劳务合同等形式承包（分包）井下采掘、维护、风险治理工程施工作业。因此，对于矿井建设投资方，进行矿井全托管运营，是合同风险转移的主要形式。

对于保险转移，现在实施较多的有职工工伤保险、职工意外伤害商业保险、职工商业医疗保险、财产保险、企业责任险等。

（4）风险保留。

风险保留即风险承担，风险保留包括无计划自留、有计划自我保险。

例如，煤矿计划施工一项工程，因风险事中控制措施不到位，造成了人身伤害，则企业组织对受伤害人员进行经济补偿，这就是风险承担的一种形式；另外，工程施工质量差，没有按设计图纸施工，导致返工，消耗的人力、物力由企业组织承担。

大部分企业财务账面上有储备金，设储备金有些时候也可以认为是有计划自我保险的一种，有的企业设置有专项风险预备金。

二、风险管控的现实意义

1. 风险、隐患与事故的关系

在安全生产实际工作中，经常要提到风险、隐患与事故的概念。经过分析研究，可以明晰发现风险、隐患与事故存在渐进式的统一关系。为便于读者理解和掌握三者的概念和其渐进式统一关系，下面用两个典型例子进行说明。

（1）礼堂内的照明灯具。

礼堂内的照明灯具是必需品，既有装饰作用，又有照明作用，甚至还有美化场景的作用等。相对于观众，它还是一个风险点，包含有电能、机械能、玻璃易碎等风险源，具有一定风险，是风险因素。对于这个风险因素，日常必须进行电气、机械、玻璃制品等的检查维护，此时就是进行风险管控工作：机械紧固件保持紧固，使用一定时间的机械件、电气线路、照明灯泡、玻璃制品等及时更换。

如果上述风险管控工作做得不到位，风险则可演进成为隐患，可能出现机械紧固件松动、锈蚀老化，电气线路老化锈蚀，灯泡、玻璃制品老化性能变脆，这些就是隐患的出现，表示风险因管控不力开始向隐患转变。此阶段的工作应该是隐患排查与治理：重新紧固松动的机械紧固件，更换老化、变脆的其他灯具配件，排查其他隐患问题等。

如果上述隐患排查治理工作做得不到位，隐患则可演进成为事故，可能出现灯具掉落、玻璃破碎、正在演出时灯泡熄灭、线路短路甚至着火等。灯具掉落、玻璃破碎、线路短路着火还可能引起人身伤害和更大的财产损失。

（2）煤体内的瓦斯。

煤体内的瓦斯是客观存在的。在煤炭资源没有开发利用之前，它是煤层伴生资源，若储量丰富，可从地面施工钻井进行高效、安全、绿色开采，开采出来的高浓度瓦斯（煤层气）是良好的工业原料和燃料。但对于煤炭资源的开发利用，煤体内的瓦斯则成为风险因素，对于煤层瓦斯风险管控，本书有关章节进行详细阐述，在此不再赘述。

如果瓦斯风险管控工作做得不到位，该风险因素则可演进成为隐患，出现矿井井下采掘作业空间、矿井井下其他高大硐室空间、巷道高冒区等处瓦斯积聚甚至超限，形成瓦斯事故隐患，甚至造成瓦斯超限事故。此阶段工作应该是瓦斯积聚隐患排查与治理：加强各关键地点瓦斯检测，发现异常及时采取应对措施进行处理；排查其他与瓦斯相关的隐患问题，如采空区裂隙发育情况、采空区密闭完好情况等。

如果隐患排查治理工作做得不到位，隐患可以演进成为事故，轻者则可能发生瓦斯超限事故，严重者可能发生瓦斯超限导致人员窒息、瓦斯燃烧、瓦斯爆炸事故等。

2. "双重预防机制"的确立

通过上述关于"风险、隐患与事故的关系"及举例说明，风险、隐患与事故存在渐进式的统一关系。为有效预防隐患出现和事故发生，把风险管控挺在隐患产生之前，把隐患排查治理挺在事故发生之前，特提出"双重预防机制"，即安全生产风险分级管控和安全生产隐患排查治理双重预防机制。

"双重预防机制"的确立，为防范事故发生，有效管控风险起到了很好的超前管控作用，达到事半功倍的积极效果。如针对煤矿的水灾风险、瓦斯风险，通过精准探放和高效抽采，可以杜绝水害对采掘作业的影响，有效减少煤层瓦斯含量和采掘作业时瓦斯的逸出。

3. 风险分级管控和隐患排查治理的典型工作步骤

按照煤矿安全风险预控管理要求，结合矿井安全生产实际，形成典型风险辨识评估分级管控工作流程，如图2-1所示。

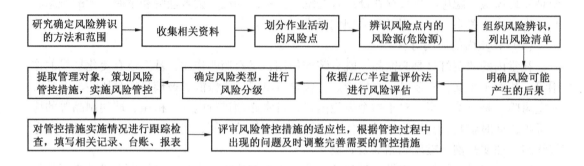

图2-1 典型风险辨识评估分级管控工作流程示意图

按照相关要求，结合矿井安全生产实际，形成典型隐患排查治理的基本步骤流程，如图2-2所示。

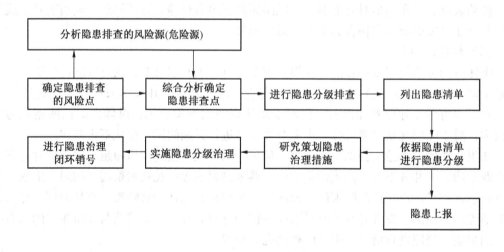

图2-2 典型隐患排查治理的基本步骤流程

三、矿井瓦斯风险

1. 矿井瓦斯事故可防

（1）追溯历史，立足自信，确立瓦斯事故可防的风险管控理念。

要从人的认识上全面树立瓦斯事故可防的人本理念。纵览中国几千年的文明史，树立了高度的文化自信；纵观100多年近现代中国煤炭产业的孕育、成长、发展，到产业质的提升的历史进程，产业价值的提高同时伴随着人的生命健康价值的提高，也是与社会政治制度的建设、经济发展、国力提升、社会科技进步与技术装备的发展休戚相关的。

中华人民共和国成立之前，煤炭产业处于工业的最底层，从业人员社会地位低下，矿山安全基础薄弱，重特大事故频繁发生，人员伤亡比例非常高。中华人民共和国成立之初到 70 年代末，煤炭产业成为新中国工业经济起步的基础产业，在行业发展非常落后的基础上，产业能力、产业科技得到大幅提升和发展，但工艺技术与装备仍然处于低端位置，仍以手工劳动密集型为主，煤炭行业仍是安全风险高、安全事故高发的行业。20 世纪 80 年代至 2010 年，伴随着改革开放的步伐和国民经济的快速发展，中国煤炭产业进入长足发展时期，综采、综掘大型成套装备研发、制造与推广使用，为矿井集中高效生产奠定了基础，单面、单井生产能力大幅度提升，千万吨级矿井与工作面相继涌现，人员工效大幅提高，但与高强度采掘作业相伴的是矿井瓦斯事故发生起数、人员伤亡数在一定时期内有较大幅度的增加，矿井安全形势严峻。据 2001—2010 年统计资料，2002 年全国煤矿瓦斯爆炸事故 160 起，瓦斯突出事故 72 起；2003 年瓦斯窒息事故 178 起。2003 年以后呈逐年下降趋势，近年瓦斯事故起数与伤亡人数更是呈现出双双大幅下降之势。

（2）以人为本，依法治安，预防矿井瓦斯事故。

2010 年，我国煤矿瓦斯事故预防效果显著，究其主观原因就是法律的保障作用：《矿山安全法》《安全生产法》等法律法规的深入贯彻实施，依法治安、以人为本的安全理念得到充分落实，法治精神在安全领域得到高度重视，依法追责成为安全监管工作的常态，"红线意识"深入人心，形成了"企业守法，管理人员知法、懂法、履法，职工学法、用法"的良性安全生产法律环境。

从社会层面、企业层面、企业管理人员层面来说，随着人的生命健康价值的提升，以人为本的价值理念全面形成。矿井瓦斯事故的全面防范，已逐渐成为操作者、管理者和企业的自觉行动。矿井瓦斯事故的法律追责，对煤矿安全生产领域工作起到了警醒和震慑的作用。

（3）科技创新、装备升级，科技兴安，预防矿井瓦斯事故。

行业科技进步与创新的成果，集中体现在矿井装备向重型化、自动化、智能化方向发展，以及关联装备的推广应用（如机器人技术等），装备的集成性、精准性和可靠性进一步提升。

与瓦斯事故预防关联紧密的有智能无人技术、机器人替代技术与监测监控系统智能控制技术。前两者能做到"少人则安，无人则安"，实现人本理念，后者能实现对矿井井下各关键点风流风量、风速、温度、瓦斯浓度、二氧化碳浓度、一氧化碳浓度等安全技术环境参数 24 h 连续实时监控，并对异常数据实现报警、断电、系统智能自动调整（如风门、风窗、风机工况自动调节）等功能。

大功率钻机装备，超长钻孔定向钻进装备，高真空度、大流量瓦斯抽采泵的研发、制造与应用，扩孔（割缝）、压裂理论等应用，可以对煤层瓦斯进行精准、全面、深度抽采治理。

（4）制度约束，落实责任，预防矿井瓦斯事故。

加强瓦斯管理制度落实，全面贯彻"矿长（法人）是安全生产第一责任人""总工程师一通三防责任制"的岗位责任落实，全员确立"瓦斯超限就是事故"的预防理念，制度要落到实处，问责要落实到关键人。

（5）树立瓦检人员权威，综合预防矿井瓦斯事故。

将树立瓦检人员在工作中的绝对权威作为一项基本制度，在矿井瓦斯管理工作中必须落到实处。通风瓦检人员一方面业务素质要过硬，责任心要强，要敢于较真顶硬；另一方面，以制度确立瓦检人员有随时停工、停产、停电撤人的权力。对于一般性的矿井瓦斯问题，瓦检人员具有按章安全处理的能力。

加强职工自我安全防范意识教育，停工停风区域、独头巷道、无风区域、栅栏区域、警示区域等，做到严禁入内。

（6）要素控制，综合预防矿井瓦斯事故。

综合矿井瓦斯爆炸条件三要素，氧气浓度是不可控，也不能控的要素（采空区、密闭内除外），其他两个要素火源、瓦斯浓度是预防工作的重点。其中，火源（或高温热源）分为外因火源和内因火源。矿井井下能引起外因火源的因素很多，比如电气失爆产生火花、电器着火、胶带运输设备着火等。对于外因火源的管控，在于日常安全技术措施落实、设备设施维护管理和制度落实等。内因火源主要是煤炭自燃和可燃杂物自燃，其管控的重点在于杂物及时清理，煤炭自然发火的预防等。

矿井通风系统合理、可靠，也是预防瓦斯超限，防止瓦斯事故的关键。

2. 矿井瓦斯灾害可治

追根溯源，矿井瓦斯灾害源于煤岩层中赋存的瓦斯。前面讲述了瓦斯事故可防，侧重于被动方面的"防"；矿井瓦斯灾害治理，则侧重于主动方面的"治"，是主动的超前治理。

（1）瓦斯抽采是瓦斯灾害治理的治本之策。

淮南矿区瓦斯治理的成果堪称教科书式的瓦斯治理历史。2000年之前，因各种因素的制约，淮南矿区各矿井还是立足于传统的风排瓦斯，虽然防突工艺技术、移动泵抽采技术有所应用，但仍以风排手段为主，导致瓦斯爆炸、瓦斯突出事故时有发生；2000年之后，随着瓦斯综合治理技术的发展与推广应用，淮南矿区在瓦斯抽采技术理论与实践方面得到了长足发展，国有重点矿井杜绝了瓦斯爆炸事故，瓦斯突出事故在近几年也已杜绝。

煤层瓦斯预抽是矿井瓦斯超前治理的积极有效手段。按照钻孔设计与施工工艺技术不同，可分为地面瓦斯井配合煤层定向钻孔预抽、穿层钻孔预抽、顺层钻孔预抽、走向条带孔预抽等。

煤层群采空区瓦斯靶向钻孔控抽，是对临近层、临近工作面采空区进行积极的瓦斯治理举措。工作面隅角瓦斯低负压拖管（埋管）抽采，高位钻孔（定向钻孔）工作面上位裂隙带瓦斯抽采，是对在采工作面老空侧瓦斯的治理之策。"没有抽不出来的瓦斯，只有打不到位的钻孔"，是对钻孔瓦斯抽采治理工作的真实写照。对于吸附性强、抽采效果差的煤层瓦斯，可同步实施水力预裂增透、气相预裂增透等措施。

（2）设计施工相应的措施工程，实施高效风排技术治理瓦斯。

加大采掘工作面的供风风量，以风稀释排放逸出的瓦斯，是最常规的矿井瓦斯治理手段；对采掘工作面利用检修时间，施工超前小钻孔进行群孔卸压排放，能有效降低采掘作业时瓦斯逸出强度；水力冲孔排放，对激发瓦斯解吸也具有较好的效果。

设计施工顶板高抽巷，对工作面采空区裂隙带瓦斯进行控抽或风排，该项工艺技术早期在部分矿井应用较多，但因其存在许多缺点而逐渐被弃之不用。"Y"形通风，沿空留巷作为回风巷，"两进一回"的通风方式对防治隅角瓦斯积聚有较好的应用；"W"形通风，"中巷"风排瓦斯，在一定程度上能减少隅角瓦斯治理问题，对于瓦斯涌出量不太大，煤层倾角不太大的矿井有一定的应用；"U形＋尾巷"通风技术治理瓦斯，对隅角瓦斯治理有比较明显的效果。工作面风排治理瓦斯技术在后面章节中有详细介绍，在此不再赘述。

（3）采用技术手段，进行瓦斯灾害治理。

对煤层进行钻孔预注水，对吸附型瓦斯具有积极的解吸置换作用；对回采工作面隅角，每隔一定距离施工一处"挡墙"，实现瓦斯流场的"围堰"存储与隔断效应，约束与减少采空区瓦斯向隅角流动。

现在国内外许多专家学者提出了"生物方法治理瓦斯""化学方法治理瓦斯"，虽做了许多有益探索，但仍处于假想和实验室阶段。

四、矿井瓦斯事故风险管控

按照风险管控理论，若把矿井作为一个风险点来进行管控，其煤层内赋存的瓦斯则是众多风险源之一。矿井在开发、建设、投产运行后，瓦斯事故安全风险又因不同位置、不同时期、不同阶段而呈现相当的可变性、差异性，因此瓦斯安全风险辨识与管控在时空上又具有动态变化性。要实施有效的瓦斯风险管控，定期对瓦斯安全风险进行辨识，并及时调整管控方法与手段，对于矿井安全来说是必不可少的工作。

如矿井反风过程中，回采工作面瓦斯积聚点由上隅角相对确定区域转移至工作面中上部相对不确定区域，此时管控措施就要进行相应的调整。

1. 风险辨识的基本方法

（1）统计推理法。对于某一矿区或矿井，根据历史上各类风险事件发生的概率，人员伤亡情况等统计数据，可以分析推理未来该矿区、矿井哪类风险事件发生的概率大、人员伤亡多，在风险辨识过程中就应引起足够重视。对于矿井瓦斯风险，可依据历年矿井瓦斯测定的参数指标，推导出未来矿井瓦斯涌出规律及涌出量大小，从而评判出瓦斯事故风险大小。

如某矿毗邻一条高等级公路，井下自然条件非常好，统计历年事故风险发现，交通事故在该矿发生比率较高，因此其风险较高的因素是员工八小时之外、非井下工作时段的业余生活中需穿过该一级公路。

（2）勘探评价法。任何一个矿区、矿井，在开发建设前，都需要对其地质环境、资源禀赋等进行全面的勘探，并进行分析评价，其中地质构造、瓦斯赋存、煤层顶底板稳定性等都是重要指标。在项目建设与生产过程中，在进行风险辨识时，也应充分利用这些成果。

（3）实践总结法。通过现场人员的工作实践，不断收集总结各类风险因素，从而客观合理科学地辨识出各类风险。另外，通过从业人员的不断认知，对现场隐含的风险因素，或随着各类工程推进而逐渐显现的风险因素，也能不断地辨识出来。

（4）科学推理法。对于矿井瓦斯风险辨识，依据瓦斯比空气轻的物理特性，风险辨识人员就会推理出矿井井下高大硐室、高位钻场、高冒空间等处有瓦斯积聚的可能，存在瓦斯事故风险。对于瓦斯易燃烧、爆炸的化学特性，就能认识到一定浓度瓦斯混合气体，遇火（或高温热源）有引起瓦斯爆炸的事故风险。因瓦斯主要赋存在煤层中，因而自然推断出煤巷施工，瓦斯事故风险比岩巷施工要高；等等。

（5）类比分析法。处于同一矿区，地质条件相近，或各类条件相似度非常高的矿井，其安全风险因素也具有一定的相似性。如某矿井毗邻具有冲击地压危险的矿井，或具有煤与瓦斯突出危险性的矿井，则该矿井具有这两方面风险的可能性比较高，在进行风险辨识时也要高度关注。

2. 矿井瓦斯安全风险辨识评估

根据历年矿井瓦斯数据测定、分析，结合矿井采掘接续计划及矿井采掘抽作业实际，对矿井由于瓦斯导致的安全风险进行辨识，具体如下。

（1）综采工作面回风隅角。在回采过程中，回风隅角有可能出现瓦斯积聚或瓦斯超限。

（2）综采工作面进风隅角或工作面中上部不确定位置。因矿井反风采取下行通风，在反风过程中，进风隅角或工作面中上部不确定位置有可能出现瓦斯积聚或瓦斯超限。

（3）综采工作面回风巷道。在回采过程中，回风巷道采帮侧离工作面煤壁 10 ~ 15 m 段有可能出现瓦斯积聚或瓦斯超限。

（4）工作面煤壁。回采过程中发生片帮、揭露钻孔、煤与瓦斯突出时，工作面煤壁侧可能出现瓦斯超限。

（5）回风巷道高位钻场、巷道高冒区可能积聚瓦斯导致瓦斯超限。

（6）采煤工作面无风或微风有可能出现瓦斯积聚或瓦斯超限。

（7）掘进工作面无计划停风可能导致瓦斯超限。

（8）掘进工作面施工的钻场、出现的高冒区，有可能积聚瓦斯。

（9）掘进工作面巷道断面变化有可能出现瓦斯积聚或瓦斯超限。

（10）煤巷炮掘，爆破期间可能瞬间瓦斯超限。

（11）石门揭煤，发生瞬间瓦斯超限或瓦斯突出。

（12）掘进工作面因风筒漏风、延接不及时，掘进迎头无风或微风作业，有可能积聚瓦斯造成超限。

（13）煤层瓦斯吸附性强，煤炭运输过程中井上下煤仓、运输系统硐室超高处有可能积聚瓦斯。

（14）煤层群开采，上位煤层底板在有障碍物、裂隙带发育等情况下，瓦斯逸出通畅，有可能积聚瓦斯。

（15）采空区瓦斯，若存在煤层自燃、其他高温火源情况下，有可能引起瓦斯事故。

（16）盲巷（或临时停风点）管理不到位，有可能积聚瓦斯；未经瓦斯监测，人员误入导致伤亡。

（17）进行瓦斯排放作业安全措施执行不到位，有可能引起瓦斯事故。

（18）采空区密闭及关联巷道煤体裂隙漏气，导致密闭前、临近巷道空间瓦斯可能超限。

（19）瓦斯抽采钻孔施工发生喷孔等现象，可能导致其下风侧瓦斯超限。

（20）瓦斯抽采泵站发生泄漏等现象，可能导致厂房内瓦斯超限。

（21）瓦斯抽采泵站发生故障停抽，可能导致管网内瓦斯压力增大而发生泄漏，造成巷道或关联地点瓦斯超限。

（22）已密闭采空区内顶板大面积垮落，强大气流可能摧毁密闭，导致密闭临近巷道空间瓦斯超限；也可能造成采空区周边区域裂隙瞬间大量漏气，导致临近巷道空间瓦斯可能超限。

（23）回采工作面后部采空区（或隅角）内顶板大面积垮落，瞬间造成采空区内高浓度瓦斯气体向工作面及风流中涌出，导致临近巷道及工作空间瓦斯可能超限。

（24）放顶煤开采工作面因顶煤大量放落，放煤口可能积聚瓦斯，造成超限。

（25）瓦检员空班、脱岗、假检、漏检，造成瓦斯积聚不能及时被发现，造成超限。

（26）未按规定检查调校便携仪、光学瓦斯检测仪、瓦斯传感器等仪器仪表的完好情况或调校不及时，造成不能及时发现瓦斯等有害气体超限。

3. 矿井瓦斯安全风险分析评估

以某矿为例对矿井瓦斯安全风险进行分析评估，并赋值计算。

（1）采煤工作面回风隅角。在回采过程中，回风隅角有可能出现瓦斯积聚或瓦斯超限。

$$D = L \times E \times C = 1 \times 6 \times 100 = 600（重大风险） \qquad (2-2)$$

L 值：根据已采工作面瓦斯涌出数据分析，工作面回风隅角未发生过瓦斯超限、瓦斯积聚事故，故 L 值取 1；

E 值：在采煤工作面回风隅角，每天工作时间暴露于危险环境，故 E 值取 6；

C 值：采煤工作面回风隅角发生瓦斯超限和积聚时，会导致工作面停产，可能会引起瓦斯爆炸，导致 10 人以上死亡，故 C 值取 100。

（2）回采工作面下隅角或工作面中上部不确定位置。因矿井反风采取下行通风，在反风过程中，下隅角或工作面中上部不确定位置有可能出现瓦斯积聚或瓦斯超限。或矿井采取的工作面通风方式就是下行通风，则持续存在这方面风险。

$$D = L \times E \times C = 0.5 \times 0.5 \times 100 = 25（低风险） \qquad (2-3)$$

取值说明：

L 值：根据矿井反风时下行通风回采工作面下隅角瓦斯涌出数据分析，反风时回采工作面下隅角或工作面中上部不确定位置未发生过瓦斯超限、瓦斯积聚事故，且瓦斯浓度远远低于回风巷道瓦斯浓度，故 L 值取 0.5；

E 值：因反风演习，每年仅进行 1 次，故 E 值取 0.5；

C 值：反风下行通风回采工作面下隅角发生瓦斯超限和积聚时，会导致工作面停产，可能会引起瓦斯爆炸，可能导致 10 人以上死亡，故 C 值取 100；

（3）采煤工作面回风巷道。在回采过程中，回风巷道采帮侧离工作面煤壁 10～15 m 段因风流涡流影响，有可能出现瓦斯积聚或瓦斯超限。

$$D = L \times E \times C = 1 \times 6 \times 40 = 240（较大风险） \qquad (2-4)$$

取值说明：

L 值：根据采煤工作面回风巷道瓦斯涌出数据分析，工作面回风巷道采帮侧离工作面煤壁 10～15 m 段未发生过瓦斯超限、瓦斯积聚事故，故 L 值取 1；

E 值：在采煤工作面回风巷道，作业人员每天工作时间暴露于危险环境，故 E 值取 6；

C 值：采煤工作面回风巷道发生瓦斯超限和积聚时，会导致工作面停产，可能会引起瓦斯爆炸，可能导致 3~9 人伤亡，故 C 值取 40；

（4）掘进工作面无计划停风。掘进工作面无计划停风可能导致瓦斯超限。

$$D = L \times E \times C = 1 \times 6 \times 40 = 240（较大风险）\qquad(2-5)$$

取值说明：

L 值：根据历年来掘进工作面瓦斯涌出及局部通风数据分析，掘进工作面未发生过无计划停风、瓦斯超限及瓦斯积聚事故，故 L 值取 1；

E 值：在掘进工作面，作业人员每天工作时间暴露于危险环境，故 E 值取 6；

C 值：掘进工作面发生瓦斯超限和积聚时，会导致工作面停产，可能会引起瓦斯爆炸，可能导致 3~9 人伤亡，故 C 值取 40。

（5）掘进工作面施工的钻场、出现的高冒区。因瓦斯密度比空气轻，相对高大空间的钻场和巷道出现的高冒区，有可能积聚瓦斯。

$$D = L \times E \times C = 1 \times 3 \times 40 = 120（一般风险）\qquad(2-6)$$

L 值：根据历年来掘进巷道情况，掘进过程中未出现过高冒区，施工的钻场未发生过瓦斯超限、瓦斯积聚事故，故 L 值取 1；

E 值：在掘进工作面，作业人员偶然暴露于危险环境，故 E 值取 3；

C 值：掘进工作面高冒区发生瓦斯超限和积聚时，会导致工作面停产，可能会引起瓦斯爆炸，可能导致 3~9 人伤亡，故 C 值取 40；

4. 矿井瓦斯风险管控措施

某矿井瓦斯风险清单及管控措施见表 2-2。

表 2-2　某矿井瓦斯风险清单及管控措施

序号	风险地点	风险描述	风险评估					管控措施
			可能性	暴露率	后果	风险值	风险等级	
1	采煤工作面回风隅角	因管理不到位，工作面瓦斯集聚于回风隅角，有可能出现瓦斯积聚或瓦斯超限	1	6	100	600	重大风险	1. 合理配风，确保采煤工作面最佳稀释瓦斯风速和负压； 2. 进行隅角埋管、拖管抽采瓦斯及高位钻孔高位裂隙带抽采瓦斯； 3. 采取水压预裂等措施，促进隅角顶板及时垮落，减少瓦斯储存空间； 4. 采取封堵、挡墙等措施，拦截采空区瓦斯从隅角逸出； 5. 采取底抽巷、拦截钻孔、采空区控抽等综合措施，减少临近层、毗邻采空区瓦斯向采面隅角聚集
2	采煤工作面下隅角或工作面中上部不确定位置	因矿井反风采取下行通风，在反风过程中，下隅角或工作面中上部不确定位置有可能出现瓦斯积聚或瓦斯超限	0.5	0.5	100	25	低风险	1. 严格落实瓦斯防治方案及措施； 2. 采取隅角封堵、构筑挡墙、水压预裂等措施，促进隅角顶板及时垮落；减少采空区瓦斯储存空间及采空区漏风； 3. 加强通风设施管理，保证反风风量满足要求，严格落实反风措施

表2-2（续）

序号	风险地点	风 险 描 述	风 险 评 估					管 控 措 施
			可能性	暴露率	后果	风险值	风险等级	
3	采煤工作面回风巷道	在回采过程中，回风巷道采帮侧离工作面煤壁10～15 m段有可能出现瓦斯积聚或瓦斯超限	1	6	40	240	较大风险	1. 加强煤层预抽，确保抽采达标，减少落煤期间瓦斯逸出； 2. 加强煤壁管理，防止片帮造成瓦斯逸出不均； 3. 适当控制割煤速度，减少瓦斯逸出强度； 4. 严格落实瓦斯巡回检查制度，加强该处瓦斯检查； 5. 合理配风，确保采煤工作面最佳稀释瓦斯风速； 6. 必要时可考虑低负压拖管定点抽采
4	采煤工作面回风巷道	预抽不到位，回风瓦斯可能超限	1	6	40	240	较大风险	1. 合理配风，确保采煤工作面最佳稀释瓦斯风速； 2. 按照工作面瓦斯治理方案，做好预抽工作，确保抽采达标； 3. 配置专职瓦检员进行动态检测，如有异常立即采取相应措施； 4. 加强煤壁管理，防止片帮造成瓦斯逸出不均； 5. 适当控制割煤速度，减少瓦斯逸出强度
5	工作面煤壁	回采过程中发生片帮、揭露钻孔、煤与瓦斯突出（倾出）时工作面煤壁侧可能出现瓦斯超限	3	6	1	18	低风险	1. 加强煤层预抽，确保抽采达标，保证钻孔内瓦斯处于安全低浓度； 2. 加强煤壁管理，防止片帮造成瓦斯逸出不均； 3. 合理配风，确保采煤工作面最佳稀释瓦斯风速； 4. 加强瓦斯治理，保证抽采消突达标
6	回风巷道高位钻场、巷道高冒区	管理不到位，回风巷道高位钻场、巷道高冒区可能积聚瓦斯，导致瓦斯超限	3	3	1	9	低风险	1. 合理配风，确保采煤工作面及回风巷道最佳风速； 2. 优化钻场设计，保证钻场全负压通风可靠； 3. 钻场钻孔施工做到及时封孔、及时接抽； 4. 对巷道高冒区进行挂牌管理，定期检查，或提前对高冒区进行封闭、充填等； 5. 科学合理设置瓦斯检测点定期检测，如有异常及时采取措施进行处理

表2-2（续）

序号	风险地点	风险描述	风险评估					管控措施
			可能性	暴露率	后果	风险值	风险等级	
7	采煤工作面	采煤工作面无风或微风，有可能出现瓦斯积聚或瓦斯超限	1	6	1	6	低风险	1. 严格落实瓦斯巡回检查制度，加强工作面气体监测； 2. 合理配风，确保工作面风量充足； 3. 加强安全监测监控，发现问题及时汇报处理； 4. 加强通风设施管理，确保工作面风流稳定； 5. 加强供电管理，杜绝无计划停电停风
8	掘进工作面	掘进工作面无计划停风可能导致瓦斯超限	1	6	40	240	较大风险	1. 制定安全技术措施，确保供电符合要求； 2. 局部通风机严格执行"三专"供电； 3. 按照相关要求主机故障时能及时启动备用局部通风机，保证正常供风； 4. 加强日常检修巡查工作，确保局部通风机供电安全可靠； 5. 加强局部通风机检修维护，按规定做好风机切换工作，严防无计划停风事故，加强风筒管理，严防风筒脱节或损坏事故； 6. 加强安全监测监控，发现问题及时汇报处理
9	掘进工作面	施工的钻场、出现的高冒区，有可能积聚瓦斯	1	3	40	120	一般风险	1. 加强掘进工作面顶板管理，严防出现高冒区； 2. 制定专项措施，及时处理局部积聚的瓦斯； 3. 合理配风，确保掘进工作面及关联巷道最佳风速； 4. 优化钻场设计，保证钻场通风可靠； 5. 对巷道高冒区进行挂牌管理，定期检查，或提前对高冒区进行封闭、充填等； 6. 科学合理设置瓦斯检测点定期检测，严格落实瓦斯巡回检查制度，如有异常及时采取措施进行处理； 7. 防止出现爆破火花、电气火花等高温热源

表 2 - 2（续）

序号	风险地点	风 险 描 述	风 险 评 估					管 控 措 施
			可能性	暴露率	后果	风险值	风险等级	
10	掘进工作面	巷道断面变化有可能出现瓦斯积聚或瓦斯超限	1	6	1	6	低风险	1. 严格落实瓦斯防治方案及措施，坚决执行瓦斯预警制度； 2. 严格落实瓦斯巡回检查制度，科学合理设置瓦斯检测点定期检测，发现问题及时汇报处理； 3. 合理配风，风量、风速满足要求； 4. 合理优化设计，减少巷道断面变化
11	采掘工作面	煤巷炮掘、工作面爆破落煤，瞬间瓦斯超限	3	6	7	126	一般风险	1. 严格执行"一炮三检"制度，工作面瓦斯异常严禁装药爆破； 2. 严格实施瓦斯预抽，确保抽采达标； 3. 加强爆破前通风，确保供风风量满足要求； 4. 严格执行爆破喷雾洒水； 5. 严格执行爆破有关措施及规程规定
12	掘进工作面	石门揭煤，瞬间瓦斯超限或发生瓦斯突出	6	1	15	90	一般风险	1. 严格执行"先抽后掘，先治后采，抽采达标"瓦斯治理措施； 2. 加强瓦斯治理，保证抽采消突达标； 3. 实施远距离爆破，确保安全施工； 4. 严格落实石门揭煤的相关措施和要求
13	掘进工作面	因风筒漏风、延接不及时，掘进迎头无风或微风作业，有可能积聚瓦斯造成超限	3	6	1	18	低风险	1. 加强局部通风管理，风筒做到平直圆，逢环必挂； 2. 及时延接风筒，修补或更换漏风严重的风筒，不得出现拐死弯现象； 3. 设置专人巡视检查风筒情况
14	煤流系统	煤层瓦斯吸附性强，煤炭运输过程中井上下煤仓、运输系统硐室超高处有可能积聚瓦斯	6	6	1	36	低风险	1. 合理设置监测监控传感器，对煤流系统节点位置进行全面监控； 2. 科学设置瓦斯检测点定期检测，发现问题及时汇报处理； 3. 优化系统设计，保证煤流系统巷道通风效果良好； 4. 加强煤仓管理，防止煤仓堵塞，防止煤仓漏风

表2-2（续）

序号	风险地点	风 险 描 述	风 险 评 估					管 控 措 施
			可能性	暴露率	后果	风险值	风险等级	
15	采掘工作面及巷道	煤层群开采，上位煤层底板在有障碍物、裂隙带发育等情况下，瓦斯逸出扩散不通畅，有可能积聚瓦斯	6	6	1	36	低风险	1. 对重点区域进行重点管控； 2. 重点区域物料要架空存放； 3. 配置合理风量，确保稀释瓦斯最佳风速； 4. 加强瓦斯抽采治理，保证本层、临近层抽采达标
16	已封闭采空区	采空区瓦斯，若存在煤层自燃、其他高温火源情况，有可能引起瓦斯事故	1	1	7	7	低风险	1. 加强采空区气体监测，发现发火隐患及时汇报处理； 2. 加强采空区密闭管理，严防漏风； 3. 控抽采空区瓦斯，使之处于安全体积和安全浓度； 4. 加强注氮、灌浆，惰化采空区气体和遗煤
17	盲巷（或临时停风点）	管理不到位，有可能积聚瓦斯；未经瓦斯监测，人员误入导致伤亡	3	1	7	21	低风险	1. 临时停风地点设好警戒，设置栅栏，悬挂警示牌，并指派专人看守，确保无人员误入，需要封闭的及时进行封闭； 2. 恢复通风前，必须按措施对盲巷（或临时停风点）内瓦斯进行排放；排放前编制瓦斯排放措施，排放时，严禁"一风吹"； 3. 加强全员安全意识教育培训，盲巷（或临时停风点）严禁擅自入内
18	瓦斯积聚区域	进行瓦斯排放作业安全措施执行不到位，有可能引起瓦斯事故	1	1	15	15	低风险	1. 加强瓦斯管理和检测； 2. 必须严格按照措施对积聚瓦斯进行排放； 3. 排放瓦斯必须做到停电、撤人、控制风流、实时监测
19	采空区密闭及关联巷道	采空区密闭及关联巷道煤体裂隙漏气，导致密闭前、临近巷道空间瓦斯可能超限	3	1	7	21	低风险	1. 加强采空区密闭管理，严防漏风； 2. 采空区密闭及关联巷道区域设置栅栏、揭示警标； 3. 日常检查密闭人员设置双岗； 4. 发现密闭内外气体浓度、压差等参数异常，必须及时汇报处理，并增加检查频次； 5. 对密闭邻近区域巷道进行喷浆，封闭堵漏

表2-2（续）

序号	风险地点	风险描述	风险评估					管控措施
			可能性	暴露率	后果	风险值	风险等级	
20	瓦斯抽采钻孔施工作业点	瓦斯抽采钻孔施工发生喷孔等现象，可能导致其下风侧瓦斯超限	3	6	3	54	低风险	1. 严格按操作规程施工作业； 2. 钻孔施工过程中发生顶钻、夹钻、嘶嘶响声、喷孔等征兆时，立即停止钻进并注意观察； 3. 保持均匀的钻进速度，发现异常停钻汇报，必要时停电撤人； 4. 人员操作严禁正对钻孔孔口，以免发生意外； 5. 加强钻孔施工管理，对瓦斯异常钻孔进行重点管理，有必要时，钻孔施工应安装防喷装置，并进行孔口抽采； 6. 加强作业区的实时监测
21	瓦斯抽采泵站	瓦斯抽采泵站发生泄漏等现象，可能导致厂房内瓦斯超限	1	6	7	42	低风险	1. 严格按照操作规程操作泵站设备； 2. 加强巡视检查，发现异常立即处理； 3. 加强环境瓦斯监测； 4. 加强厂房内通风设备管理，确保设备运行正常
22	抽采管路所经巷道等	瓦斯抽采泵站发生故障停抽，可能导致管网内瓦斯压力增大而发生泄漏，造成巷道或关联地点瓦斯超限	1	6	7	42	低风险	1. 编制应急预案和应对措施，发生瓦斯抽采泵站故障停抽立即启动预案，并执行相应的应对措施； 2. 安装管道应急排放口，保证适时启用； 3. 加强故障停抽期间瓦斯监测； 4. 加强通风管理，确保风流稳定
23	密闭临近巷道空间及采空区周边区域	已密闭采空区内顶板大面积垮落，强大气流可能摧毁密闭，导致密闭临近巷道空间瓦斯超限，也可能造成采空区周边区域裂隙瞬间大量漏气，导致临近巷道空间瓦斯超限	0.5	6	15	45	低风险	1. 严格按设计要求进行密闭施工，保证施工质量； 2. 存在悬顶的采空区在密闭前必须设置监测系统进行监测，发现异常立即处理； 3. 对于坚硬难冒顶板，采取预裂措施，防止大面积悬顶； 4. 及时对采空区高浓度气体进行控抽； 5. 对密闭设施加固补强； 6. 对采空区周边区域巡查，发现裂隙及时封堵加固，发现异常及时处理

表2-2（续）

序号	风险地点	风险描述	风险评估					管控措施
			可能性	暴露率	后果	风险值	风险等级	
24	回采工作面后部采空区（或隅角）	顶板大面积垮落，瞬间造成采空区内高浓度瓦斯气体向工作面及风流中涌出，导致临近巷道及工作空间瓦斯可能超限	10	6	3	180	较大风险	1. 对于坚硬难冒顶板，采取预裂措施，防止大面积悬顶； 2. 采取充填措施，对工作面后部通道、隅角进行封堵； 3. 对工作面隅角进行剪网、退锚，采取切顶措施； 4. 设置专人观察顶板，检测瓦斯，发现异常立即处理
25	放顶煤开采工作面放煤口附近	放顶煤开采工作面因顶煤大量放落，放煤口可能积聚瓦斯，造成超限	10	6	3	180	较大风险	1. 控制放煤量，降低瓦斯逸出强度； 2. 做好放煤口喷雾； 3. 加强工作面通风管理，保证风量； 4. 合理确定支架结构，保证架尾通风； 5. 及时检测瓦斯
26	瓦斯检测点	瓦检员空班、脱岗、假检、漏检，造成瓦斯积聚不能及时被发现，造成超限	3	6	3	54	低风险	1. 加强瓦检人员安全教育培训，提高安全意识，夯实安全责任； 2. 严格落实瓦斯管理四项制度（瓦斯检查制度、交接班制度、排放瓦斯制度和盲巷管理制度），加大对失职瓦检员的惩处教育； 3. 加强瓦斯检查员的业务技能培训及责任心提升，确保瓦检员业务技能过硬，责任心强
27	瓦斯检测点、作业点	未按规定检查调校便携式甲烷检测报警仪、光学瓦斯检测仪、瓦斯传感器等仪器仪表的完好情况或调校不及时，造成不能及时发现瓦斯等有害气体超限	3	6	3	54	低风险	1. 严格按照《煤矿安全规程》规定要求，相关人员入井配置便携式甲烷检测报警仪，并确保完好； 2. 按规定周期对便携式瓦检仪进行调校； 3. 及时准确调校光学瓦斯检测仪、瓦斯传感器等仪器仪表； 4. 按规定将光学瓦斯检测仪、甲烷传感器、便携式甲烷检测报警仪送至有资质的单位进行定期检验； 5. 瓦检人员对相关仪器仪表进行规范比对，发现问题及时处理

说明：表2-2风险清单中的风险评估值及各个因子取值与矿井综合管理水平、风险管控效果密切相关。如同样是高瓦斯矿井，有的矿井煤层透气性好，预抽效果好，或者高位抽采效果好，则工作面回风隅角瓦斯不存在或极少出现报警、超限情况，此时相应因子取值就会比较小，可能被列入较大风险管控等级。反之，若矿井煤层透气性不好，预抽效

果也不好，或者高位抽采效果也达不到要求，则工作面回风隅角瓦斯出现报警或超限情况概率较大，此时相应因子取值就会比较大，可能被列入重大风险管控等级。

对于管控措施，不同矿井受制于装备条件、管理技术、管理理念、自然因素、开拓开采工艺技术等不同而相应存在一定的差别，本书所列举仅供读者借鉴参考。

第三章　矿井瓦斯风险管控技术

第一节　矿井瓦斯风险管控技术简介

一、开采释放层（解放层、保护层）瓦斯风险管控治理技术

开采释放层（解放层、保护层）技术：通过开采突出危险性较小（瓦斯含量较低）的邻近煤层释放瓦斯含量较高、突出危险性较大煤层中的瓦斯，从而减小或消除该煤层突出危险性，降低该煤层瓦斯含量的瓦斯治理与煤层开采技术工艺方案。其中，先开采的危险性较小（瓦斯含量较低）的煤层称为释放层（解放层、保护层），后开采的被称为被释放层（被解放层、被保护层）。

1. 上释放层（上解放层、上保护层）

上释放层（上解放层、上保护层）：在有突出危险或者是瓦斯含量较高煤层群的上部煤层首先进行开采或者进行瓦斯治理，该上部煤层称为上释放层（上解放层、上保护层）。上释放层（上解放层、上保护层）首先开采是煤矿开采常规程序，一般要求该上部煤层没有突出危险性，或突出危险性较弱，或瓦斯含量不高。上释放层（上解放层、上保护层）开采保护范围为底板变形及卸压影响区域，如图3-1所示。

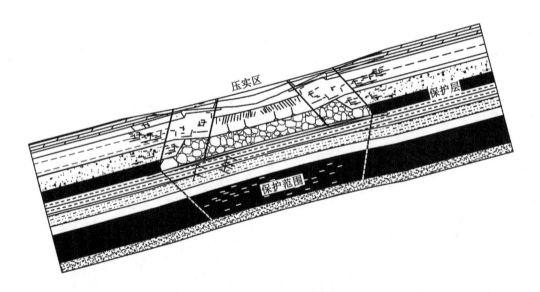

图3-1　上释放层（上解放层、上保护层）开采布置示意图

2. 下释放层（下解放层、下保护层）

下释放层（下解放层、下保护层）：在有突出危险或者是瓦斯含量较高煤层群的下部选择合适煤层首先进行开采或者进行瓦斯治理，该下部煤层称为下释放层（下解放层、下保护层）。下释放层（下解放层、下保护层）首先开采是煤矿开采非常规程序，属于反层序开采。一般要求该下部煤层没有突出危险性，或相比较突出危险性较弱，或瓦斯含量不太高。下释放层（下解放层、下保护层）开采保护范围为上覆煤岩层垮落、裂隙、弯曲变形及卸压影响区域，如图 3 - 2 所示。

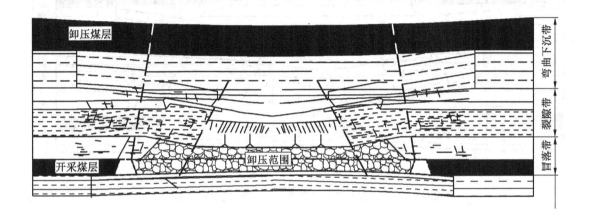

图 3 - 2　下释放层（下解放层、下保护层）开采布置示意图

下释放层（下解放层、下保护层）采用垮落法管理采空区时，其上位煤层必须处于裂隙带以上层位，且尽量采取无煤柱开采工艺。否则，应以填充等无垮落（或减少垮落带高度）采煤方式首先开采下部煤层，同时对上部煤层的瓦斯进行治理。

随着钻孔抽采技术的发展，避免下释放层（下解放层、下保护层）开采的反层序因素，可以选择底抽巷的方式对上位煤层瓦斯进行抽采治理。

3. 复合型释放层（解放层、保护层）

结合矿井煤层赋存条件及突出危险性，对于个别强突出危险性煤层，可以考虑既对其开采上释放层（上解放层、上保护层），又对其开采下释放层（下解放层、下保护层），以达到完全解除其突出危险性的目的。复合型释放层开采保护范围是上下释放层开采保护范围的重合或加强区域及部分扩展区域，如图 3 - 3 所示。

下释放层（下解放层、下保护层）的开采对上位煤岩层会形成弯曲下沉、不规则弯曲下沉、裂隙破坏，甚至垮落破坏，其后再次压实与稳定的时间比较长。即使上位煤层处于弯曲下沉带及以上层位，下释放层开采采取无煤柱技术，弯曲下沉也对煤岩原始稳定性造成较大的破坏，带来上位煤层巷道掘进施工支护困难的问题。因此，除了极特殊情况，一般不采用开采下释放层（下解放层、下保护层）的工艺技术解放上位煤层。

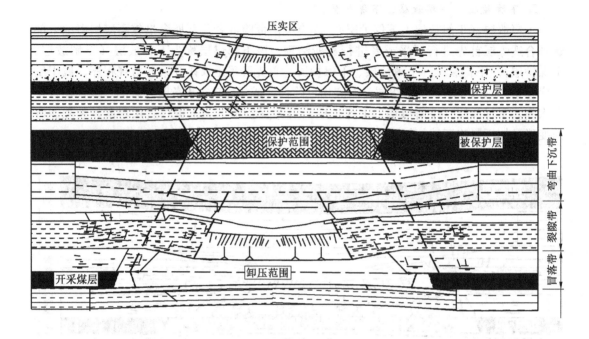

图 3-3 复合型释放层（解放层、保护层）开采示意图

二、地面瓦斯井定向预抽瓦斯风险管控技术

1. 水砂压裂技术

本小节介绍的水砂压裂技术是在水压预裂的基础上在压裂缝隙里填充砂子或者其他中介颗粒，防止压裂缝隙反弹闭合。该项技术已广泛应用于油气井田的开发，近几年在煤层气（煤层瓦斯）井田的开发中也得到一定的应用。瓦斯井定向技术配合水砂压裂技术，煤层气（煤层瓦斯）井田的开发与煤层瓦斯治理进入全新阶段。

2. 地面瓦斯井定向预抽技术

煤矿井下煤层瓦斯抽采方法主要有掘前预抽、掩护式掘前预抽、采前预抽、裂隙带抽采、采空区控抽、隅角抽采等，这几类方法抽采矿井瓦斯需配备多种设备设施，管理复杂，管理难度大，瓦斯抽采对采掘作业造成一定的影响。因此，基于井田瓦斯地质赋存条件，很多矿井（矿区）提出并实施了地面瓦斯井结合定向钻进技术抽采煤层瓦斯的工艺技术与方法，可以在煤层大规模开发开采之前有效降低煤层瓦斯含量，降低煤层储气压力，消除煤层瓦斯突出危险性，避免煤层采掘作业过程中出现瓦斯超限、发生瓦斯突出等灾害现象。该方法在许多矿井进行了实践，获得了显著的效果。

采取地面瓦斯井定向预抽技术，为煤层瓦斯（煤层气）资源性开发奠定了基础。

目前，国内外煤层气开发方式主要有地面垂直井、丛式井、水平对接井、水平羽状井等，丛式井、水平对接井和水平羽状井属定向井。其中，地面垂直井开发方式适用于构造简单、煤层稳定、厚度大、埋藏浅、渗透性相对较好的地区，主要优点是技术工艺成熟，投资成本低。地面垂直井开发已成为目前国内外煤层气勘探开发普遍采用的方式。定向井煤层气开发的主要优势在于气井产量高，占地面积小，对地形条件的适应性强；主要缺点是对煤层气地质条件要求苛刻，适合构造、水文地质条件简单，煤层厚度稳定、埋藏浅、厚度大、煤体结构好的地区，定向井煤层气开发的技术难度大，投资高，风险大。煤层气开发方式受地形条件、地质条件、煤层发育状况以及煤炭开采等方面的影响，不同的开发方式需要有不同的条件与之相适应。

3. 垂直井技术

垂直井技术是指从地表向指定抽采区域垂直钻孔（井），以抽取指定抽采区域解吸、游离出来的瓦斯。垂直井结构示意如图 3 – 4 所示。

4. V 形水平井技术

两个主水平井与垂直井在抽采煤层内相连作为气体通道，以抽取指定抽采区域解吸、游离出来的瓦斯。垂直井下端必须造穴，利于储水、储气和与水平井靶向贯通。V 形水平井结构示意如图 3 – 5 所示。

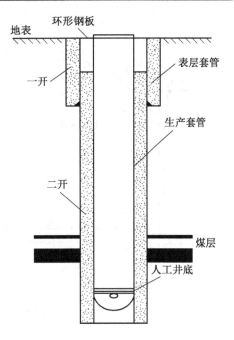

图 3 – 4 垂直井结构示意图

图 3 – 5 V 形水平井结构示意图

5. U 形水平井技术

一个主水平井与一个垂直井在抽采煤层内相连作为气体通道，以抽取指定抽采区域解吸、游离出来的瓦斯。垂直井下端必须造穴，利于储水、储气和与水平井靶向贯通。U 形水平井结构示意如图 3 – 6 所示。

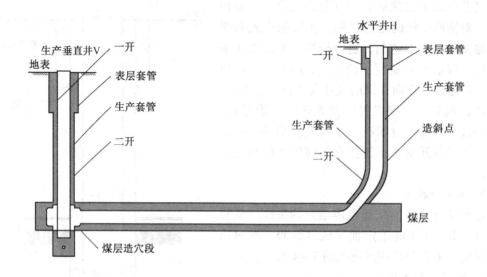

图3-6 U形水平井结构示意图

6. 多分支水平井技术

多分支水平井是集钻井、完井与增产措施于一体的综合钻井抽采技术，是指在一个（或多个）主水平井眼两侧再钻出多个分支井眼作为气体通道。多分支水平井适合在地质条件简单、抽采时间相对较短、渗透率中等和投资规模较大的区域使用。多分支水平井结构示意图如图3-7所示。

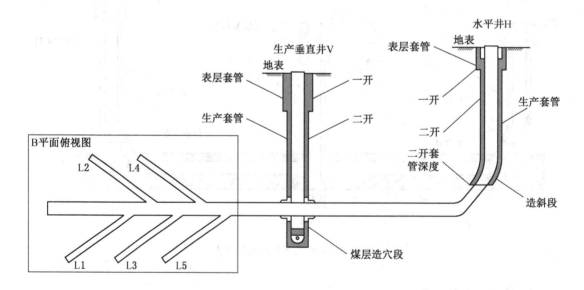

图3-7 多分支水平井结构示意图

三、工作面通风瓦斯风险管控技术

1. 沿空留巷"Y"形通风瓦斯治理技术

该项工艺技术是保留工作面矿压显现较小的巷道后部巷段作为工作面回风巷，工作面推进前方实体煤层内的两巷道均进风，采用二进一回的 Y 形通风方式。由于工作面两巷道均进风，避免了工作面回风隅角风流涡流问题，解决了回风隅角瓦斯超限问题。详细内容见本章第二节。

如果煤层倾角较大，一般沿空留巷以保留回风巷道为宜。

2. "W"形通风瓦斯治理技术

W 形通风巷道布置除工作面两侧布置通常定义的进风巷道和回风巷道外，另设计施工一条与巷道平行的巷道。该巷道布置方式有：在工作面施工中间巷（不一定在工作面正中位置），其通风方式有中间进、两侧回的一进两回式；两侧进、中间回的两进一回式；两巷进一侧一巷回的两进一回式；两巷回一侧一巷进的一进两回式。详细内容见本章第二节。

3. "U+尾巷"形通风瓦斯治理技术

第三巷布置于回风巷道侧以煤柱隔开形成"U+尾巷"形通风，改变了传统的 U 形通风方式，形成一进两回。两条回风巷，回风流分成两部分，一部分沿回风巷道流动，另一部分经联络巷沿第三巷流动，由于第三巷在短距离内与采空区控制性连通，滞后工作面，有利于排放采空区涌出瓦斯，从而减少采空区向回风隅角涌出瓦斯量。另外，通过调节风量，改变回风隅角风流状态，可以降低涡流影响范围。因此，可以有效缓解回风隅角瓦斯超限。

四、隅角及采空区抽采瓦斯风险管控技术

1. 高位钻孔抽采技术

（1）高位钻孔瓦斯抽采技术原理。

高位钻孔抽采是治理回风隅角及工作面采空区瓦斯的有效途径之一。煤层开采过程中，由于顶板岩层移动会产生垂直方向的裂缝和水平方向的离层间隙，它们是瓦斯流动的主要通道和聚集区域。高位钻孔瓦斯抽采的原理是应用工作面的回采压力及采空区顶板垮落来产生离层、裂缝，形成通道供瓦斯流动和聚集，采用高位钻孔对高浓度瓦斯流动和聚集区域进行抽采，并采取"钻孔压茬接力"的方式，保证部分钻孔孔段常态处于高效抽采瓦斯层位。若采取长距离定向钻孔，进行科学设计与精准定位施工，则可以实现钻孔全孔段（或大部分孔段）常态处于高效抽采瓦斯层位。

有效抽采裂隙带高度指的是工作面采空区顶板岩层移动产生的裂缝和离层间隙等具备瓦斯流动通道和聚集区域所处的高度。该高度参数是高位钻孔对采空区瓦斯进行高位抽采相关的核心参数，其与工作面采高、工作面长度及推进长度、工作面推进速度、煤层顶底板岩性等有着直接的关系。在具体设计施工过程中，应根据具体因素进行适度的调整，如工作面推进速度较快时，应适当降低抽采裂隙带的高度，反之应对抽采裂隙带的高度进行提高。

随着回采工作面的不断推进，高位钻孔会抽采出高浓度瓦斯，达到有效解决回风隅角

和工作面邻近采空区瓦斯浓度偏高的问题。高位钻孔施工地点一般选择在回风巷道或专门钻场内，钻孔终孔位置一般处于煤层顶板裂隙带与垮落带交接层位稍微偏高层位区域，即有效抽采裂隙带高度区域。

（2）煤矿高位钻场技术参数设置。

高位钻场施工地点的选择非常重要，结合钻机的工作能力、现场煤岩层实际和抽采效果，一般钻场之间的间距以 40~120 m 为佳，距离太近施工工程量加大，距离太远抽采效果不理想。通过合理设置钻场和施工地点，可以保证钻孔的抽采效果，保持抽采瓦斯的高浓度。钻场的距离要综合考虑煤层开采的地质条件和钻机的性能，在地质条件较好的区域理论上应适当增加钻场的间距，但在具体操作过程中，应结合具体情况综合分析确定。

（3）高位钻孔瓦斯抽采技术关联因素分析。

区段煤柱与工作面煤壁对顶板的支撑效果是高位钻孔抽采技术关联核心因素之一。区段煤柱与工作面煤壁对顶板的支撑，在工作面两隅角形成"三角悬板"结构，该结构大小受到煤层开采厚度、煤层顶底板岩性、煤层倾角、工作面推进长度、工作面推进速度、工作面长度和推进方向俯仰角等因素影响。设计施工高位钻孔需要充分注意煤柱支撑影响区域范围的变化，要对煤柱与煤壁支撑的影响范围进行准确判断，采取有效措施减少工作面煤壁支撑的影响区域，另外，对钻孔终孔位置进行精准定位，保证处于瓦斯抽采高效区。

区段煤柱与工作面煤壁的支撑作用对上覆煤岩层垮冒效果有很大的影响，煤柱支撑影响范围越大，垮冒效果就越差，即"三角悬板"结构面积大。一般来说，煤层开采厚度低，煤层顶板比较坚硬，工作面推进长度较短，工作面推进速度快，工作面长度较短，工作面处于俯角开采状态时，煤柱支撑影响范围较大，反之亦然。若工作面巷道沿走向布置，煤层倾角越大，上隅角煤柱支撑影响范围较小，下隅角煤柱支撑影响范围较大，反之亦然。

当工作面采用上行通风，煤层倾角较大时，应减小高位钻孔与回风巷道之间的夹角，达到提高钻孔瓦斯抽采效果。

（4）钻孔之间的压茬距离是高效抽采的关键因素。

使用高位钻孔抽采瓦斯经测流比较及工程实践发现，在两组钻场钻孔互相交替时，隅角瓦斯浓度较难控制，据此分析认为，钻孔之间的压茬距离是影响抽采效果的关键因素。在钻孔设计与施工时，要充分考虑好钻孔的压茬距离。经统计分析，高位钻孔的压茬距离以 20~40 m 为宜，压茬距离过长会导致接替组钻孔相对仰角较小，距离本钻场顶部距离过近，抽采失去效果，甚至出现钻孔漏气现象，而且很不经济；压茬距离过短导致接抽钻孔和交接钻孔之间出现低效区甚至空白区，不利于瓦斯抽采。

（5）高位钻孔分类。普通高位钻孔按钻场布置层位不同有 4 种情况。高位钻孔工程施工情况及抽采效果优劣评价比较见表 3-1。

结合表 3-1 中所列，综合经济性、实用性、方便性和安全性要求，准高位钻场施工高位钻孔具有较多的优点，在工程实际中得到更广泛应用；其次，在瓦斯预抽效果较好、工作面瓦斯风险管控到位的情况下，平层钻场施工高位钻孔也得到一定的优先采用。

表 3 - 1　高位钻孔工程施工情况及抽采效果优劣评价比较表

高位钻孔类别	钻场施工难度	钻孔施工难度	钻孔高效段长度	瓦斯抽采效果	综合管理难度
巷道顶板施工高位钻孔	无	因巷道顶板煤岩松破碎且有锚杆、锚索影响，钻孔施工难度较大，封孔难度大，钻机移动方便	短	差	抽采钻孔与巷道超前支护段互相影响，需提前甩孔止抽，综合管理难度较大
平层钻场施工高位钻孔	容易施工	钻孔施工难度小，封孔难度小，钻机移动方便	短	差	综合管理难度小
准高位钻场施工高位钻孔	较难施工	钻孔施工难度小，封孔难度小，钻机移动不便	较长	较好	综合管理难度较小
高位钻场施工高位钻孔	施工难度大	钻孔施工难度小，封孔难度小，钻机移动困难	长	好	钻场需局扇通风，综合管理难度大

2. 工作实务

（1）工作面采空区冒落带、裂隙带高度预测。

为保证钻孔抽采效果，在没有实践数据的指导下，可参考冒落带、裂隙带发育最大高度与采高的关系公式进行工作面有效抽采裂隙带高度预测计算，依此为据确定高位钻孔终孔层位，从而指导钻孔设计。在实际工作过程中，钻场（或钻孔开孔位置）相对煤层位置越高，则钻孔终孔位置越接近冒落带与裂隙带的分界面，反之则要高于其界面，以保证钻孔高效抽采段长度和使用效果。

冒落带、裂隙带发育最大高度与采高的关系公式为

$$H_{m} = (3 \sim 5)M \tag{3-1}$$

$$H_{1} = \frac{100M}{1.5M + 3.1} \tag{3-2}$$

式中　H_{m}——冒落带发育最大高度，m；

　　　M——工作面采高，m；

　　　H_{1}——裂隙带发育最大高度，m。

（2）工作面采空区高位钻孔终孔位置的确定。

高位钻孔终孔位置的确定主要考虑两方面因素，即采空区瓦斯体积分数分布和围岩冒落破碎情况。对于平层钻场、准高位钻场施工高位钻孔，钻孔终孔位置应布置在瓦斯体积分数较高位置的上部，以利于提高钻孔高效抽采段长度，同时又利于瓦斯抽采，及时发挥钻孔抽采效果。对于高位钻场施工高位钻孔、定向钻孔，则钻孔终孔位置应布置在瓦斯体积分数较高、裂隙发育区域位置，尽量避开冒落带层位而避免抽采漏风。由于四周煤壁的支撑作用，在采空区四周覆岩的关键层下部存在裂隙发育区，即"梯形台"卸压范围。因该卸压范围在平面图上类似"O"形，故称为"O"形圈，该裂隙发育区也称"O"形圈区，该区域是瓦斯运移和积聚的主要通道和场所。因此，垂直方向上，高位钻孔的高效段布置在裂隙带瓦斯体积分数较高的位置；水平方向上，应将钻孔布置在回风巷道一侧"O"形圈区和"梯形台"区域范围内，即瓦斯通道区域。

工作面采空区"O"形圈区示意图如图 3 - 8 所示。

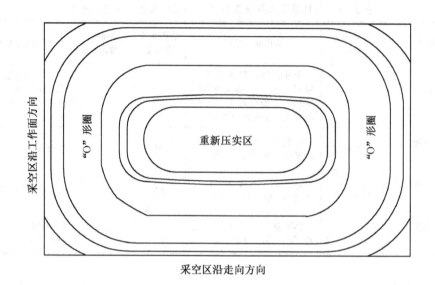

图3-8　工作面采空区"O"形圈区示意图

采空区覆岩冒落裂隙"梯形台"形态示意图如图3-9所示。

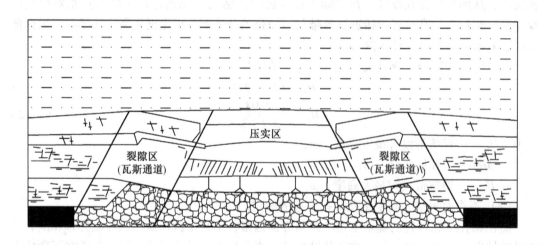

图3-9　采空区覆岩冒落裂隙"梯形台"形态示意图

　　理论与实践研究结果表明，高位钻孔终孔层位一般布置于冒落带顶部、裂隙带底部，7～10倍左右采高位置比较合适，视煤层厚度、顶板岩性、开采工艺、平均推进速度等因素进行适当调整；高位钻孔、定向钻孔（远离回风巷侧钻孔）终孔位置与回风巷道内错平距一般以20～30 m为宜。

　　对于高位钻孔、定向钻孔（远离回风巷侧钻孔）终孔位置与回风巷内错平距的确定，除上述"O"形圈理论外，还有横"三区"理论。该理论认为在采动应力场中形成的裂隙空间，沿工作面倾向（工作面刮板输送机运行方向），形成横"三区"，分别为：①煤柱支撑影响区：水平移动较为剧烈，垂直位移甚微；②垮冒不充分离层区：回采工作面推过之后，该区域垂直位移急剧增加，底部岩层垮落但不充分，各煤岩层位移速度不尽相同，其特点是越往上越缓慢，形成离层空间；③重新压实区：沿工作面倾向（工作面刮板输送机运行方向）向工作面中部区域，底部垮落带煤岩层垮落充分，并在采空区充分填充堆积，邻近垮落堆积层的煤岩层运动速度逐渐趋缓，并缓于上覆煤岩层下沉运动速度，填充堆积层及上覆各煤岩层进入了相互压合过程。依据横"三区"理论，终孔平面位置上应处于垮冒不充分离层区为宜。

工作面初采至推进到"一次见方"期间，工作面顶板垮落和弯曲下沉不充分，此段高位钻孔终孔层位应视矿井实际进行适当调整。

（3）常见的几种高位钻孔钻场布置形式。

第一种形式：巷道顶板常规高位钻场。

在巷道以施工小"反井"的方式（或直接在巷道顶板开孔施钻）施工高位钻场，因为小"反井"施工，钻场施工层位相对偏低，钻孔仰角较大，钻孔瓦斯抽采高效段较短，钻场之间的间距不宜大于 80 m。顺槽顶板常规高位钻场布置形式的缺点：钻孔施工长度较短；钻孔施工未能有效避开巷道的支护锚杆、锚索，钻孔仰角、方位角难以得到保证；超前支架制约有效抽采时间；遇水泥化顶板不利于钻孔施工和顶板管理；钻孔封孔困难。视瓦斯抽采效果、煤层赋存情况、巷道支护锚杆锚索密度、巷道顶板岩性及与前面钻场钻孔搭接需要，一般钻孔按 1~2 层（组）布置。单层钻孔布置平面示意图如图 3 - 10 所示。

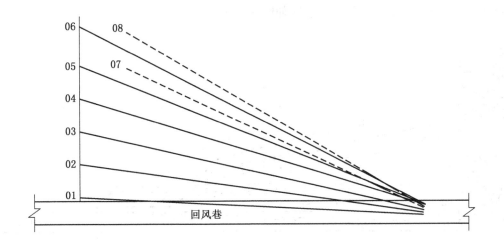

图 3 - 10 巷道顶板常规高位钻孔单层钻孔平面示意图

第二种形式：平层高位钻场。

平层高位钻场即在巷道帮部直接沿煤层施工高位钻场。若为倾斜煤层，则可以部分挑顶施工。该钻场布置形式的优点是不用施工岩石巷道或少部分挑顶施工。该钻场缺点是因钻场层位相对偏低，钻孔仰角较大，钻孔高效段较短，钻场之间的间距不宜大于 100 m。视瓦斯抽采效果、煤层赋存情况及与前面钻场钻孔搭接需要，一般钻孔按 2~3 层（组）

布置。钻孔布置平面示意图如图 3 – 11 所示。

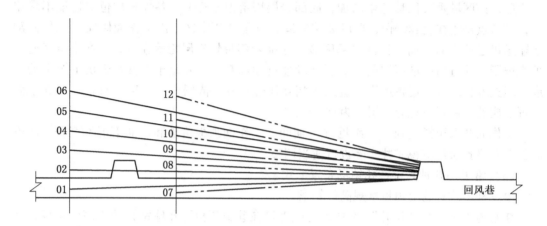

图 3 – 11 平层高位钻场钻孔布置平面示意图

第三种形式：准高位钻场。

准高位钻场层位比煤层相对较高，工程量较小，一般位于煤层顶板 2 m 左右，这种高位钻场是常规高位钻场的简化版本，钻场深度为 5 m 左右，不需要专门的风机通风。施工高位钻孔一般距离回风巷采帮 1~4.5 m，能有效避开巷道支护的锚杆、锚索，保证钻孔施工质量。视瓦斯抽采效果、煤层赋存情况及与前面钻场钻孔搭接需要，一般钻孔按 2~3 层（组）布置。钻孔布置平面示意图如图 3 – 12 所示。

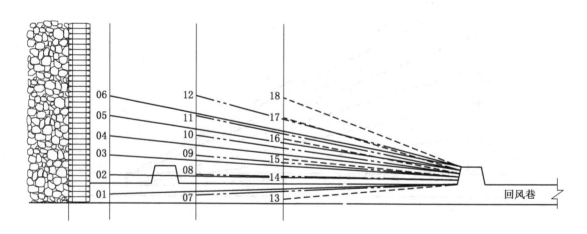

图 3 – 12 准高位钻场钻孔布置平面示意图

第四种形式：常规性高位钻场。

常规性高位钻场是指在煤壁侧距离煤层顶板施工垂直高度为 8~15 m 的钻场。该钻场抽采效果最好，但存在的问题是钻场施工难度较大，按照履带式 4000 型钻机再加手拉葫芦辅助运输最大爬升角度为 30°计算，该钻场施工长度最少在 15 m 以上；钻场通风困难，需要专门的风机供风，增加了通风管理难度。视瓦斯抽采效果、煤层赋存情况及与前面钻场钻孔搭接需要，一般钻孔按 1~2 层（组）布置。钻孔布置平面示意如图 3-13 所示。

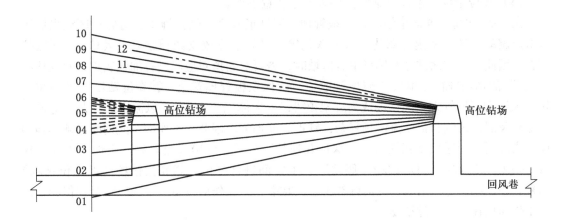

图 3-13　常规性高位钻场钻孔布置平面示意图

（4）高位钻孔抽采优化实务。

第一，钻场位置选取的优化。

综合现场实际情况，经过研究分析认为，钻场位置选取应兼顾以下几个基本原则：回风巷目标抽采巷段相对较高位置，如局部煤层褶曲小背斜轴部等；钻场（或联巷）开口位置煤层顶板完整稳定；避开隔爆水棚安设位置，以免损坏；便于接入瓦斯抽采干管等。

第二，高位钻孔参数的优化。

根据前述理论计算分析，高位钻孔抽采的关键是选择最佳的终孔层位和钻孔与回风巷之间的平距，将抽采高位钻孔终孔布置在工作面煤层顶板上部的裂隙带内（偏裂隙带底部），获得最佳抽采效果。根据这一原理，在实际工作中，通过当期抽采钻场单孔、群孔抽采流量、浓度、负压及钻孔穿过的层位测定，结合工作面的推进位置，利用当期抽采钻场高位钻孔参数，优化确定下一个高位钻场的瓦斯抽采钻孔相关参数。

高位钻孔相关参数优化方案如下。①钻孔角度优化。抽采钻孔终孔位置应布置在工作面煤层顶板上部垮落带与裂隙带之间，偏裂隙带底部位置。视煤层赋存与钻场层位情况，若钻孔仰角较大，则终孔位置进入裂隙带可深一些；反之亦然。由于钻孔长度达到 100 m甚至更长，为避免因钻头、钻杆在重力作用下发生钻孔偏斜，导致终孔层位达不到设计要求，根据打钻施工经验，稳钻施工角度在依据煤层倾角及层位关系设计角度的基础上增加2°左右。该经验数据要依据钻杆直径、单根钻杆长度、钻孔设计长度等参数进行调整。②钻孔间距优化。钻孔开始抽采出裂隙带瓦斯时，相应终孔位置滞后于工作面，这一距离称为开始抽采距离。从开始抽采距离到钻孔失去作用这一段距离称为"有效抽采距离"。钻孔处于瓦斯高效抽采裂隙带内的长度称为"高效抽采段"。根据理论参考数据及现场实测数据，同层钻孔终孔间距确定为 5 m 左右为宜，同层钻孔终孔距离回风巷平距以 5~35 m 为佳。③钻孔控高优化。控高应选择在冒落带上部和裂隙带以里（偏向于裂隙带底部）的范围，不同矿井、不同的地质条件、不同的开采工艺技术对该参数的确定不同。

钻孔参数优化，在实践中可充分结合采空区"O"形圈、采空区覆岩冒落裂隙"梯形台"和横"三区"理论综合确定。

（5）高位钻场（准高位钻场）回采安全注意事项。

① 高位钻场（准高位钻场）顶板管理。因钻场及高位钻孔施工，对邻近区域煤层顶板造成震动破坏、密集孔弱化、水力软化等，另外还形成支架顶梁以上大体积"空洞"存在，因此，工作面推进至钻场附近区域时，需要对巷道对应段进行加强支护，对大体积"空洞"的钻场进行充填或"假顶"改造，确保顶板管理安全。② 高位钻场（准高位钻场）风流和瓦斯管理。因钻场成为支架顶梁以上大体积"空洞"，风流通道复杂，造成回风端头及隅角风流和瓦斯流流场复杂，管理难度加大。因此，工作面在此期间必须加强回风端头及隅角的通风及瓦斯管控，保证瓦斯抽采效果，保障安全。如适当加大工作面风量；采用发泡充填材料对钻场"假顶"以上空间进行充填。③ 高位钻场（准高位钻场）回采管理。编制专项措施，提前调整工作面状态，对工作面设备、设施进行维护保养，确保工作面快速安全推过钻场。

3. 交替迈步"T 形花管"埋管抽采技术

（1）隅角采空区迈步式埋管抽采瓦斯技术方案。

在回风巷非采帮侧沿巷道敷设一趟干管，在距工作面 100 m 左右位置，通过三通分支为两趟上下平行的支管路。两趟支管路迈步式埋入采空区，下支管安装高度至少高于巷道底板 1.5 m，上支管与下支管间距至少为 0.2 m，保证有足够的空间使两趟支管路不被超前支架挤压，迈步间距为 6 m（该距离视瓦斯抽采效果可适当调整）。两趟支管末端三通连接立管，在立管上端部加工成"T"形，立管上部横管加工为花管（空隙要大且密），立管靠近煤壁，"T"形横管离巷道顶板不大于 200 mm。立管和"T"形横管为等径钢管加工。

干管与支管管径依据抽采流量等参数进行综合分析计算确定。干管管径一般以 300 ~ 400 mm 为宜，支管管径一般以 200 mm 左右为宜。

（2）埋管方法。

当上立管紧邻工作面的"T"形花管埋入采空区 12 m（该距离视瓦斯抽采效果可适当调整）时，下立管紧邻工作面的"T"形花管埋入采空区则为 6 m，此时为上支管准备接"T"形花管；当下立管紧邻工作面的"T"形花管埋入采空区 12 m 时，上立管紧邻工作面的"T"形花管则埋入采空区 6 m，此时为下支管准备接"T"形花管；准备接"T"形花管的支管在该接头处将管路断开，改接"T"形花管。依此循环。

（3）相关说明及注意事项。

接"T"形花管的位置为切顶线位置（不得进入采空区，也不得提前），无论是检修班还是生产班，只要支管标红处（在支管上做标红记号）到切顶线位置，必须停止作业接"T"形花管。接花管的过程中严禁用黑色金属物（铁器）敲击、锤打，管路要轻拿、轻放，避免产生火花。

考虑方便断开支管，便于掌握接"T"形花管的距离，单根支管长度可以为 3 m、6 m 或 12 m。

视现场情况，可辅助采取垛墙设施，将"T"形花管在切顶线处与工作空间隔开，提高抽采效果。隅角采空区迈步式"T"形花管埋管方案示意图如图 3 - 14 所示。

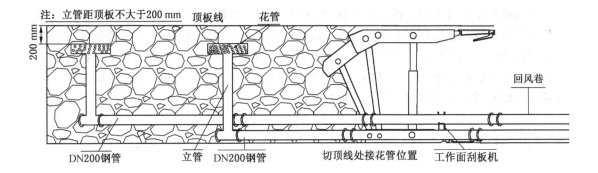

图 3 – 14　隔角采空区迈步式"T"形花管埋管方案示意图

4. 高位隔角拖管抽采技术

工作面回风巷非采帮侧布置一趟瓦斯抽采管路，直至工作面回风隅角位置，管径视管路敷设长度、瓦斯泵站抽采能力、工作面配风量等因素综合确定，一般以 300~400 mm 为宜。管路在距工作面 50 m 左右位置（视矿井现场实际确定）向工作面方向至隅角采用单轨吊起吊与牵移，随着工作面持续推进，抽采管路在单轨吊上"行走"，管路末端采用花管抽采瓦斯（考虑花管距离巷道顶部高度因素，花管段可通过上弯弯头向上抬起），花管探入隅角的深度根据隅角尾巷顶板垮落情况适时调整，一般情况下应延伸至切顶线往采空侧 1~3 m 位置为宜。同时，随回风隅角瓦斯的变化情况花管延伸位置也可作相应调整变动，管路移动灵活便捷且做到全部回收，花管始终处于最佳抽采位置，保证了抽采效果。当回风隅角空间较大时，可在支架切顶线位置进行及时封堵，以提高抽采效果。回风隅角高位拖管抽采设施布置侧视示意图如图 3 – 15 所示。

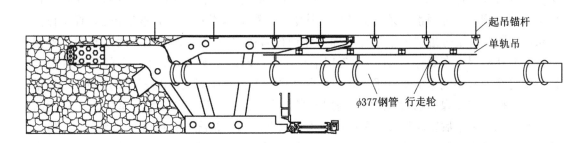

图 3 – 15　回风隅角高位拖管抽采设施布置侧视示意图

5. 煤层邻巷钻孔抽采技术

针对工作面在回采过程中，受邻近层、邻近采空区、本工作面采空区等区域瓦斯来源影响，造成工作面及采空区瓦斯涌出量大，回风隅角和回风流瓦斯偏高。因此，采用邻巷作为掩护抽采巷，集中连续抽采采后卸压区域、采空区"垂直三带"之垮落带与裂隙带间瓦斯，回风隅角区域附近瓦斯，底邻近层卸压瓦斯等，钻孔视具体情况可设计布置成扇形孔或复合类型；掩护式抽采邻近工作面采动卸压瓦斯、邻近层瓦斯、预抽邻近工作面煤层瓦斯，钻孔可布置成扇形孔、平行孔或复合类型。

邻巷钻孔抽采技术用于抽采采空区"垂直三带"之垮落带与裂隙带间瓦斯、回风隅角区域附近瓦斯时，适用于未采工作面区段位于本工作面回风巷侧。煤层邻巷钻孔抽采技术示意图如图3-16所示。图中仅仅考虑本煤层瓦斯抽采，没有考虑邻近层，掩护式抽采钻孔布置为平行孔，采后卸压区域、采空区"垂直三带"之垮落带与裂隙带间瓦斯、回风隅角区域附近瓦斯抽采钻孔布置为扇形孔成组布置。

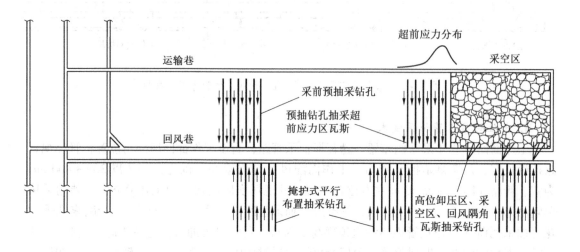

图3-16　煤层邻巷钻孔抽采技术示意图

6. 相邻采空区瓦斯联动控抽技术

工作面相邻采空区按采空区相对于目标工作面位置主要分为上邻近层采空区、下邻近层采空区（反层序开采）、本层两侧邻近采空区。不同情况下，邻近采空区富集瓦斯对目标工作面影响受多种因素和条件的约束，其中主要影响因素有：上下邻近层与目标工作面煤层层间距、上下邻近层采空区与目标工作面位置关系（如垂直布置、内错布置、外错布置、内外错混合布置等）、上下邻近层采空区采后垮落压实持续时间、各煤层顶底板岩性及稳定性、各煤层厚度及开采工艺、采空区自然发火及防灭火情况等；本层两侧邻近采空区与目标工作面煤柱留设宽度、煤柱压裂破坏情况、邻近采空区采后垮落压实持续时间、邻近采空区采后密闭情况、采空区自然发火及防灭火情况等；矿井及工作面通风负压情况、采空区负压差；采空区"O"形圈范围及大小；目标工作面与邻近采空区相对高度；采空区积水情况等。

对于采空区瓦斯，停采线附近区域，可考虑密闭预留措施孔进行控制性抽采。对于上邻近层采空区，一般采取穿层高位钻孔配合采空区两巷道垮落后残留"O"形圈区，对采空区、目标工作面采空区顶板裂隙带、目标工作面隅角瓦斯进行分源或联合式控抽。对于下邻近层采空区，一般采取底板穿层孔配合采空区两巷道垮落后残留"O"形圈区，对采空区瓦斯进行分源控抽。对本层回风巷侧邻近采空区，一般采取顺层集束钻孔配合采空区巷道垮落后残留"O"形圈区，对邻近采空区、目标工作面采空区、目标工作面隅角瓦斯进行分源或联合式控抽，集束钻孔视孔径大小每束以3~5个为宜，束间距15~20 m；

本层进风巷侧邻近采空区，一般采取平行钻孔配合采空区巷道垮落后残留"O"形圈区，对邻近采空区瓦斯进行控抽，钻孔间距 10～15 m。

7. 高位巷隅角瓦斯抽采技术

与高抽巷类似，综合考虑煤岩层稳定性、矿压显现强弱、采动压力影响、煤层厚度及倾角、回采工艺等因素，高位巷道一般布置与回风巷平行，平距 10～30 m，层位处于该位置顶板岩层裂隙带底部、冒落带顶部，一般距煤层 6～8 倍采高为宜。

高位巷隅角瓦斯抽采以控抽为主，其原理与高抽巷类似。对于煤层瓦斯含量高，工作面产量大的矿井，可以同时设计布置高位巷和高抽巷（部分矿区回采工作面布置的煤层顶板低位岩石抽采巷和顶抽巷与此类似）。

8. 底抽巷钻孔抽采技术

底抽巷是一个相对空间概念。对于煤层群开采，下位煤层顺层巷道可考虑"一巷多用"，可作为上位煤层的底抽巷，对于底部煤层或单一煤层，底抽巷为距离煤层底板一定距离的岩石巷道。

底抽巷钻孔抽采技术主要体现在穿层钻孔预抽和以仰角防积水钻孔为主两个方面。有掘前、采前底板穿层钻孔上位煤层瓦斯预抽；工作面回风隅角及采空区垮落残留"O"形圈区滞后穿层钻孔控抽等。

第二节 矿井通风瓦斯治理技术

一、矿井通风的概念及作用

1. 矿井通风概念

向矿井连续输送新鲜空气，供给人员呼吸，稀释并排出有害气体和浮尘，改善矿井气候条件及救灾时控制风流的作业。

矿井通风系统由进风、用风、排风三大部分组成。

2. 矿井通风的作用

创造良好的维护健康、保障安全生产的作业环境，为瓦斯、煤尘和火灾实施切实可行的防治措施，提高矿井的抗灾救灾能力，排除有毒有害气体和粉尘，保证现场作业人员正常呼吸新鲜空气的需要。

二、矿井瓦斯风排技术

矿井瓦斯风排技术是经济、安全、高效的瓦斯治理技术，其特征是利用矿井井巷内的风流、风压，通过构筑通风设施、安装通风设备、设计施工巷道工程等进行瓦斯治理。煤层瓦斯含量在一定限度内，矿井采掘作业强度合适的情况下，矿井瓦斯风排技术是常用的、最普遍的、最成熟的瓦斯治理技术。

煤矿职业健康安全管理体系中，通风安全是一项重要内容，是保障采掘作业正常实施和矿井从业人员生命健康安全的基础。在煤矿采掘作业过程中，经常导致矿井火灾或爆炸事故的一个主要原因是井巷硐室内、采掘作业空间积聚含量过高的高浓度瓦斯气体以及其他易燃性物质（如煤尘、油脂蒸气等）。只有具备良好的通风条件，才能及时排除这些有害物质，降低其积聚浓度。因此，对于煤矿来说，需要结合矿井安全生产的实际，实施切实有效的、科学的通风技术，保证采掘空间、井巷硐室瓦斯浓度处于安全限值以内。

1. 高位抽采巷全风压风排瓦控技术

此技术现已淘汰，在此不再赘述。

2. 沿空留巷"Y"形通风瓦斯治理技术

在工作面回采过程中，采用砼浇墙配合切顶充填、加强支护等综合工艺技术保留工作面矿压显现较小的巷道后部巷段作为工作面回风巷，若煤层倾角较大，则沿空留巷应为回风巷。工作面推进前方实体煤层内的两巷道均进风，采用二进一回的Y形通风方式。由于工作面两巷道均进风，避免了工作面隅角风流涡流问题，解决了回风隅角瓦斯超限问题。因沿空留巷对应工作面外段巷道也是进风巷，其分流一部分进风风量，所以回采工作面落煤区域巷段（即回采作业面）实际通过风量小于工作面总进风量；U形通风时，回采工作面落煤区域巷段实际通过风量与工作面总进风量一致。

使用沿空留巷"Y"形通风瓦斯治理技术要合理分配两进风巷道的风量。一般风流通过工作面落煤区域巷段巷道的风量与另一巷道通过风量分配比例为65∶35，也可以在满足风流不通过工作面落煤区域巷段巷道安全风量的情况下，其余风量均分配给风流通过工作面落煤区域巷段（即回采作业面）的巷道，并且风流不通过工作面落煤区域巷段巷道风量要满足该巷道温度、湿度、风速、瓦斯及有害气体浓度等条件要求。工作面总体配风量大小视回风流中瓦斯浓度和工作面风速进行有效调节。

沿空留巷"Y"形通风瓦斯治理技术关键在于沿空留巷的维护与防止采空区漏风。"Y"形通风瓦斯治理技术工作面巷道布置示意图如图3-17所示。

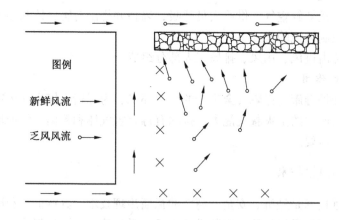

图3-17 "Y"形通风瓦斯治理技术工作面巷道布置示意图

3. "W"形通风瓦斯治理技术

W形通风对于隅角瓦斯治理有利的通风方式：①中间进、两侧回的一进两回式，这种通风方式在工作面形成两个回风隅角，工作面采空区瓦斯向隅角流动集中强度减小，工作面风流负压差有所减小，隅角风流涡流强度减小，有利于隅角瓦斯管理，此种通风方式在近水平煤层中应用效果比较好；②两侧进、中间回的两进一回式，适用于近水平煤层，但两侧进风风流在中间巷回风隅角形成汇流碰撞，造成回风隅角风流不稳，相应瓦斯流场也存在不稳定性，给隅角瓦斯管理带来一定的不可控性；③两巷回一侧一巷进的一进两回式，第三巷平面布置偏向于回风巷侧，工作面形成两个回风隅角，有利于隅角瓦斯管理，适用于倾斜煤层。前两种"W"形通风方式适用于近水平煤层，低瓦斯采煤工作面；第三种"W"形通风方式适用范围较广。中间进、两侧回的一进两回式"W"形通风方式示意图如图3-18所示。两侧进、中间回的两进一回式"W"形通风方式示意图如图3-19所示。两巷回一侧一巷进的一进两回式"W"形通风方式示意图如图3-20所示。

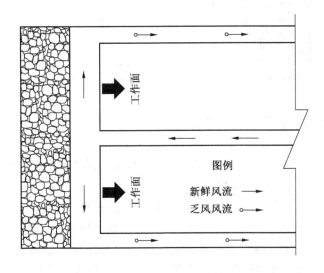

图 3-18 中间进、两侧回的一进两回式"W"形通风方式示意图

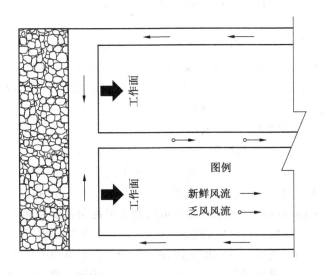

图 3-19 两侧进、中间回的两进一回式"W"形通风方式示意图

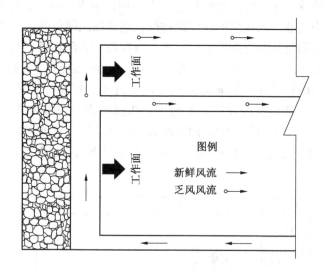

图3-20　两巷回一侧一巷进的一进两回式"W"形通风方式示意图

"W"形通风方式增加了一条中间巷道，对工作面回采增加了超前维护的工作量。

4. "U+尾巷"形通风瓦斯治理技术

第三巷布置于回风巷侧形成"U+尾巷"形通风，改变了传统的U形通风方式。工作面第三巷布置于回风巷侧，形成一进两回，两条回风巷，回风流分成两部分，一部分沿回风巷流动，另一部分经联络巷沿第三巷流动，由于第三巷在短距离内与采空区控制性连通，滞后工作面，有利于排放采空区涌出的瓦斯，从而减少采空区向回风隅角涌出瓦斯量；另外，通过调节风量，改变回风隅角风流状态，可以降低涡流影响范围。因此，该技术可以有效缓解回风隅角瓦斯积聚。实践表明，通过调节回风巷与第三巷的风量和风压，引导采空区瓦斯从第三巷排出，可以有效抑制采空区高浓度瓦斯向工作面回风隅角和回风巷涌出。

该项技术关键在于控制采空区漏风区域范围、漏风风量和联络巷封闭时间；人员需进入第三巷进行联络巷封闭作业，应做到风量配置合适，保证瓦斯浓度处于安全限值以内；第三巷设计、施工与管理需要综合考虑邻近工作面的布置及采掘接替安排。"U+尾巷"形通风适用于自然发火不严重的煤层或是不自燃煤层的采煤工作面。"U+尾巷"形通风瓦斯治理工艺技术示意图如图3-21所示。

5. 工作面通风瓦斯治理技术说明

U形通风系统的回采工作面，其上隅角容易聚积瓦斯。采用"U+尾巷"通风方式的采煤工作面，瓦斯聚积点移至采空区内的尾巷入风口处（即联络巷口）。Y形通风系统由于采空区内有一定的漏风通道，采空区与邻近层涌出的瓦斯很少会涌入开采工作面，加之进风多了一条通道，工作面瓦斯浓度较低，有利于回风隅角瓦斯管理。

改进通风方式，加强通风，可以增加风排瓦斯能力，而单纯采用通风方法所处理的瓦斯量是有限度的，当瓦斯涌出量超过一定量时，仍会出现回风隅角瓦斯积聚超限的隐患。回采工作面和回风隅角瓦斯治理的根本在于对采空区瓦斯和本煤层瓦斯进行高效抽采。因

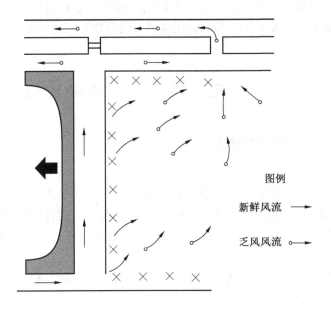

图 3-21　"三巷""U+尾巷"形通风瓦斯治理工艺技术示意图

此，高瓦斯工作面，无论采取何种通风方式，都要同时采取高抽巷、走向高位钻孔、回风隔角插管（拖管）、低位抽采巷、本煤层顺层钻孔抽采等其中一种或几种抽采方式相结合的瓦斯综合治理措施来解决回采工作面及回风隔角的瓦斯治理问题。

三、利用通风排出瓦斯的缺点

1. 风排瓦斯的经济性和安全性受制约

根据矿井瓦斯涌出量预测计算，如果瓦斯涌出量较大，则采掘工作面配风量就要增大。配风量增大，对于采煤工作面，将导致采空区漏风增加，回风隔角瓦斯管理难度加大，同时需要增加整个矿井风量；对于掘进工作面，需要增加局部通风机供风量，加大局部通风机功率和风筒直径，增加掘进工作面瓦斯超限风险，另外加大局部通风机功率，供风风筒内风量、压力加大，为防止风筒脱节，对风筒连接技术要求提高。同时，加大风量，会增加动力消耗；功率增大，风机噪声带来职业危害；风量增大，风速提高，会加大粉尘职业危害。因此，当矿井瓦斯涌出量增加到一定数量时，风排瓦斯技术的经济性、安全性都受到制约。

2. 回采工作面回风隔角瓦斯管理难度增大

如果矿井加大回采工作面风量，工作面两端负压差增加，必定造成采空区漏风加大，工作面采空区瓦斯回风隔角逸出强度增大，回风隔角瓦斯增高，增大隔角瓦斯管理难度，同时也增加了采空区自然发火的风险。

3. 被动性治理

利用风排瓦斯属于被动性治理，对通风系统、供电系统可靠性提出较高的要求，同时要求矿井加强全方位管理。实施矿井瓦斯风险管控，落实瓦斯抽采主动治理势在必行。

根据《煤矿安全规程》的规定，任一采煤工作面的瓦斯涌出量大于 5 m³/min 或者任一掘进工作面瓦斯涌出量大于 3 m³/min，用通风方法解决瓦斯问题是不合理的，必须进行瓦斯抽采治理。

第三节　瓦斯抽采治理基础理论

一、矿井煤层瓦斯可抽采性评价

1. 相关概念

（1）煤层瓦斯压力。存在于煤层孔裂隙中的瓦斯气体分子因自由热运动引起相互撞击时产生的相互作用力。该指数对于矿井瓦斯赋存、涌出及瓦斯抽采技术的研究都具有极其重要的意义。相对来说，对于埋深相似的煤层，煤层瓦斯压力愈大，表明煤层瓦斯含量也就愈大。

（2）煤层瓦斯含量。处于自然状态中一定质量或者体积的煤体中包含游离状态与吸附状态瓦斯的总量。

（3）百米钻孔瓦斯流量。指在特定抽采条件下，每 100 m 钻孔每分钟能够抽出的混合瓦斯量。考虑钻孔流量衰减因素，该指数以钻孔初始瓦斯流量作为计算依据。该指数可以作为评价煤层瓦斯可抽性指标之一，可以通过现场实测得出。煤层钻孔施工完毕进行孔口管固管封孔后，将流量计安装到钻孔中来进行瓦斯流量的实时测定，最后通过流量计的测定数据分析得到初始瓦斯流量，根据钻孔见煤长度进行计算，得出百米钻孔瓦斯流量。百米钻孔瓦斯流量这个指数的用途是用来估算整个矿井的抽采瓦斯量水平。

（4）瓦斯流量衰减系数。指在不受采动影响条件下，煤层内钻孔瓦斯流量随时间的推移呈衰减变化的特性系数，是表征钻孔自然瓦斯涌出特征的重要参数，是评价预抽煤层瓦斯难易的重要指标之一。该系数可以通过钻孔瓦斯流量随着时间发生变化的情况来进行计算。

根据《煤矿瓦斯抽放规范》规定，钻孔瓦斯流量衰减系数测算方法如下：选择具有代表性的区域打煤层钻孔，先测定其初始瓦斯流量，经过一定排放瓦斯时间后，再测其瓦斯流量，然后由相关公式计算，求出钻孔瓦斯涌出量衰减系数。在实际工作过程中，通常是选择具有代表性的煤层区段，打煤层钻孔，完钻后密封钻孔，定期测量钻孔自然瓦斯流量，并记录流量测定时的钻孔自排瓦斯时间，根据不同自排时间下的钻孔自然瓦斯流量测定数组，用回归分析方法求出初始瓦斯涌出量和钻孔瓦斯涌出量衰减系数。

（5）煤层透气性系数。煤层透气性系数是衡量瓦斯等气体在煤层内流动难易程度的物理量，用 λ 表示。煤层透气性系数可以通过煤层径向流动理论求解得到。

煤层透气性系数的现场测定方法主要有：苏联学者提出的雅罗伏依法、克里切夫斯基流量法和压力法，马可尼压力法以及钻孔流量法。中国矿业大学周世宁教授在总结已有煤层透气性系数测定方法的基础上，根据煤层瓦斯流量理论，提出了新的煤层透气性系数测定方法。该方法包括：巷道单向流量法、钻孔径向法和球向流量法测定煤层透气性。

（6）煤层瓦斯可抽采性。目前常用煤层透气性系数和钻孔瓦斯流量衰减系数作为瓦斯抽采指标来监测煤层的可抽采性。依据《煤矿瓦斯抽放规范》，按照抽采难易程度，可以将未卸压原始煤层的可抽采性划分成 3 种类型，分别为容易抽采、可以抽采和较难抽采。

煤层瓦斯可抽采性相应参数取值范围见表 3 - 2。

表 3 - 2 煤层瓦斯可抽采性相应参数取值范围表

煤层瓦斯可抽采性类型	钻孔瓦斯流量衰减系数/ d^{-1}	煤层透气性系数/ $(m^2 \cdot MPa^{-2} \cdot d^{-1})$
容易抽采	<0.003	>10
可以抽采	0.003 ~ 0.05	0.1 ~ 10
较难抽采	>0.05	<0.1

2. 矿井瓦斯抽采达标

（1）具有突出危险煤层工作面采掘作业前抽采达标范围的规定。具有突出危险煤层工作面采掘作业前必须将控制范围内煤层的瓦斯含量降到煤层始突深度的瓦斯含量以下或将瓦斯压力降到煤层始突深度的煤层瓦斯压力以下。若没有能考察出煤层始突深度的煤层瓦斯含量或压力，则必须将煤层瓦斯含量降到 8 m^3/t 以下，或将煤层瓦斯压力降到 0.74 MPa（表压）以下。

（2）瓦斯涌出量主要来自邻近层或围岩的采煤工作面瓦斯抽采率应满足的条件见表 3 - 3；瓦斯涌出量主要来自开采层的采煤工作面前方 20 m 以上范围内煤的可解吸瓦斯量应满足的条件见表 3 - 4。

表 3 - 3 采煤工作面瓦斯抽采率指标表

工作面绝对瓦斯涌出量 $Q/$ $(m^3 \cdot min^{-1})$	工作面瓦斯抽采率/ %
$5 \leqslant Q < 10$	≥20
$10 \leqslant Q < 20$	≥30
$20 \leqslant Q < 40$	≥40
$40 \leqslant Q < 70$	≥50
$70 \leqslant Q < 100$	≥60
$100 \leqslant Q$	≥70

表 3 - 4 采煤工作面前方 20 m 以上范围内煤的可解吸瓦斯量指标表

工作面日产量/ t	可解吸瓦斯量 $W_j/$ $(m^3 \cdot t^{-1})$
≤1000	≤8
1001 ~ 2500	≤7
2501 ~ 4000	≤6
4001 ~ 6000	≤5.5
6001 ~ 8000	≤5
8001 ~ 10000	≤4.5
>10000	≤4

表3-5　矿井瓦斯抽采率指标表

矿井绝对瓦斯涌出量 Q/ $(m^3 \cdot min^{-1})$	矿井瓦斯抽采率/ %
$Q < 20$	≥25
$20 \leq Q < 40$	≥35
$40 \leq Q < 80$	≥40
$80 \leq Q < 160$	≥45
$160 \leq Q < 300$	≥50
$300 \leq Q < 500$	≥55
$500 \leq Q$	≥60

（3）工作面风速与瓦斯浓度的规定。采掘工作面风速不得超过 4 m/s，回风流中瓦斯浓度不得超过 1%。

（4）矿井瓦斯抽采率应满足的条件见表3-5。

3. 相关指标的测定及计算方法

（1）原始煤层瓦斯压力（相对压力）P 的测定方法详见第一章相关内容。

（2）煤层瓦斯含量。按照规范要求，在指定地点进行煤层瓦斯测定，最后通过 Langmuir（朗格缪尔）公式计算得出煤层瓦斯含量。

煤层瓦斯含量计算公式为

$$W = \frac{abP}{1+bP} \times \frac{100 - A_d - M_{ad}}{100} \times \frac{1}{1+0.31M_{ad}} + \frac{10\pi P}{\gamma} \quad (3-3)$$

式中　W——煤层瓦斯含量，m^3/t；

a，b——吸附常数；

P——煤层绝对瓦斯压力，MPa；

A_d——煤的灰分，%；

M_{ad}——煤的水分，%；

π——煤的孔隙率，m^3/m^3；

γ——煤的容重（视密度），t/m^3。

（3）矿井瓦斯涌出量的测定及计算方法。

煤矿相对瓦斯涌出量计算方法。矿井相对瓦斯涌出量为日绝对瓦斯涌出总量与月平均日产煤量的比值。

相对瓦斯涌出量计算公式为

$$q_x = \frac{1440 \times q_j}{D} \quad (3-4)$$

式中　q_x——相对瓦斯涌出量，m^3/t；

q_j——绝对瓦斯涌出量，m^3/min；

D——月平均日产煤量，t/d。

煤矿绝对瓦斯涌出量计算方法。全矿井绝对瓦斯涌出量由各个通风回路的绝对瓦斯涌出量汇总计算得出。每个通风回路的绝对瓦斯涌出量计算公式为

$$q_j = q_p + q_c \quad (3-5)$$

$$q_p = \frac{1}{n}\sum_{i=1}^{n} q_{pi} = \frac{1}{100 \times n}\sum_{i=1}^{n}(Q_{hi} \cdot C_{hi} - Q_{ji} \cdot C_{ji}) \quad (3-6)$$

式中　q_j——测定巷道绝对瓦斯（或二氧化碳）涌出总量，m^3/min；

q_p——测定巷道日平均风排瓦斯（或二氧化碳）量，m^3/min；

q_c——测定巷道抽采瓦斯（或二氧化碳）纯量，m^3/min，取月平均值；

n——班制，巷道掘进采用三班制时 $n=3$，采用四班制时 $n=4$；

i——测定班序号，采用三班制巷道 $i=1，2，3$；采用四班制巷道 $i=1，2，3，4$；

q_{pi}——第 i 班的风排瓦斯（或 CO_2）量，m^3/min；

Q_{hi}——第 i 班回风巷风流中的风量，取当班测定 3 次的平均值，m^3/min；

C_{hi}——第 i 班回风巷风流中的瓦斯（或 CO_2）浓度，取当班测定 3 次的平均值，%；

Q_{ji}——第 i 班进风巷风流中的风量，取当班测定 3 次的平均值，m^3/min；

C_{ji}——第 i 班进风巷风流中的瓦斯（或 CO_2）浓度，取当班测定 3 次的平均值，%。

对独立通风巷道而言，一般为 0。

（4）可解吸瓦斯量的确定方法。

$$W_j = W - W_c \tag{3-7}$$

$$W_c = \frac{0.1ab}{1+0.1b} \times \frac{100 - A_d - M_{ad}}{100} \times \frac{1}{1+0.31M_{ad}} + \frac{\pi}{\gamma} \tag{3-8}$$

式中　W——煤层瓦斯含量，m^3/t；

W_j——煤的可解吸瓦斯量，m^3/t；

W_c——煤在标准大气压下的残存瓦斯含量，m^3/t。

（5）矿井瓦斯抽采率的测定及计算方法。在瓦斯抽采泵站的抽采主管上安装瓦斯计量装置，测定矿井每天的瓦斯抽采量。矿井瓦斯抽采量包括井田范围内的地面钻井抽采、井下抽采（含移动抽采）的瓦斯量。

每月底计算矿井月平均瓦斯抽采率（η_k），计算公式为

$$\eta_k = \frac{Q_{kc}}{Q_{kc} + Q_{kf}} \tag{3-9}$$

式中　η_k——矿井月平均瓦斯抽采率，%；

Q_{kc}——矿井月平均瓦斯抽采量，经月度统计计算得出，m^3/min；

Q_{kf}——矿井月平均风排瓦斯量，经月度统计计算得出，m^3/min。

（6）工作面瓦斯抽采率的测定及计算方法。回采期间，在工作面瓦斯抽采干管上安装瓦斯计量装置，每周测定工作面瓦斯抽采量（含移动抽采）。

每月底计算工作面月平均瓦斯抽采率（η_m），计算公式为

$$\eta_m = \frac{Q_{mc}}{Q_{mc} + Q_{mf}} \tag{3-10}$$

式中　η_m——工作面月平均瓦斯抽采率，%；

Q_{mc}——回采期间，工作面月平均瓦斯抽采量，经月度统计计算得出，m^3/min；

Q_{mf}——工作面月平均风排瓦斯量，经月度统计计算得出，m^3/min。

二、矿井瓦斯抽采半径测定技术

1. 瓦斯抽采半径的概念及主要测试方法

煤层瓦斯抽采半径，实际上普遍认为它是一个随抽采时间变化的幂函数关系式，X 坐标是时间（d），Y 坐标是半径（m）。

煤层瓦斯抽采半径通常采用的主要测试方法有钻孔测试法、计算机模拟法及二者相结合的方法。在有效性指标确定上，钻孔测试法采用的指标主要有瓦斯压力指标、瓦斯含量

指标、相对瓦斯压力指标；计算机模拟法主要应用的指标有含量指标和压力指标。计算机模拟法以达西定律为基础，建立钻孔瓦斯流动模型，编制解算程序，模拟钻孔周围瓦斯流动状况，进而确定钻孔有效抽采半径。钻孔测试法又分为压降法、流量法、示踪气体法等。

压降法。施工几个钻孔封孔后测定瓦斯压力，其中预留一个钻孔先不施工，待其他几个钻孔瓦斯压力稳定后再施工，施工后封孔抽采。记录抽采开始时间，观察各钻孔的瓦斯压力变化情况，当某一钻孔或几个钻孔瓦斯压力发生突变时即认为抽采影响到了该钻孔，记录抽采时间与不同钻孔距抽采孔的距离相对应的几组离散点，通过这些离散点拟合一个幂函数曲线从而确定抽采半径。

流量法。和压降法类似，不过是封孔后每天测定钻孔的流量，待流量突然增大时表示抽采影响到了邻近位置钻孔。

示踪气体法。一般用 SF_6 气体，通常施工一组钻孔，其中一个钻孔灌充示踪气体，其余设计以不同间距施工抽采孔，然后每天检测抽采孔内有没有示踪气体，发现有且等级较高时认为抽采影响到了该孔所处位置。

2. 测定方案设计

（1）压降法测定煤层瓦斯抽采半径。

以某矿目标煤层抽采半径测定方法为例介绍如下。

其一，瓦斯压力测试钻孔布置。

为测试目标煤层瓦斯抽采半径，选取工作面巷道设计施工布置一组现场实测钻孔，共计 6 个钻孔，其中 1 个作为瓦斯抽采钻孔，另外 5 个作为瓦斯压力观测孔。抽采孔孔径 94 mm，测压孔孔径 75 mm，孔深均为 25 m。具体钻孔布置示意如图 3 – 22 所示。

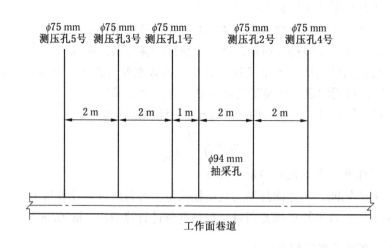

图 3 – 22 煤层瓦斯抽采半径压力测试钻孔布置示意图

其二，瓦斯压力测试钻孔施工及封孔工艺。

瓦斯压力观测孔先行施工，施工完毕后进行封孔并注入高压气体加压，待其压力稳定后，再行施工瓦斯抽采钻孔。瓦斯抽采钻孔施工完毕进行封孔并接抽瓦斯。

为保证测试结果的准确，瓦斯抽采钻孔和压力观测孔采取不同的封孔工艺。瓦斯抽采钻孔：插入 DN65 mm 双抗管，采取聚氨酯封孔胶进行封孔，封孔长度 12 m。压力观测孔：插入直径 8 mm 高压尼龙管，采用"两堵一注"封孔工艺对孔口 20 m 进行封孔，注浆管为 19 mm 无缝钢管，返浆管为直径 10.8 mmPPR 管，封孔材料为聚氨酯封孔胶加微膨胀水泥。

其三，数据采集及分析。

在瓦斯抽采钻孔接抽瓦斯后，测量并记录 5 个瓦斯压力观测钻孔施工完成 60 d（抽采钻孔完成 51 d）的压力变化情况。瓦斯压力变化曲线如图 3-23 所示。

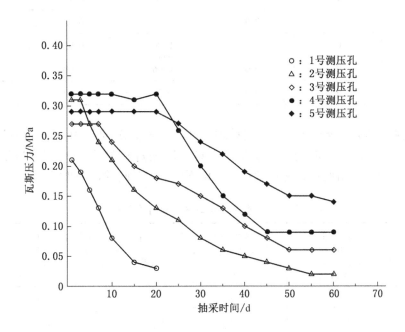

图 3-23　瓦斯压力变化曲线图

钻孔瓦斯压力实测记录见表 3-6。

表 3-6　瓦斯压力观测钻孔压力实测记录表

抽采时间/d	1 号测压孔/MPa	2 号测压孔/MPa	3 号测压孔/MPa	4 号测压孔/MPa	5 号测压孔/MPa
1	0.21	0.31	0.27	0.32	0.29
3	0.19	0.31	0.27	0.32	0.29
5	0.16	0.27	0.27	0.32	0.29
7	0.13	0.24	0.27	0.32	0.29
10	0.08	0.21	0.24	0.32	0.29
15	0.04	0.16	0.2	0.31	0.29
20	0.03	0.13	0.18	0.32	0.29

表3-6（续）

抽采时间/ d	1号测压孔/ MPa	2号测压孔/ MPa	3号测压孔/ MPa	4号测压孔/ MPa	5号测压孔/ MPa
25	0	0.11	0.17	0.26	0.27
30	0	0.08	0.15	0.2	0.24
35	0	0.06	0.13	0.15	0.22
40	0	0.05	0.1	0.12	0.19
45	0	0.04	0.08	0.09	0.17
50	0	0.03	0.06	0.09	0.15
55	0	0.02	0.06	0.09	0.15
60	0	0.02	0.06	0.09	0.14

对上述观测到的瓦斯压力数据进行处理，可以得到抽采半径与抽采时间的关系，见表 3-7。将表中抽采时间和瓦斯压力观测孔间距数据进行拟合分析，分析结果为 $y = 2.1052\ln x - 3.8143$，由此可计算得到煤层瓦斯不同抽采时间的抽采半径。

表3-7　抽采半径与抽采时间关系表

测压孔	原始瓦斯压力/ MPa	抽采至有效半径时的 瓦斯压力/MPa	抽采至有效半径时的 抽采时间/d	与抽采孔间距/ m
测压孔1	0.21	0.10	9	1
测压孔2	0.31	0.15	17	2
测压孔3	0.27	0.13	35	3
测压孔4	0.32	0.15	35	4
测压孔5	0.29	0.14	57	5

抽采半径与抽采时间关系曲线如图 3-24 所示。

（2）流量法测定煤层瓦斯抽采半径。

其一，钻孔瓦斯动态抽采流量法测定抽采半径原理。

前述钻孔压降测定法对于透气性较好、煤层测压条件较佳时可能得到较准确的考察结果，但效率较低。当煤层透气性差时，则测定成功率极低。为此，在已知煤层原始瓦斯含量数据基础上，选用直接测定钻孔瓦斯动态抽采流量的方法，按照抽采目标确定抽采率，进而确定目标煤层钻孔抽采瓦斯的有效半径。

钻孔瓦斯抽采能力受诸多因素的影响，但在特定的煤层区域可以直接测定钻孔瓦斯动态抽采流量，得出不同时间对应的抽采瓦斯流量。钻孔抽采瓦斯涌出强度随时间一般呈负指数衰减，根据考察的抽采瓦斯流量数据组得出钻孔 t 时刻的瓦斯抽采量关系式。该关系式为

$$q_{t} = q_{c0}e^{-\beta t} \tag{3-11}$$

式中　　q_{t} ——钻孔抽采 t 时刻钻孔瓦斯抽采量，m^3/min；

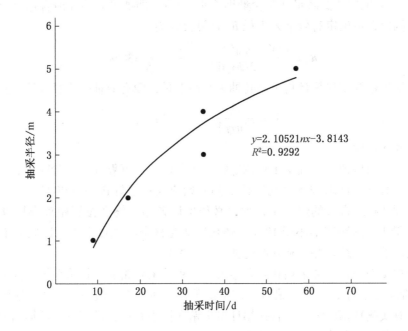

图3-24　抽采半径与抽采时间关系曲线图

q_{c0}——钻孔瓦斯初始抽采量，m^3/min；

β——钻孔瓦斯流量衰减系数；

t——抽采时间，d。

通过对q_t在抽采时间t内积分可得钻孔抽采瓦斯总量：

$$Q_c = \int_0^1 1440 \times q_{c0}e^{-\beta t} \quad (3-12)$$

式中　Q_c——根据测定抽采瓦斯流量数据拟合抽采衰减负指数曲线，再进行积分求解出不同时间的单孔抽采总量或根据测定数据直接累计得出，m^3。

抽采有效半径范围内的煤体瓦斯储量计算公式为

$$Q = 2LhR_c\rho W \quad (3-13)$$

式中　Q——一定长度钻孔有效半径范围内的煤体瓦斯储量，m^3；

h——煤层厚度，m；

L——钻孔抽采长度，m；

R_c——有效抽采半径，m；

ρ——煤的视密度，t/m^3；

W——煤层原始瓦斯含量，m^3/t。

结合上面两个公式得出瓦斯抽采率计算公式为

$$\eta = \frac{Q_c}{Q} = \frac{\int_0^1 1440 \times q_{c0}e^{-\beta t}}{2LhR_c\rho W} \quad (3-14)$$

预抽煤层瓦斯后，必须对预抽瓦斯相关效果进行检验，检验指标之一是煤层瓦斯预抽率大于30%（突出矿井要满足瓦斯含量小于8 m³/t），即抽采后的瓦斯含量小于抽采前的70%以上。因此，可确定有效抽采半径 R_c 计算公式为

$$R_c \leqslant \frac{1440 \times q_{c0}(1 - e^{-\beta t})}{2Lh\eta\rho W} \quad (\eta \geqslant 30\%) \tag{3-15}$$

或根据测定数据直接累计得出钻孔抽采瓦斯总量，则有效抽采半径计算公式为

$$R_c = \frac{Q_c}{2Lh\eta\rho W} \quad (\eta \geqslant 30\%) \tag{3-16}$$

其二，现场试验。

现场施工。为保证瓦斯抽采半径测定结果的科学性、可靠性，实验区域的选择必须满足以下条件：必须选择未进行过瓦斯抽采的原始煤层；最好选择可以施工穿岩钻孔的区域，否则必须选择新掘进的煤巷工作面；必须保证各钻孔终孔位置距离煤层露头点（或隐伏露头）最小法线距离不小于10 m；必须保证在整个测试过程中测试区域不受采动影响；方便接入抽采系统，并可独立测定抽采量等参数。

测定数据整理分析。抽采钻孔封孔结束后，将抽采管路联入抽采系统，抽采负压为 −15 kPa。在抽采过程中，每天3班各测定1次单孔瓦斯浓度、流量，取3次所测瓦斯流量的平均值。有实测数据的情况应直接累计得出钻孔抽采总量，没有测定数据的抽采总量可根据抽采衰减负指数曲线公式积分计算。

不同预抽时间对应的累计抽采纯量及相关测定数据结果见表3−8。将数据代入式 $R_c \leqslant \frac{Q_c}{2Lh\eta\rho W}$（$\eta \geqslant 30\%$）可得出预抽10 d、20 d、30 d、40 d、50 d 的有效抽采半径，见表3−9。

表3−8　钻孔瓦斯抽采量测定数据表

累计天数	浓度/%	混量/(m³·d⁻¹)	瓦斯纯量/(m³·d⁻¹)	累计抽采纯量/m³	累计天数	浓度/%	混量/(m³·d⁻¹)	瓦斯纯量/(m³·d⁻¹)	累计抽采纯量/m³
1	28	61	17.08	17.08	15	12	49	5.88	208.23
2	30	71	21.3	38.38	16	13	53	6.89	215.12
3	29	75	21.75	60.13	17	10	52	5.2	220.32
4	26	75	19.5	79.63	18	11	53	5.83	226.15
5	23	84	19.32	98.95	19	9	54	4.86	231.01
6	25	64	16	114.95	20	10	54	5.4	236.41
7	22	69	15.18	130.13	21	9	53	4.77	241.18
8	20	61	12.2	142.33	22	8	52	4.16	245.34
9	20	61	12.2	154.53	23	9	52	4.68	250.02
10	19	62	11.78	166.31	24	8	49	3.92	253.94
11	17	63	10.71	177.02	25	8	58	4.64	258.58
12	15	61	9.15	186.17	26	9	55	4.95	263.53
13	13	62	8.06	194.23	27	7	51	3.57	267.1
14	14	58	8.12	202.35	28	8	54	4.32	271.42

表 3 – 8（续）

累计天数	浓度/%	混量/(m³·d⁻¹)	瓦斯纯量/(m³·d⁻¹)	累计抽采纯量/m³	累计天数	浓度/%	混量/(m³·d⁻¹)	瓦斯纯量/(m³·d⁻¹)	累计抽采纯量/m³
29	8	52	4.16	275.58	40	6	55	3.3	315.21
30	8	55	4.4	279.98	41	6	54	3.24	318.45
31	8	56	4.48	284.46	42	5	57	2.85	321.3
32	7	46	3.22	287.68	43	6	41	2.46	323.76
33	6	55	3.3	290.98	44	4	42	1.68	325.44
34	7	58	4.06	295.04	45	5	66	3.3	328.74
35	6	53	3.18	298.22	46	4	52	2.08	330.82
36	7	49	3.43	301.65	47	5	43	2.15	332.97
37	6	53	3.18	304.83	48	4	62	2.48	335.45
38	6	55	3.3	308.13	49	4	54	2.16	337.61
39	7	54	3.78	311.91	50	4	54	2.16	339.77

表 3 – 9　目标煤层不同预抽时间的有效抽采半径一览表

抽采时间/d	10	20	30	40	50
有效抽采半径/m	1.27	1.81	2.14	2.41	2.60

由表 3 – 8 所列数据可以看出，单孔瓦斯抽采纯量逐渐衰减。测定结果按负指数关系拟合曲线如图 3 – 25 所示。由图 3 – 25 可见，数据相关性较强，其衰减负指数曲线能有效代表钻孔单孔瓦斯抽采规律。

其三，试验结论。

通过现场流量观测，同时进行耦合生成钻孔日抽采瓦斯衰减量拟合曲线，结合理论分析，计算出目标煤层的抽采半径。

（3）示踪气体法测定煤层瓦斯抽采半径。

其一，SF_6 气体的特性和特点。

示踪气体的使用历史很长，在煤矿一般使用的示踪气体主要是 SF_6。SF_6 是一种惰性气体，在常温常压下是一种无色、无臭、无毒、不燃、无腐蚀性的气体，分子量为146.07，熔点为 – 62 ℃，沸点为 – 51 ℃，气体密度 6.139 g/L。其化学稳定性强，和酸、碱、盐、氨、水等不发生反应，在电弧作用下（几千摄氏度）分解为 S 和 F 的原子气，但电弧一旦解除，便在 $10^{-5} \sim 10^{-6}$ s 内复合成 SF_6。

SF_6 气体的特性：①SF_6 性质稳定，在常温状态下其惰性超过了氮气和其他稀有气体，热稳定性和光稳定性高，可抗 500 ~ 600 ℃ 的高温，紫外光照射下不分解；释放时不受严寒、酷热等气候的影响。②SF_6 物理活性大，在扰动的空气中可以迅速混合而均匀地分布在检测空间中；这种气体不溶于水，无沉降，不凝结，不为井下物料表面所吸附，不与酸

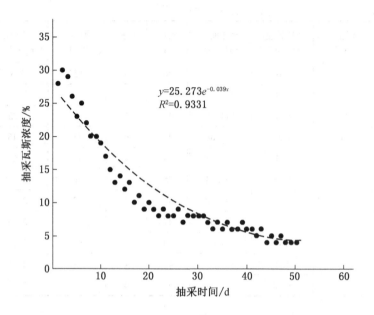

图 3 - 25   钻孔日抽采瓦斯衰减量拟合曲线

碱起作用，是一种良好的负电性气体。③SF₆ 的检出灵敏度高，选择性好，分析速度快，检测方便简单，其最小检测浓度甚至可以达到 10^{-10} g/ml。④SF₆ 气体无毒无味，在地面及井下的环境中含量极低。

SF₆ 化学稳定性好，扩散性强，这些性质可以方便、准确地应用它进行矿井漏风检测，测定煤层瓦斯流动状态等。因此，SF₆ 是一种理想的矿井示踪气体。

目前，在矿井中分析 SF₆ 样品主要采用电子捕获气象色谱法和 SF₆ 检漏仪等。这些仪器具有较好的选择性和极高的灵敏度，且操作简便，易于掌握。

其二，测定方案的实施方法。

下面以某矿用 SF₆ 气体测定煤层瓦斯抽采半径为例进行具体描述。

通过测定结果可以看到，5 个抽采孔里面都存在 SF₆ 气体，但这并不能说明只要是存在 SF₆ 的地方与释放孔之间的距离就是抽采半径，并且 SF₆ 气体到达一个抽采孔后将会影响到相邻的抽采孔，同时当释放 SF₆ 气体时，会使周围的空气中也存在该气体，浓度可达到 113×10^{-9} g/ml。当 SF₆ 的浓度小于 100×10^{-9} g/ml 时，则可以忽略不计。

为了掌握抽采半径随抽采时间的关系，尤其要了解抽采 7d 和一个月后的抽采半径，将 6 号和 7 号钻孔连上抽采系统，每天对每个抽样孔取一次样进行测定，共测试 37 d。测试钻孔设计施工布置如图 3 - 26 所示。

首先在所拟定测定区域打好抽采孔，如图 3 - 26 所示，并且保留一个钻孔（0 号孔）不进行封闭，该孔用来释放 SF₆ 气体。在释放 SF₆ 气体时，要事先准备一定量的黄泥将孔口直接封住（防止 SF₆ 气体从孔内溢出）。当瞬间释放 10 mL SF₆ 气体之后，大约 20 ~ 30 min 就可以通过地面抽采系统进行抽气。由于抽采孔能抽出游离的瓦斯，而 SF₆ 具有优越的灵敏性，将会同游离瓦斯一起被抽出。此时就可以利用事先准备好的取样器、真空袋

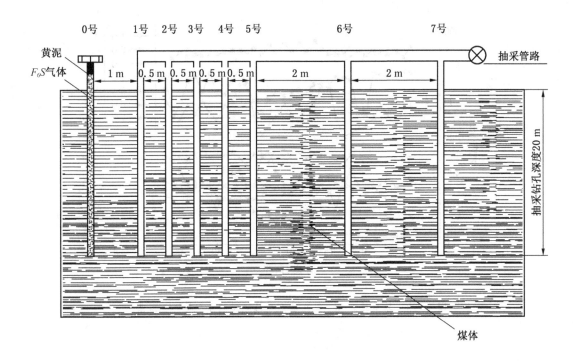

图 3 - 26　测试钻孔设计施工布置示意图

等一系列的设备进行取样，然后到实验室运用气相色谱仪进行化验分析。经过数据分析，分别得到 SF_6 气体浓度变化曲线、抽采钻孔 SF_6 气体浓度随抽采时间变化关系曲线、抽采半径随抽采时间变化关系曲线，具体如图 3 - 27 ~ 图 3 - 29 所示。

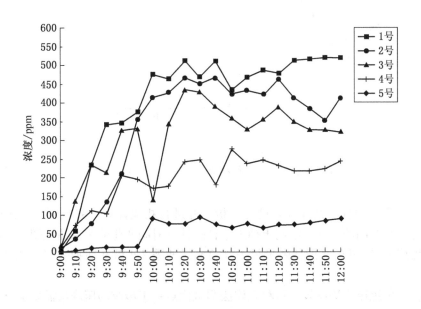

图 3 - 27　SF_6 气体浓度变化曲线图

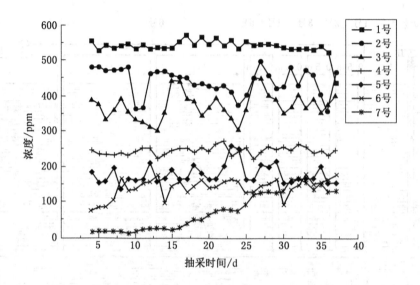

图 3 – 28　抽采钻孔 SF_6 气体浓度随抽采时间变化关系曲线图

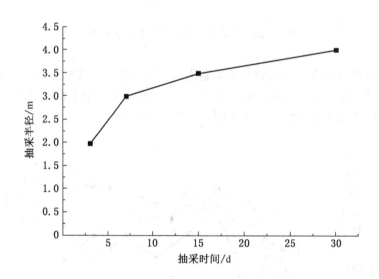

图 3 – 29　抽采半径随抽采时间变化关系曲线图

　　定期（每天）对抽采钻孔气体进行分析，并进行相关计算，并拟合分析出煤层瓦斯抽采半径与抽采时间的关系，绘制出抽采半径随抽采时间变化的关系曲线图，由图可以判断出目标煤层抽采 3 d 的瓦斯抽采半径 D 为 2 m，抽采 7 d 后瓦斯抽采半径为 3 m，抽采 30 d 为 4 m。

　　其三，与传统压降法比较，示踪气体法测试优点：①传统的压降法需要测定巷道煤层的瓦斯压力，而在现场实测中，瓦斯压力的测试难度较大；由于在测试过程中需要准确观测压力变化，采掘作业的动态变化与影响致使测压孔漏气或因水压等因素导致测定效果不理想，无法准确测定有效抽采半径。示踪气体法只需要测试抽采气体的成分，测试更容易，结果更准确。②随着埋藏深度的增加，煤层的瓦斯压力也逐渐升高，因此基于瓦斯压力参数的抽采半径也会随之缩短，而示踪气体法是基于气体的成分，它受埋藏深度等因素的影响相对较小。③压降法测试周期长，成本高，测量存在误差的可能性大。因此，示踪气体法在实际操作中优势更明显。

其四，测定注意事项。

电子检测 SF_6 气体的仪器对水蒸气比较敏感，故检测时必须进行防水和使用光学仪器。

检测封孔是重点，考虑这方面因素，可以设计施工两组钻孔，其目的第一是进行数据比对，第二是为了防止封孔漏气而影响测试结果的准确性。

3. 测定瓦斯抽采半径的意义

煤层瓦斯合理抽采半径的确定是实现矿井抽采达标最重要的技术工作之一。合理的抽采半径或抽采钻孔间距可以通过在一定条件下充分利用允许的预抽时间，减少钻孔工程量，提高抽采效率和经济效果。

三、矿井瓦斯含量测定实验室设置及实验操作

1. 矿井瓦斯含量测定实验室设置

（1）矿井瓦斯含量测定实验室设置的必要性。煤层瓦斯基本参数是对煤层瓦斯赋存规律认知的基础，煤矿只有在弄清煤层瓦斯赋存基本规律的前提下，才能更好地采取有针对性的防控措施，消除煤层瓦斯带来的安全风险。因此，煤矿有必要建立瓦斯含量测定实验室。

（2）矿井瓦斯含量测定实验室系统的构成。DGC（D——直接测定，G——瓦斯，C——含量）瓦斯含量直接测定装置是依据国家标准 GB/T 23250—2009《煤层瓦斯含量井下直接测定方法》设计制造。该装置分为井下解吸系统、实验室瓦斯解吸系统、煤样粉碎解吸系统、水分测定系统和数据处理系统等，能够快速测定出煤层瓦斯含量及可解吸瓦斯含量。

（3）DGC 瓦斯含量测定装置适用条件。①工作环境温度：0 ~ 38 ℃。②工作相对湿度：≤95% 。③大气压力：75 ~ 134 kPa。④取芯管：适用于煤质较硬且有一定仰角煤层钻孔取芯。⑤不适用于严重漏水钻孔、瓦斯喷出钻孔及岩芯瓦斯含量测定。

（4）DGC 瓦斯含量测定实验室基本配置。①井下瓦斯解吸装置。高亮度耐腐蚀有机玻璃管，井下解吸管量程：800 mL，最小刻度：2 mL，井下解吸时间 0 ~ 30 min。②地面瓦斯解吸装置。解吸管有效量程：1000 mL/根，共 4 根，最小刻度：5 mL；微型真空泵抽气速率：3 L/min。③煤样粉碎装置。粉碎时间：3 ~ 5 min；粉碎的同时用软管与地面瓦斯解吸装置连接，测试煤样解吸瓦斯量。④水分测定装置。采用型号为：DHS - 16，最大荷载：100 g，分度值：5 mg，可读性：0.01% 。⑤称重装置。电子天平：最大称量 3000 g，灵敏度 0.1 g。并配有大小煤样盆、煤样勺。⑥电子温度计：-50 ℃ ~ 0 ~ 500 ℃。⑦空盒气压表：80 ~ 106 kPa。⑧煤样罐：容积足够装煤样 500 g 以上。⑨数据处理系统。软件主要功能：瓦斯含量 W 值计算、残存瓦斯含量 W_c 计算、瓦斯压力换算、输出报表。⑩其他装置。过滤装置、打印机、秒表等。

2. 矿井瓦斯含量测定实验室实际操作技术

瓦斯含量直接测定装置必须安排专人负责，该操作人员能够掌握各种设备、仪器、仪表的使用及注意事项。该装置操作主要分为井下取样及井下解吸操作、实验室解吸操作、煤样称重、粉碎解吸操作、煤样水分测定操作等流程。瓦斯含量测定装置使用流程如图 3 –30 所示。

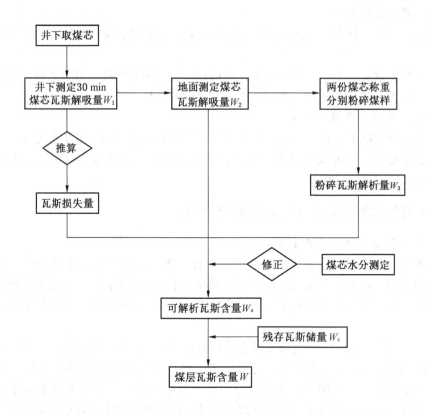

图 3 –30　瓦斯含量测定装置使用流程图

（1）井下取样及井下解吸操作。

第一步，下井前的准备工作。

井下取样时除配备 3 名打钻人员外，还需配备 1 名工程技术人员，用于井下解吸操作并记录数据。下井前需对解吸仪等进行气密性测定，防止在井下实验过程中漏气，造成解吸数据失真。检查所使用的仪器是否齐全（解吸仪、煤样罐、空盒气压计、温度计、秒表、胶管、记录本等）。

第二步，取样操作。

钻机操作人员应将钻机进行稳固，按照技术部门出具的煤层取芯钻孔设计角度进行施工，在达到指定深度后，将钻杆退出，换成取芯钻杆，取芯过程中不得用水，钻进 1 m 后，立即将钻杆退出，退出后将取芯钻杆的煤样取出，一般取中间段的煤样，装入煤样罐中，并将煤样罐用扳手上紧。

第三步，井下解吸操作。

首先将解吸仪器底塞打开灌水至"0"刻度，放入密封圈后拧紧底塞，然后将解吸仪放平，观察液面是否下降，若液面下降，说明解吸仪密封不完好，需重新调整密封圈，直至液面保持一个高度。胶管一端连接煤样罐，一端接入解吸仪，读取液面初始读数并记录，同时记录大气压力表读数及温度计读数，打开煤样罐阀门，煤样罐内的瓦斯气体会进入解吸仪中，使量筒液面下降，每分钟记录一次液面数据，直至液面平稳，然后将煤样罐阀门拧紧。若解吸过程中解吸瓦斯体积大于解吸仪量程 80% 时，应关闭煤样罐阀门，重新将解吸仪注入水，继续井下解吸工作，直至液面无变化，将解吸结果填入规定表格中，井下解吸工作结束。井下瓦斯气体解吸测定记录表样见表 3 - 10。

表 3 - 10 井下瓦斯气体解吸测定记录

井下瓦斯气体解吸测定记录					
煤样编号			采样日期		
采样地点					
取样形式：取样□ 引射取样□			采样罐号：	采样深度	
开始退钻时间	日 时 分		开始取样时间		日 时 分
取样结束时间	日 时 分		开始解吸时间		日 时 分
煤样中气体解吸速度测定记录					
累计观测时间/min	量管读数 V/ml	累计观测时间	量管读数 V/ml	累计观测时间/min	量管读数 V/ml
1		11		21	
2		12		22	
3		13		23	
4		14		24	
5		15		25	
6		16		26	
7		17		27	
8		18		28	
9		19		29	
10		20		30	
大气压力（P_1）： kPa			水温（t_1）： ℃		
采样地点地质情况：					
煤芯描述：					
审核		采样员		测试人员	

（2）实验室解吸操作基本步骤。

第一步，地面解吸前的准备工作。①将地面解吸装置加入清水，作为工作液。②开启地面解吸装置按钮，旋转液面复位泵按钮进行排气吸水，直至液面"0"刻度时，停止泵工作（此过程中，必须严密观察液面情况，防止工作液吸入泵中）。观察 1 min，若液面平稳，说明解吸装置气密性良好，若液面下降，说明解吸装置存在漏气现象，排除故障后方可进行下一步的操作。

第二步，实验室解吸操作。①确定地面解吸装置调试好后，用胶管将煤样罐与地面解吸装置进行连接，打开煤样罐阀门，进行瓦斯地面解吸，直至工作液液面不再下降，记录工作液液面下降数值。若在解吸过程中，解吸数值大于玻璃管刻度值的80%时，需将煤样罐阀门关闭，重新开启微型泵，将工作液液面调至"0"刻度，重复解吸操作步骤，直至煤样罐内无瓦斯气体析出为止（注：地面解吸装置是两组，每组有两根解吸玻璃管，记录数值时乘以2）。②记录实验室温度、大气压等数据，并将数据输入至电脑系统软件中。

（3）煤样称重。地面解吸结束后，打开煤样罐，对煤样罐里的所有煤样进行称重，并将数据输入电脑软件中。

将煤样分为两份，每份100 g左右，煤样选择整芯或较大块的煤块，将每份质量分别输入电脑软件中，将煤样逐份进行粉碎性解吸。

（4）煤样粉碎解吸操作。①煤样粉碎解吸装置操作与地面煤样罐解吸操作相似。将煤样倒入粉碎解吸装置中，然后用操作杆将带有密封圈的盖拧紧，防止粉碎装置漏气。②粉碎解吸装置启动前，用胶管将粉碎解吸装置、过滤装置和地面解吸装置三者连接。依据上述实验室解吸操作基本步骤的第一步进行地面解吸装置调整，启动粉碎解吸装置，粉碎时间3～5 min，直至工作液液面无变化，粉碎解吸结束，将第一份煤样解吸量输入电脑软件中。第二份煤样重复上述步骤，直至所有煤样粉碎解吸结束。③每次粉碎解吸结束后都将装置中的煤样倒出并用棉纱将装置擦拭干净。

（5）煤样水分测定操作。取一小块煤样放入水分测定仪中，启动装置，直至装置自动结束，水分测定数值直接在仪器上显示出，直接将数值输入至电脑软件中。

（6）数据处理系统操作。数据处理系统采用"瓦斯含量直接测定装置计算软件"进行处理，软件界面及功能如图3-31所示。软件界面上所有的数值必须全部填写，通过软件计算，直接生成报告。煤样瓦斯含量实验测试报告学见表3-11，煤样瓦斯含量测定记录表见表3-12。

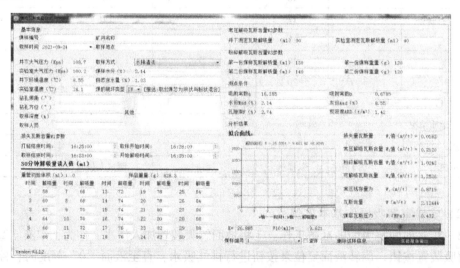

图3-31　瓦斯含量直接测定装置计算软件界面及功能示意图

表3-11　煤样瓦斯含量实验测试报告单

测试项目：煤样瓦斯含量测定

矿井名称：

取样地点：

煤样编号：　　　　　　　　　　　取样时间：

基本信息

井下大气压力（kPa）=　　　　　实验室大气压力（kPa）=

井下环境温度（℃）=　　　　　　实验室温度（℃）=　　　　　　煤样重量（g）=

煤样水分（%）=　　　　　　　　取样方式：取芯钻杆　　　　　自然含水量（%）=

测试过程

打钻结束时间：　　　　　　　　　　　　　　取芯开始时间：

取芯结束时间：　　　　　　　　　　　　　　解吸开始时间：

煤的破坏类型：　　Ⅱ【描述：取出煤芯为破坏状态】

30分钟井下解吸量（ml）

时间	解吸量	时间	解吸量	时间	解吸量
1		11		21	
2		12		22	
3		13		23	
4		14		24	
5		15		25	
6		16		26	
7		17		27	
8		18		28	
9		19		29	
10		20		30	

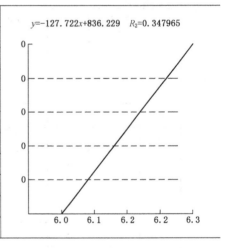

实验结果

W_a（m³/t）=　　　　　　　　　　W（m³/t）=　　　　　　　　P（MPa）=

提交报告日期：

注：本实验报告单所测数据仅对来样负责。

表 3-12　煤样瓦斯含量测定记录表

<table>
<tr><td rowspan="8">基本
信息</td><td colspan="2">矿井名称</td><td colspan="3"></td></tr>
<tr><td colspan="2">取样地点</td><td>取样时间</td><td colspan="2"></td></tr>
<tr><td colspan="2">取样编号</td><td colspan="3"></td></tr>
<tr><td colspan="2">井下大气压力/kPa</td><td>实验室大气压力/kPa</td><td colspan="2"></td></tr>
<tr><td colspan="2">井下环境温度/℃</td><td>实验室温度/℃</td><td colspan="2"></td></tr>
<tr><td colspan="2">煤样重量/g</td><td>取样方式</td><td colspan="2"></td></tr>
<tr><td colspan="2">煤样水分/%</td><td>煤样自然含水量/%</td><td colspan="2"></td></tr>
</table>

<table>
<tr><td rowspan="4"></td><td colspan="2">打钻结束时间</td><td>取芯开始时间</td><td colspan="2"></td></tr>
<tr><td colspan="2">取芯结束时间</td><td>解吸开始时间</td><td colspan="2"></td></tr>
<tr><td colspan="2">煤的破坏类型</td><td>Ⅱ【描述：取出煤芯为破坏状态】</td><td>量管初始体积/ml</td><td></td></tr>
</table>

W_1 测定

30 分钟井下解吸量/ml

时间	解吸量	时间	解吸量	时间	解吸量
1		11		21	
2		12		22	
3		13		23	
4		14		24	
5		15		25	
6		16		26	
7		17		27	
8		18		28	
9		19		29	
10		20		30	

$y=-127.722x+836.229 \quad R_2=0.347965$

<table>
<tr><td>W_2
测定</td><td>井下测定瓦斯解吸量/ml</td><td></td><td>实验室测定瓦斯解吸量/ml</td><td></td></tr>
<tr><td rowspan="2">W_3
测定</td><td>第一份煤样瓦斯解吸量/ml</td><td></td><td>第一份煤样质量/g</td><td></td></tr>
<tr><td>第二份煤样瓦斯解吸量/ml</td><td></td><td>第二份煤样质量/g</td><td></td></tr>
<tr><td>备注</td><td colspan="4"></td></tr>
</table>

实 验 结 果

$W_1(m^3/t) =$		$W_2(m^3/t) =$		$W_3(m^3/t) =$	
$W_a(m^3/t) =$		$W_c(m^3/t) =$		$W(m^3/t) =$	
$P(MPa) =$					

四、技术参数、名词术语

（1）矿井瓦斯涌出量：从煤岩层以及采落的煤（岩）体涌入矿井中的瓦斯气体总量，矿井进行瓦斯抽采时应包括抽采瓦斯量。

（2）绝对瓦斯涌出量：单位时间内从煤层和岩层以及采掘落下的煤（岩）体所涌出的瓦斯量，单位为 m^3/min。

（3）相对瓦斯涌出量：平均每产 1 t 煤所涌出的瓦斯量，单位为 m^3/t。

（4）残存瓦斯量：常压状态下，煤样解吸后残留在煤样中的瓦斯量。

（5）损失瓦斯量：煤样从暴露到开始测定解吸量期间所遗失的瓦斯量。

（6）粉碎前自然解吸瓦斯量：在常压状态下，煤样井下解吸后运送到实验室粉碎前所解吸的瓦斯量。

（7）粉碎前脱气量：在负压状态下，煤样在粉碎前所解吸的瓦斯量。

（8）粉碎后脱气量：在负压状态下，煤样在粉碎机中粉碎到80%以上煤样粒度小于 0.25 mm 时所解吸的瓦斯量。

（9）粉碎后自然解吸瓦斯量：在常压状态下，煤样在粉碎机中粉碎到95%以上煤样粒度小于 0.25 mm 时所解吸的瓦斯量。

（10）常压不可解吸瓦斯量：在常压状态下，粉碎解吸后仍残存在煤样中不可解吸的瓦斯量。

（11）抽采煤量：通过抽采瓦斯达标的煤量。

（12）卸压瓦斯抽采：抽采受采动影响和经人为松动卸压煤（岩）层的瓦斯。如深孔卸压松动爆破、水压预裂、超前卸压区抽采等。

（13）强化抽采：针对一些透气性低、采用常规的预抽方式难以奏效的煤层而采取的特殊抽采方式。如采用相变储热材料使煤体升温强化瓦斯解吸、气体聚能相变及流体侵入煤层增透等。

（14）矿井瓦斯储量：煤田开采过程中，能够向开采空间排放瓦斯的煤层和岩层中赋存瓦斯的总量。

（15）水力压裂：在钻孔内以高压水作为动力，采用专用封隔器进行封孔，在无自由面的情况下使煤岩体裂隙拓展畅通的一种措施。

（16）深孔预裂爆破：在工作面采掘作业前施工一定深度的钻孔，并在钻孔内装填炸药（或其他膨胀性材料），利用炸药爆破（或材料膨胀）作为动力，使煤岩体裂隙增大，提高煤岩层透气性的一种措施。

（17）瓦斯抽采量：指矿井抽出瓦斯气体中的纯瓦斯量。

（18）可抽瓦斯量：指瓦斯储量中在当前技术水平下能被抽出来的最大瓦斯量。

第四节　矿井瓦斯抽采技术

一、煤矿瓦斯抽采技术发展历程

1. 高透气性煤层抽采阶段

高透气性厚及特厚煤层应用井下钻孔预抽技术对煤层瓦斯进行预抽，能有效解决矿井向纵深方向采掘作业过程中的瓦斯安全问题。

2. 邻近层（邻近工作面）卸压抽采阶段

煤层群开采过程中，应用穿层钻孔抽取邻近层瓦斯，有效解决了矿井煤层群开采过程中，本煤层开采对邻近层的卸压瓦斯抽采问题。

对于单一煤层开采，则设计施工高抽巷或底抽巷，通过巷道底板或顶板穿层钻孔对本煤层开采卸压瓦斯进行抽采。

3. 低透气性煤层强化抽采阶段

采用纯布孔方式对透气性较差的高瓦斯含量煤层进行预抽采的效果不理想，无法完全避免采掘作业过程中的瓦斯威胁。通过水力压裂、煤层注水、大直径扩孔、松动爆破、水力割缝、升温强化瓦斯解吸、气体聚能相变及流体侵入煤层等措施对煤层进行增透，拓展气流通道，促进瓦斯解吸，能有效提高煤层瓦斯抽采效果。

4. 综合抽采阶段

现阶段由于煤矿采取的巷道布置方式都发生了巨大改变，采掘推进速度较以往也明显加快，伴随着开采强度的不断增大，回采面瓦斯涌出量也呈直线上升趋势，特别是在一些煤层群邻近层工作面上，瓦斯涌出量的增长幅度更大。为有效解决这一问题，实施瓦斯综合抽采已势在必行。综合抽采实质上就是将多种方法应用到同一采区、同一采掘工作面中，如煤层预抽、邻近层卸压抽、邻近采空区控抽、边采边抽、采后重复控抽、掘进超前预抽、掘进掩护式抽采等等。这样可以在有限的时间和空间内达到最大的瓦斯抽采量，从而提高抽采率，实现煤与瓦斯共采的最佳途径，保证回采作业安全。

二、瓦斯预抽技术应用中存在的问题

1. 抽采时间不充分

通常情况下，煤矿瓦斯的抽采率与时间成正相关关系，即时间越长抽采率越高。在大部分煤层开采过程中，由于煤层本身的透气性较差，如果想要达到较高的抽采率，抽采时间至少应为 6~8 个月，甚至更长。抽采时间的不足，很难使煤层瓦斯抽采率达到要求，更难以做到瓦斯应抽尽抽。

2. 封孔质量不达标

孔底抽采负压最大的功效是能够对瓦斯进行引流与煤岩体孔裂隙扩张，还可以强制瓦斯解吸。在这一过程中，封孔质量的优劣对瓦斯抽采效果有着十分重要的影响。据某矿统计分析，回采面煤层预抽瓦斯浓度低于 30%，主要原因就是封孔质量不达标。

3. 钻孔、管路积水问题及管理措施

（1）钻孔孔口软管连接弯曲部位容易积水。

孔口软管连接要做到平直，孔口要处于相对略高的位置，集流器、分水器、支管、干管要处于相对略低的位置。为达到标准化要求，软管拐弯要密贴巷帮（巷顶）走直线、直角；跨巷软管要密贴巷帮（巷顶）走直线、直角（若顶板有倾角，则不受直角所限），拐弯位置可加接弯头；跨巷软管所围成的平面应与巷道中线垂直。软管吊挂要紧固、均匀。

为减少孔口软管长度和使用量，可设计施工孔口硬连接，或孔口软管与支管、干管对应三通直接连接。如在支管、干管上按设计要求预先加工三通，或管端与管端之间加接三

通，支管、干管安装之后再在对应位置施工钻孔，保证其精准对接。孔口硬连接直连示意图如图 3 - 32 所示。

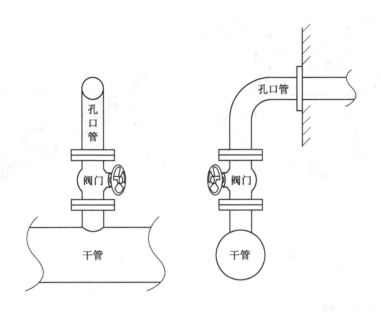

图 3 - 32   瓦斯抽采钻孔与干管（或支管）孔口硬连接直连示意图

（2）巷道起伏管路下弯部位容易积水。

对于巷道起伏造成管路下弯部位，应视现场具体情况，管路安装时在此位置增设三通，便于安装放水器。

（3）集流器、分水器积水。

在集流器、分水器下方合适位置安装设置放水器，便于排除集流器、分水器内的积水。如果煤岩层内含水较大，可增设放水器，或自动、手动复合型设置，确保放水效果。

（4）下向钻孔积水。

下向钻孔积水是严重影响钻孔抽采效果的客观因素之一。在进行瓦斯抽采作业过程中，由于煤岩层含水，钻杆和钻头使用水冷却排渣，所以下向瓦斯抽采钻孔内积水较多，钻孔较长时孔底积水无法吸出，减少了钻孔高效段长度，增加了抽采阻力，从而影响了钻孔内瓦斯释放及抽采效果。

通过时控开关和电磁阀自动控制高压风，在封孔材料上增设直达孔底的导风管，利用压风将瓦斯抽采钻孔内积水吹压到排渣放水器内，从而达到定时清除孔底积水和杂质的目的。一种下向钻孔自动排水装置运行原理示意图如图 3 - 33 所示。

考虑安全需要，压风应优先考虑接入高压氮气或二氧化碳等惰性气体。

上述排水装置也可以考虑集中控制模式，可以有手动和自动两种方式。视巷道长度、钻孔深度、煤岩层含水量等因素，可将一条巷道内不同巷段划分若干个单元，每个单元进行集中控制。

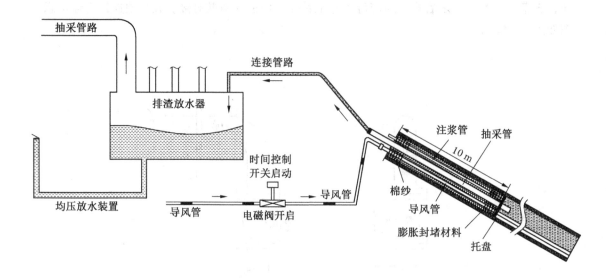

图 3-33　一种下向钻孔自动排水装置运行原理示意图

三、煤层瓦斯预抽技术

1. 顺层钻孔抽采瓦斯

顺层钻孔顾名思义就是顺煤层施工的钻孔。依据其与煤层走向之间的关系，又分为走向顺层钻孔、倾向顺层钻孔、走向斜交顺层钻孔等。

顺层钻孔的施工可以使局部煤体卸压，但其范围有限。因此，顺层钻孔间距设计必须依据煤层瓦斯抽采半径合理确定，使钻孔抽采范围能够覆盖整个回采煤层。顺层钻孔主要使煤体中的游离瓦斯得到释放，降低回采过程中落煤时瓦斯的涌出量。抽采负压可以强制促进煤层瓦斯解吸游离释放，利于抽采。

（1）平行布置顺层钻孔瓦斯抽采技术。

该技术主要是工作面两巷道顺煤层平行布置抽采钻孔。考虑工作面中部的抽采效果及钻孔终孔层位较难以控制等因素，两巷道钻孔设计终孔位置交错 20 m 左右。如工作面倾斜长 190 m，则两巷道与其垂直的相对施工钻孔总长度为 210 m；若煤层倾角较大，考虑积水等因素，工作面回风巷与其垂直的顺层孔可设计比工作面运输巷短一些，如工作面倾斜长 190 m，则工作面回风巷钻孔设计施工长度为 90 m，工作面运输巷钻孔设计施工长度为 120 m；若工作面倾向较短，在钻机工作能力达到要求的前提下，可设计采用单侧钻孔，如工作面倾斜长 150 m，考虑避免钻孔积水等因素，仅在运输巷设计施工钻孔，在综合分析煤层透气性的基础上，设计钻孔长度为 120 ~ 130 m 即可。

平行布置顺层钻孔可以直接在工作面两巷道内进行施工，施工时应保证各钻孔间互相平行。根据抽采半径及抽采时间、煤层瓦斯含量等因素，钻孔间距按照该煤层测定的抽采半径确定。工作面顺层钻孔平行布置示意图如图 3-34 所示。

平行布置顺层钻孔适用于煤层赋存比较稳定、煤层厚度较大、煤层顶底板起伏不大、煤层倾角不太大、煤层透气性一般及较好的地质条件；适宜于巷道宽度满足施工要求、工

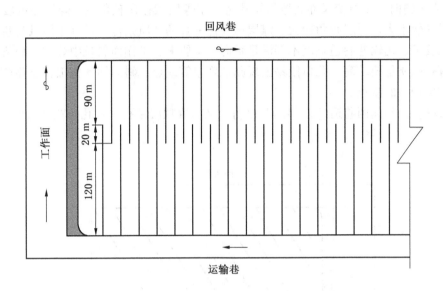

图 3-34 工作面顺层钻孔平行布置示意图

作面斜长较大的工程条件。该方式具有封孔质量有保证，孔口不易出现漏气，施工方便等优点。

（2）平行交叉布置顺层钻孔瓦斯抽采技术。

该技术主要有以下 4 种形式，针对不同矿井、不同条件和装备，结合实际效果进行优化，可以在一个工作面不同区域进行不同形式钻孔的优化组合。

第一种，工作面两巷道"垂直 + 斜向"平行交叉布置顺层钻孔。钻孔布置示意如图 3-35 所示。

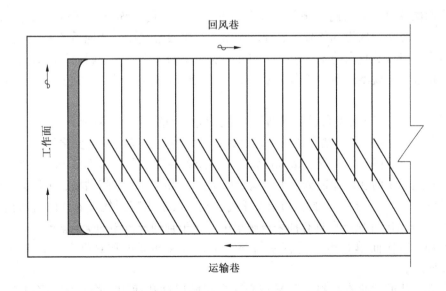

图 3-35 工作面两巷道"垂直 + 斜向"平行交叉布置顺层钻孔示意图

"垂直+斜向"平行交叉布置顺层钻孔适用于煤层赋存比较稳定、煤层厚度较大、煤层顶底板起伏不大、煤层倾角较大、煤层透气性一般的地质条件；适宜于回风巷巷道宽度满足施工要求、运输巷巷道宽度不能满足垂向施工要求、工作面斜长中等的工程条件。斜向孔具有封孔质量要求高、孔口段易出现漏气现象等缺点；斜向钻孔施工，还存在钻孔方位难以准确把握的缺点。

第二种，工作面两巷道"双斜向"平行交叉布置顺层钻孔。钻孔布置示意如图 3 - 36 所示。

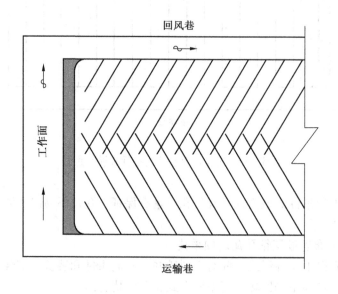

图 3 - 36　工作面两巷道"双斜向"平行交叉布置顺层钻孔示意图

工作面两巷道"双斜向"平行交叉布置顺层钻孔适用于煤层赋存不太稳定、煤层厚度变化较大、煤层顶底板起伏较大、煤层倾角大、煤层透气性差的地质条件；适宜于两巷道巷道宽度不能满足垂向施工要求、工作面斜长较小的工程条件。斜向孔具有封孔质量要求高、孔口段易出现漏气现象等缺点；斜向钻孔施工，还存在钻孔方位难以准确把握的缺点。

第三种，"扇形"交叉布置顺层钻孔。钻孔布置示意如图 3 - 37 所示。

"扇形"交叉布置顺层钻孔适用于煤层赋存不太稳定、煤层厚度变化较大、煤层顶底板起伏较大、煤层倾角大、煤层透气性较差的地质条件和钻孔设备不便于频繁移动等工程设施条件；适宜于两巷道巷道宽度不能满足施工要求需要施工专门钻场、工作面斜长中等的工程条件。"扇形"孔具有封孔质量要求高、孔口段易出现漏气现象、两组钻孔之间存在"三角"空白区等缺点；具有抽采设施集中，便于管理及监测的优点。

第四种，工作面单巷道"垂直+斜向"平行交叉布置顺层钻孔。钻孔布置示意如图 3 - 38 所示。

工作面单巷道"垂直+斜向"平行交叉布置顺层钻孔适用于煤层赋存不太稳定、煤层厚度变化较大、煤层顶底板起伏较大、煤层倾角较大、煤层透气性较差的地质条件；适

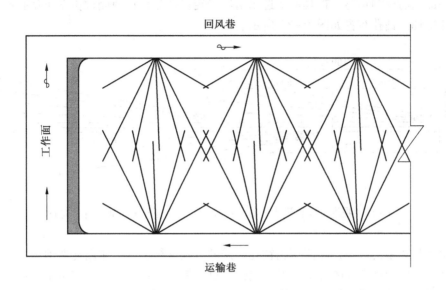

图 3 - 37　工作面"扇形"交叉布置顺层钻孔示意图

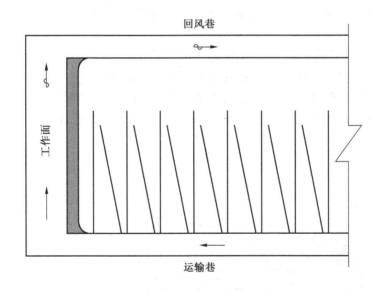

图 3 - 38　工作面单巷道"垂直 + 斜向"平行交叉布置顺层钻孔示意图

宜于单巷道巷道宽度满足垂向施工要求、工作面斜长较小的工程条件。斜向孔具有封孔质量要求高、孔口段易出现漏气现象等缺点。

（3）掘进工作面迈步式钻场交替迈步式超前探测抽采钻孔预抽技术。

掘进工作面可以采用迈步式钻场迈步式超前探测抽采的方式，巷道同一侧的钻场间距为 80 ~ 100 m，巷道两侧的钻场相对间距为 40 ~ 50 m，采取交替迈步进行钻孔施工与瓦斯抽采。掘进工作面施工迎头钻孔（图中 5 号孔）为超前探测孔，其可不受迈步钻场约束，但必须保证超前探测距离，视其瓦斯逸出情况确定接抽与否；两侧迈步钻场钻孔施工完毕立即封孔接抽。钻孔布置如图 3-39 所示。

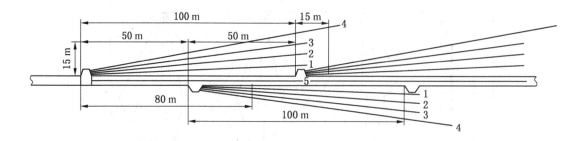

图 3-39　掘进工作面迈步式钻场交替迈步式超前抽采钻孔布置示意图

采用迈步式钻场迈步式超前探测钻孔抽采的方式进行掘进工作面瓦斯治理，一方面保证掘进处于超前预抽钻孔的掩护之下，确保掘进瓦斯治理效果，保证安全施工；另一方面可在一定程度上减少瓦斯抽采对掘进进度的影响，对保证采掘接替具有积极作用。另外，两侧钻场相对间距为 40~50 m，距离适中，前一钻场钻孔对下一钻场钻孔具有导向作用，对提高钻孔煤层成孔率具有积极效果。掘进工作面迈步式钻场交替迈步式超前探测钻孔抽采存在钻场工程量较大、频繁挪移钻机导致掘进工作面工序复杂，增加管理难度的缺点。

（4）掘进工作面条带孔瓦斯预抽技术。

当掘进施工过程中工作面绝对瓦斯涌出量超过 3 m³/min 时，必须采用瓦斯预抽措施进行治理，即在工作面施工迎头设计布置钻孔预抽。条带孔预抽用于工作面绝对瓦斯涌出量达到预抽的条件。某煤矿掘进工作面顺层条带预抽钻孔布置示意图如图 3-40 所示。

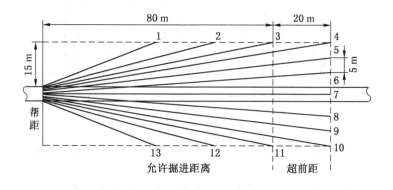

图 3-40　掘进工作面顺层条带预抽钻孔布置示意图

设计施工钻孔数量和参数视煤层瓦斯含量、安排预抽采时间、钻孔施工能力、巷道断面等因素综合确定。

相比较采用迈步钻场迈步式超前探测抽采钻孔瓦斯抽采方式进行掘进工作面瓦斯治

理，条带孔预抽存在对掘进进度影响大、钻孔煤层成孔率保证程度较低、掘进施工后钻孔弃用的缺点，但具有不用施工钻场、不必频繁挪移钻机、管理简单等优点。

（5）掘进工作面施工迎头与回采巷帮钻场复合超前钻孔掘前、掘中预抽技术。

掘进工作面施工迎头与巷帮钻场复合超前钻孔掘前、掘中预抽技术也是掘进工作面瓦斯治理常用的方法之一，钻场一般布置在巷道的采帮侧（充分考虑方便施工和瓦斯抽采等因素综合确定），钻孔施工完成后，立即组织连孔接抽。接抽一定时间后，对钻孔瓦斯浓度进行分析，确定抽采效果达到要求后，将迎头的钻孔进行拆除，组织掘进施工，钻场内的钻孔继续保持接抽状态。设计施工钻孔数量和参数视煤层瓦斯含量、安排预抽采时间、钻孔施工能力、巷道断面等因素综合确定。某煤矿掘进工作面施工迎头与回采巷帮钻场复合超前抽采钻孔布置示意图如图 3-41 所示。这种掘进工作面瓦斯治理方式兼具迈步式、条带式两种方式的优点。

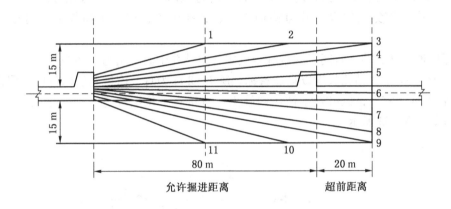

图 3-41 掘进工作面施工迎头与回采巷帮钻场复合超前抽采钻孔布置示意图

（6）掘进工作面两侧巷帮迈步钻场超前钻孔掘前、掘中预抽技术。

根据煤层掘进工作面瓦斯涌出情况，掘进巷道瓦斯防治采取两侧巷帮迈步钻场超前钻孔掘前、掘中预抽技术，当效果检验达标之后，可以废除一部分钻孔恢复掘进作业，另外一部分钻孔承担"持续抽采、超前掩护"任务。设计施工钻孔数量和参数视煤层瓦斯含量、安排预抽采时间、钻孔施工能力、巷道断面等因素综合确定。某煤矿掘进工作面两侧巷帮迈步钻场超前抽采钻孔布置示意图如图 3-42 所示。

与掘进工作面施工迎头与回采巷帮钻场复合超前钻孔掘前、掘中瓦斯预抽技术相比，上述两侧巷帮迈步钻场复合超前钻孔掘前、掘中瓦斯预抽技术既具有前者的优点，还具有双侧交错掩护抽采瓦斯，掘进工作面双侧保障的优点。比较图 3-39 所示瓦斯治理方案，具有钻机移动频次少、钻场施工数目少、管理相对简单的优点，但存在部分钻孔抽采时间短、利用率不高的缺点。

2. 穿层钻孔煤层瓦斯预抽技术

（1）上穿层钻孔煤层瓦斯抽采技术。依据预抽范围主要分为 3 种不同形式。

第一种，下位层工作面巷道（或底抽巷）上穿层钻孔掩护预抽技术。

对于煤层群开采，当下位层工作面巷道（或底抽巷）掘进施工完毕（或施工一定

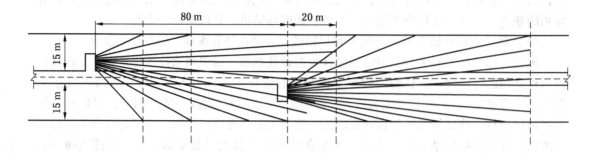

图 3-42 掘进工作面两侧巷帮迈步钻场超前抽采钻孔布置示意图

长度），可设计施工上穿层钻孔对对应位置及附近区域上位煤层巷道掘进之前进行掩护式预抽，这样可避免上位煤层巷道钻场施工、钻孔施工、掘前预抽等工序对掘进施工的影响。

视煤层透气性、抽采时间等因素综合确定每组钻孔个数、组与组间距等。每组钻孔一般情况下为 4～7 个，钻孔长度以穿过目标煤层 1～2 m 为宜，掩护宽度以目标煤层设计巷道两侧各 15 m 为宜。钻机可置于钻场内施工或直接在下位层巷道（或底抽巷）内施工。钻孔布置如图 3-43 所示。

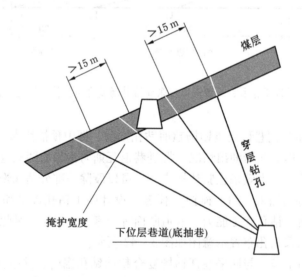

图 3-43 下位层工作面巷道（或底抽巷）
上穿层掩护预抽钻孔布置示意图

第二种，下位层工作面巷道（或底抽巷）上穿层钻孔工作面预抽技术。

根据卸压煤层瓦斯渗流研究成果，综合考虑煤层瓦斯含量、煤层间距、抽采时间等因素，利用下位层工作面巷道（或底抽巷）施工上穿层钻孔对上位层工作面区域进行瓦斯预抽。例：以工作面倾向长度 190 m 设计，不同煤层工作面巷道设计垂直布置；对于倾斜煤层，为减少出现较多俯孔导致积水影响抽采效果，一般下位层工作面巷道（或底抽巷）

高帮侧钻孔设计控制长度 115 m 左右，低帮侧钻孔设计控制长度 75 m 左右（需要考虑区段煤柱因素）；对于近水平煤层，下位层工作面巷道（或底抽巷）两帮钻孔可设计控制长度均为 115 m 左右（需要考虑区段煤柱因素）；钻孔穿过煤层进入顶板岩层 0.5 ~ 1 m。若巷道条件许可，钻孔施工可直接在巷道内进行而不必施工钻场。钻孔孔径、钻孔布置、钻场间距、钻孔封孔深度等可根据现场实际情况作以适当调整。钻孔布置如图 3 - 44 所示。

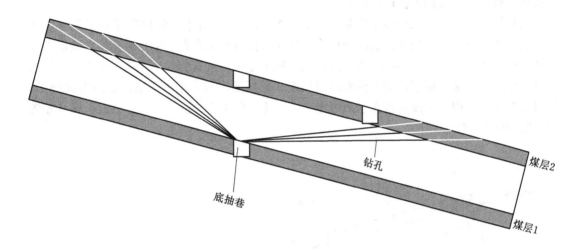

图 3 -44　下位层工作面巷道（或底抽巷）上穿层工作面预抽钻孔布置示意图

第三种，下位层工作面巷道（或底抽巷）上穿层采掘工作面瓦斯预抽钻孔联合设计。

为了减少钻场施工数量和施工作业点，将掘进巷道、回采工作面瓦斯预抽工程共同设计，共同施工，钻孔控制范围参照上述掘进巷道、回采工作面钻孔设计。下位层工作面巷道（或底抽巷）上穿层采掘工作面瓦斯预抽钻孔联合布置示意图如图 3 -45 所示。

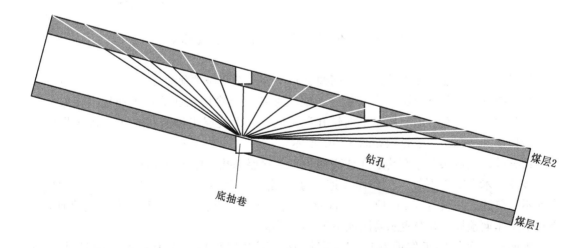

图 3 -45　下位层工作面巷道（或底抽巷）上穿层采掘工作面瓦斯预抽钻孔联合布置示意图

（2）下穿层钻孔煤层瓦斯抽采技术。依据时空因素及预抽范围主要分为4种不同形式。

第一种，回采工作面下穿层钻孔拦截抽采技术。

对于煤层群开采的矿井，受上位开采层采掘影响，在采动矿压及采空区和巷道卸压作用下，下邻近煤层产生裂隙，透气性增加，煤层中的瓦斯沿裂隙向采掘工作面空间逸出。为减少邻近层向工作面逸出瓦斯，实施下穿层钻孔拦截抽采邻近层游离逸出瓦斯，减少邻近层瓦斯释放对本煤层采掘作业影响。

通常情况下，回采工作面下穿层钻孔拦截抽采主要在两巷道合理位置施工下穿层钻孔，根据工作面底板瓦斯逸出情况分析确定钻孔方位及相关参数，钻孔终孔位置控制在瓦斯涌出较高的位置。每组钻孔个数、终孔间距视工作面推进速度、钻孔施工能力、瓦斯逸出量大小等因素综合确定；视工作面倾斜长度、瓦斯逸出量大小可采取两巷道对向施工。钻机可置于钻场内施工或直接在巷道内施工。某煤矿回采工作面下穿层拦截抽采钻孔布置示意图如图3-46所示。

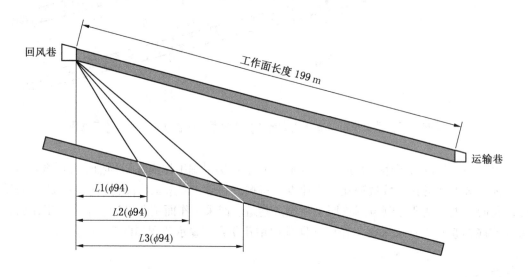

图3-46　回采工作面下穿层拦截抽采钻孔布置示意图

第二种，上位层工作面巷道（或高抽巷）下穿层钻孔掩护预抽技术。

该项技术方案与下位层工作面巷道（或底抽巷）上穿层钻孔掩护预抽技术相似，在此不再赘述。主要存在的问题是下向钻孔积水问题。上位层工作面巷道（或高抽巷）下穿层掩护预抽钻孔布置示意图如图3-47所示。

第三种，上位层工作面巷道（或高抽巷）下穿层钻孔工作面预抽技术。

该项技术方案与下位层工作面巷道（或底抽巷）上穿层钻孔工作面预抽技术相似，在此不再赘述。主要存在的问题是下向钻孔积水问题。上位层工作面巷道（或高抽巷）下穿层工作面预抽钻孔布置示意图如图3-48所示。

第四种，上位层工作面巷道（或高抽巷）下穿层采掘工作面瓦斯预抽钻孔联合设计。

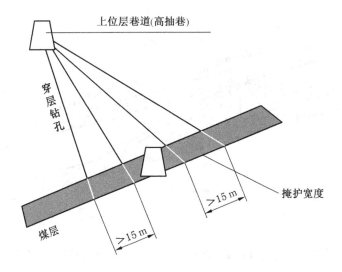

图 3-47　上位层工作面巷道（或高抽巷）
下穿层掩护预抽钻孔布置示意图

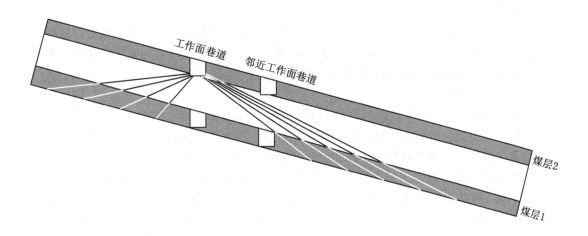

图 3-48　上位层工作面巷道（或高抽巷）下穿层工作面预抽钻孔布置图

该项技术方案与下位层工作面巷道（或底抽巷）上穿层采掘工作面瓦斯预抽钻孔联合布置相似，在此不再赘述。主要存在的问题是下向钻孔积水问题。上位层工作面巷道（或高抽巷）下穿层采掘工作面瓦斯预抽钻孔布置示意图如图 3-49 所示。

（3）上下穿层钻孔瓦斯抽采工程技术适应性说明。利用穿层钻孔进行邻近层瓦斯预抽，具有"掘抽分离、采抽分离，抽、掘、采时空弹性大"等诸多优点，但也存在要求煤层透气性好的客观条件。另外，专门的高、低抽采巷施工、管理难度大，成本高；穿层钻孔穿岩孔段长度大，成本相对较高。

3. 石门揭煤穿层钻孔预抽技术

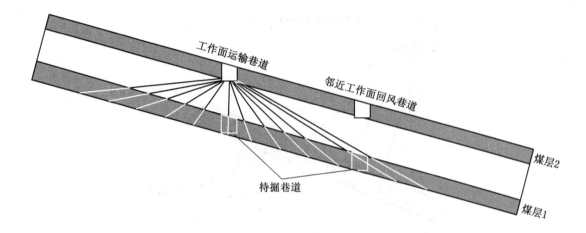

图 3-49　上位层工作面巷道（或高抽巷）下穿层采掘工作面瓦斯预抽钻孔联合布置示意图

　　石门揭煤地点的瓦斯压力大、瓦斯来源充足，揭穿煤层时工作面由岩层突然进入相对较软的煤层，为发生煤与瓦斯动力现象提供了必要而有利的条件，极易诱发煤与瓦斯突出事故。因此，石门揭煤防突任务重、技术难度高，研究、总结、实施规范高效石门揭煤技术意义重大。

　　在石门掘进至煤层一定距离时，为准确控制所揭煤位置煤层层位、地质构造，掌握瓦斯赋存情况，需进行钻孔施工，经过相关参数的测定，分析判定煤层的突出危险性。下面以某矿工程实际为例，结合煤层底板石门揭煤情况进行详细阐述。

　　（1）钻孔设计与施工说明。

　　① 图中未标注单位均为 m。②钻孔倾角以水平线为基准面，向上为正，向下为负；面向石门掘进方向，方位角以钻孔水平投影与石门中线水平投影的夹角为准，偏左为正，偏右为负。③钻孔在施工过程中，开孔位置、倾角、方位角必须严格按照设计参数进行施工（如施工现场条件限制，可以结合实际进行适当调整），钻孔实际孔深以穿过煤层后见岩不小于 0.5 m 为准。④孔径经设计确定，每一个钻孔施工完毕后必须及时封孔。封孔质量必须符合要求，必要时采用"两堵一注"带压注浆封孔；每孔封孔结束用闸阀将其关严（或采取临时合茬抽采，但不得影响钻孔施工），所有钻孔施工完毕后统一按抽采设计接抽瓦斯。抽采钻孔孔径不小于 94 mm，探测及校验孔孔径一般为 50～75 mm。⑤视煤岩岩性设计确定是否全程下套管护壁，煤层段为花管，便于瓦斯抽采；下套管时，前端加上尖锥，便于顶施作业。⑥法线距离是指石门最高点（拱形巷道拱顶点）到煤层底板面的最小距离。⑦煤层抽采半径依据实际测定数据和预计抽采时间确定。设计时所有钻孔终孔位置尽量不要重合，提高措施孔抽采效果；保证校验钻孔数据准确，减少数据失真。⑧抽采半径、钻孔最小掩护控制范围、预抽区域边缘等均指钻孔中心线与煤层顶板面相交点所得设计数据。实际施工过程中因地质条件、钻孔施工精度、煤岩层倾角的变化，会有一定变化。在钻孔设计时要综合考虑上述关联因素。⑨揭煤期间，石门两帮钻场内开孔位置距离石门轮廓线 1.0 m 以外的措施孔保持连续抽采；爆破作业，非炮眼钻孔严禁作为炮眼使用；炮眼打穿其他钻孔的，必须重新移位施工，原炮眼废弃用炮泥封填密实；爆破作业，

不具备灌水充孔条件的钻孔采用水炮泥配合黄泥充填，黄泥填充深度不小于炮眼深度的1.5倍；确有必要时可采取黄泥封孔，孔内注氮置换瓦斯措施，减少孔内封堵瓦斯量。

⑩在钻场及石门设计施工钻孔，因石门中心线与煤层走向不一定垂直，因而钻孔孔口开口位置、两侧钻孔数量及方向不一定呈对称布置。

（2）无突出危险性煤层石门揭煤瓦斯管控技术。

第一步，施工煤层探测钻孔。

石门距离煤层法线距 10 m 前，施工不少于 2 个地质探煤钻孔，探明煤层赋存、地质构造及瓦斯情况。其中一个探孔沿石门中心线布置，另一个可沿法线方向施工。探煤孔视具体情况可兼作瓦斯探测孔。

若石门巷道岩性破碎，或处于地质构造带附近，则在距煤层底板法线距 20 m 前位置实施煤层地质与瓦斯钻孔探测。若揭煤位置预计有地质构造，则需增加探测地质构造钻孔。

第二步，石门距煤层底板法线距 10 m 位置，施工瓦斯探测孔。

设计在施工作业石门距煤层底板法线距 10 m 位置，施工 4 个穿透煤层全层且进入顶板不小于 0.5 m 的瓦斯探测孔，可兼作地质探孔，探测煤层赋存情况及瓦斯情况。瓦斯探测孔布置示意图如图 3-50 所示。视具体情况可进行适当调整，所有钻孔进行相关参数测定。如 1 号、2 号孔探测数据有疑，3 号、4 号孔有积水不便于瓦斯探测测定的情况下，应考虑在合适位置设计补打仰角探测孔进行瓦斯探测。

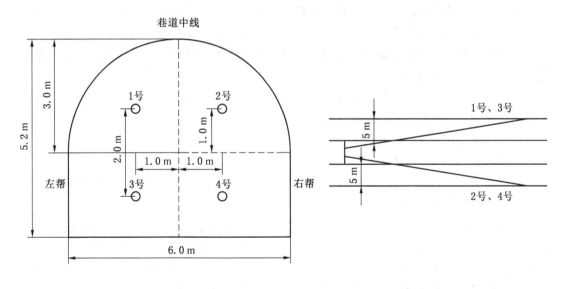

图 3-50　石门距煤层底板法线距 10 m 瓦斯探测孔布置示意图

钻孔施工过程中及时测定钻孔穿过煤层段钻屑瓦斯解吸指标 K_1 值、钻屑量 S 值、煤层坚固性系数 f 值、煤层瓦斯含量 W 值，观察施工中的钻孔瓦斯动力现象，并根据所测定的 K_1 值、f 值、W 值换算煤层瓦斯压力，初步掌握煤层突出危险性。

瓦斯探测孔主要设计技术参数见表 3-13。表中设计参数应结合实际进行适当调整。

表3-13　法线距10 m瓦斯探测孔主要设计技术参数一览表

孔号	相对方位角/ (°)	相对倾角/ (°)	见煤深度/ m	止煤深度/ m	孔深/ m
1	9	14			
2	-9	14			
3	9	-8	工程实际预定	工程实际预定	工程实际预定
4	-9	-8			
合计					

第三步，评价有无突出危险性。

对测定数据进行分析，若钻孔施工无瓦斯动力现象，且煤层瓦斯压力 $P < 0.74$ MPa、煤层瓦斯含量 $W < 8$ m³/t，则初步判定无突出危险性。

考虑测定条件等因素制约，结合各企业的工作实际，可对相关指标临界值进行更严格的升级约定。如煤层瓦斯含量临界值可确定为 7.5 m³/t，地质构造带可确定为 6 m³/t。

第四步，石门距煤层底板法线距5 m位置，施工前探兼瓦斯卸压释放钻孔。

在石门距煤层底板5 m法线距离起掘进施工过程中，施工前探兼瓦斯卸压释放钻孔。钻孔布置在石门迎头帮顶部、中间、底部，中间组与石门轴线夹0°水平角，所有钻孔以孔底相对均匀布置，且周边钻孔终孔位置满足掩护范围要求为宜；确定孔深不低于5.0 m和不少于2.0 m的掘进超前平距。视煤层赋存、地质构造、煤层瓦斯及压力情况，从顶到底不少于3组，每组不少于4个钻孔，石门轮廓线四周掩护深度不少于5 m。若煤层倾角较大，钻孔工程量不太大的情况下，可考虑全部钻孔施工穿过煤层。具体实施过程中应结合现场实际进行专项设计。

选取有代表性的3个钻孔，采用综合指标法和瓦斯解吸法进行煤层突出危险性预测。预测钻孔至少有1个控制到巷道轮廓线外不少于5 m的位置。

若钻孔逸出瓦斯量较大，应考虑封孔接抽瓦斯。

第五步，再次评价有无突出危险性。

对测定数据进行分析，若钻孔施工无瓦斯动力现象，$D < 0.25$ 且 $K < 15$，$K_1 < 0.5$ mL/(g·min$^{1/2}$)，则判定无突出危险性。

上述 D、K、K_1 即为综合指标。D 和 K 是代表不同算法的综合指标，都是体现突出危险性的大小，其临界值也不同。突出危险性预测综合指标法是通过测定煤层埋藏深度、煤层瓦斯压力、瓦斯涌出初速度、煤的坚固性系数等相应参数，经不同的理论计算方法得到煤层突出危险性综合指标，用于表征矿井煤与瓦斯突出的危险程度。

采用综合指标法预测石门揭煤工作面突出危险性时，应当从工作面向煤层合适位置至少施工3个钻孔测定煤层瓦斯压力 P。近距离煤层群层间距小于5 m或层间岩石破碎时，应测定各煤层的综合瓦斯压力。

测压钻孔在每米煤孔采一个煤样测定煤的坚固性系数 f，把每个钻孔中坚固性系数最小的煤样混合后测定煤的瓦斯放散初速度 Δp，以此值及所有钻孔中测定的最小坚固性系数 f 值作为软分层煤的瓦斯放散初速度和坚固性系数参数值。

综合指标 D、K 的计算公式为

$$D = \left(\frac{0.0075H}{f} - 3 \right) \times (P - 0.74) \tag{3-17}$$

$$K = \frac{\Delta p}{f} \tag{3-18}$$

式中　　D——工作面突出危险性的 D 综合指标；

　　　　K——工作面突出危险性的 K 综合指标；

　　　　H——煤层埋藏深度，m；

　　　　P——煤层瓦斯压力，取各个测压钻孔实测瓦斯压力的最大值，MPa；

　　　　Δp——软分层煤的瓦斯放散初速度，mmHg；

　　　　f——软分层煤的坚固性系数。

各煤层石门揭煤工作面突出预测综合指标 D、K 的临界值应根据试验考察确定。

K_1 值是钻孔钻屑瓦斯解析指标，一般使用合适钻机钻进到煤层时每钻进 $1 \sim 2\,m$ 采集一次孔口排出的粒径 $1 \sim 3\,mm$ 的煤钻屑，测定单位时间和煤量的瓦斯解吸量，其单位为 $mL/(g \cdot min^{1/2})$。工程实践中，该指标利用 WTC 测定，视钻孔穿过煤层长度，每 $2\,m$ 左右测定一次，一般是钻孔进入煤层 $1.5 \sim 2\,m$、$3.5 \sim 4\,m$、$5.5 \sim 6\,m$、$7.5 \sim 8\,m$ 取钻屑中的 $1 \sim 3\,mm$ 煤屑测定解析瓦斯量，仪器自动出结果。

现在工程实践中，考虑采用综合指标法和瓦斯解吸法进行煤层突出危险性预测工序复杂，非特殊情况较少采用，如进行最终验证可能会采用。通常情况下采用煤层瓦斯压力 P、煤层瓦斯含量 W 指标进行突出危险性预测即可。

第六步，石门距煤层底板法线距 $2\,m$ 位置，施工瓦斯探测孔，进行最后一次验证。

石门距离煤层法线距 $2\,m$ 时，施工 3 个钻孔，采用钻屑瓦斯解吸指标法进行最后一次验证。钻孔布置以避开已有钻孔影响区域，且节省工程量为原则。瓦斯探测孔布置示意图如图 3-51 所示。

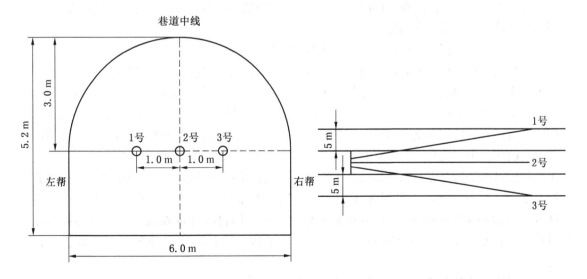

图 3-51　石门距离煤层法线距 $2\,m$ 瓦斯探测孔布置示意图

瓦斯探测孔主要设计技术参数见表 3-14。表中设计参数应结合实际进行适当调整，考虑积水因素，瓦斯探测孔不宜设计施工成俯角孔。

表 3-14　法线距 2 m 瓦斯探测孔主要设计技术参数一览表

孔号	相对方位角/ (°)	相对倾角/ (°)	见煤深度/ m	止煤深度/ m	孔深/ m
1	12	14			
2	0	5	工程实际预定	工程实际预定	工程实际预定
3	-12	14			
合计					

相应指标不超标的情况下，执行以下步骤。

第七步，实施爆破揭煤。

距离煤层法线距 2 m 开始，执行远距离爆破。结合矿井实际，可以考虑从距离煤层法线距 3~5 m 开始，执行远距离爆破。

在石门掘进至距煤层底板 0.5 m 法线距位置，布置揭煤炮眼，采用远距离爆破技术，一次性揭开煤层。布置揭煤炮眼过程中，按均匀、有效要求，选择部分钻孔测定钻屑瓦斯解吸指标 K_1 值，并观察所有钻孔是否有喷孔等动力现象。具体实施过程中应结合现场实际对揭煤炮眼进行专项设计。如有 K_1 超标或喷孔、顶钻等现象，则立即停止施工，按突出煤层要求研究制订揭煤措施。

石门穿过煤层顶板法线距（即石门底板低点与煤层顶板面法线距离）超过 2 m 时揭煤过程结束。

（3）区域性防治突出措施。

石门距煤层底板法线距 10 m 位置，经施工瓦斯探测孔测定煤层具有瓦斯突出危险性，则首先实施区域性防治突出措施。

第一步，施工瓦斯卸压抽采钻孔，实施区域防突措施。

距煤层最小法线距 7 m 前，施工瓦斯卸压抽采钻孔，实施区域防突措施，对煤层进行预抽消突。具体要求如下：①抽采钻孔孔径不小于 94 mm。②穿层钻孔必须穿透煤层并进入煤层顶板不少于 0.5 m。措施孔按照单孔有效抽采半径不大于 1.5 m 设计布置（以钻孔中心线与煤层顶板交面点为基准）。③视煤岩层稳定性情况，设计确定是否下套管护孔。若煤岩破碎，则措施孔全程下套管护孔，过煤段下花眼管。④测定煤层瓦斯压力，钻孔最小掩护控制范围为揭煤石门轮廓线外 12~15 m（结合现场实际具体设计确定）。⑤措施孔瓦斯接抽。在石门进尺及揭煤过程中，两帮钻场预抽钻孔必须保持连续抽采（防突措施效果检验期间停止抽采）。措施孔抽采期间必须采用自动计量在线监测系统与孔板流量计人工计量相结合的方式对抽采流量、瓦斯浓度、管路温度及抽采负压等数据进行计量。

距煤层最小法线距 7 m 前施工瓦斯卸压抽采钻孔孔口布置方式示意图如图 3-52 所示。

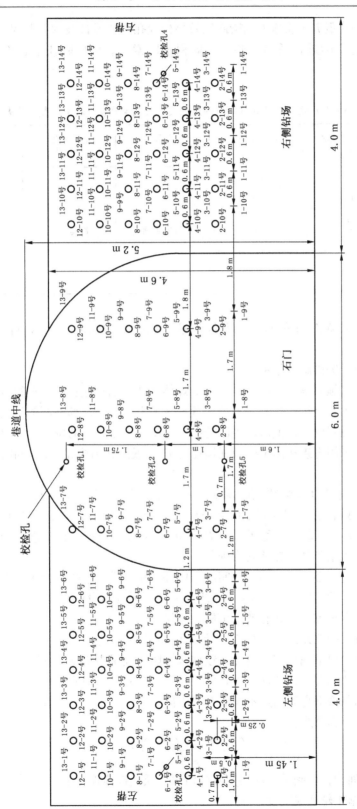

图 3 - 52　距煤层最小法线距 7 m 前施工瓦斯卸压抽采钻孔孔口布置方式示意图

距煤层最小法线距 7 m 前施工瓦斯卸压效果校验孔主要设计技术参数见表 3 - 15。表中设计参数应结合实际进行适当调整，考虑积水因素，效果校验孔不宜设计施工成俯角孔。

表 3 - 15　最小法线距 7 m 前瓦斯卸压效果校验孔主要设计技术参数一览表

孔号	相对方位角/ (°)	相对倾角/ (°)	见煤深度/ m	止煤深度/ m	孔深/ m
1	0	43			
2	15	13			
3	0	14	工程实际预定	工程实际预定	工程实际预定
4	- 16	14			
5	0	5			
合计					

距煤层最小法线距 7 m 前施工瓦斯卸压抽采钻孔掩护区域正视示意图如图 3 - 53 所示。

第二步，区域防突措施效果检验。

区域防突措施实施完毕，当卸压范围内的煤体瓦斯预抽率达标后，进行区域防突措施效果检验。至少布置 5 个校检孔，分别位于预抽区域上、中、下部和两侧钻场内，其中至少有 1 个钻孔终孔位置位于预抽区域内距掩护区边缘不大于 2 m 的位置。校检孔开孔位置如图 3 - 52 所示。采用直接法测定残余瓦斯压力 P_c、残余瓦斯含量 W_c，同时校验钻孔施工有无异常现象。

区域防突措施效果检验必须同时满足以下条件：①石门揭煤瓦斯预抽率不得低于 45%（煤层原始瓦斯含量 4 m³/t 以下的 ≥15%；瓦斯含量 4 ~ 6 m³/t 的 ≥25%；瓦斯含量 6 m³/t 以上的 ≥45%）；②残余瓦斯压力 P_c < 0.74 MPa；③残余瓦斯含量 W_c < 8 m³/t；④预测时无喷孔、顶钻等其他异常动力现象。

效果检验无效时，必须延长抽采时间或采取补充钻孔进行抽采的措施，补充措施的控制范围为揭煤处巷道轮廓线外 12 ~ 15 m（结合现场实际具体设计确定）范围内预测有突出危险煤层煤体，直至效果检验有效方可施工进尺。

第三步，进行预抽单元划定及瓦斯储量、瓦斯预抽率计算。

预抽单元划定：根据现场实际情况，预抽区域防突抽采措施钻孔一次性施工到位，一次评价，评价单元范围面积预计计算公式如下。不同矿井，因地质条件、石门断面、石门中心线与煤层走向是否垂直等因素不同而有所不同。

预抽单元面积计算公式：

$$S = \frac{(B + 20) \times (H + 20)}{\sin\alpha} \tag{3 - 19}$$

式中　S——单元面积，评判单元煤层实际的沿煤层层面措施控制范围，m²；

　　　　B——石门施工轮廓线宽度，m；

　　　　H——石门施工轮廓线高度，m；

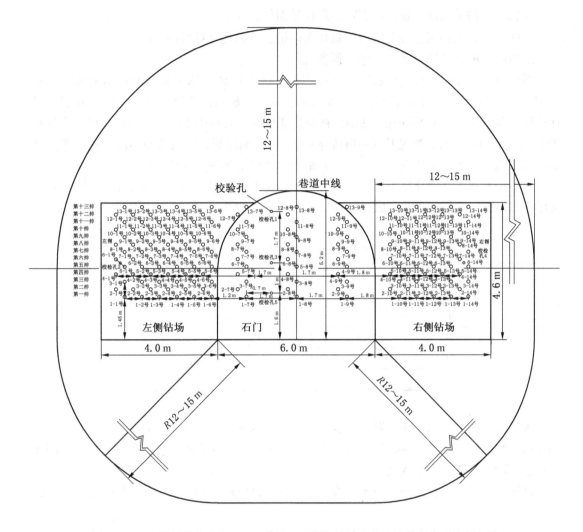

图3-53　距煤层最小法线距7m前施工瓦斯卸压抽采钻孔掩护区域正视示意图

α——石门中心线与煤层在垂直面上的夹角。

预抽单元区域瓦斯储量计算公式：

$$Q_z = SM\gamma W \qquad (3-20)$$

式中　Q_z——钻孔卸压影响范围内的总瓦斯储量，m^3；

　　　S——单元面积，评判单元煤层实际的沿煤层层面措施控制范围，m^2；

　　　M——煤厚，评判单元范围内实际煤层平均厚度，m；

　　　γ——煤的容重，评判单元范围内实际煤层容重，t/m^3；

　　　W——瓦斯含量，评判单元范围内最大瓦斯含量，m^3/t。

瓦斯预抽率计算公式：

$$\eta = \frac{Q_z}{Q_c} \times 100\% \qquad (3-21)$$

式中　η——瓦斯预抽率，%；

Q_c——抽采瓦斯总量，由实际抽采计量而得，m^3；

Q_z——钻孔卸压影响范围内的总瓦斯储量，由前述计算可得，m^3。

第四步，进行区域验证（工作面预测）。

石门顶板距煤层底板最小法线距 5 m 以外，采取综合指标法和钻屑瓦斯解吸指标法（K_1）进行区域验证（工作面预测）。施工 3 个钻孔，预测钻孔至少有 1 个控制到石门设计轮廓线外不少于 5 m 的位置，在钻孔钻进到煤层时，每钻进 1 m 采集一次孔口排出的粒径 1 ~ 3 mm 的煤钻屑，测定其瓦斯解吸指标 K_1 值，测定时，应当考虑不同钻进工艺条件下的排渣速度。预测钻孔设计与图 3 - 51 相似，主要是相对方位角绝对值要小一些。

瓦斯探测孔主要设计技术参数见表 3 - 16。表中设计参数应结合实际进行适当调整，考虑积水因素，瓦斯探测孔不宜设计施工成俯角孔。

表 3 - 16　最小法线距 5 m 瓦斯探测孔主要设计技术参数一览表

孔号	相对方位角/（°）	相对倾角/（°）	见煤深度/m	止煤深度/m	孔深/m
1	9	14			
2	0	5	工程实际预定	工程实际预定	工程实际预定
3	- 9	14			
合计					

无突出危险必须同时满足以下要求：①钻屑解吸指标 $K_1 < 0.5$ mL/$(g \cdot min^{1/2})$，湿煤样瓦斯解吸指标 $K_1 < 0.4$ mL/$(g \cdot min^{1/2})$；②$D < 0.25$ 且 $K < 15$；③预测钻孔施工过程中无顶钻、喷孔等其他异常现象。

区域验证（工作面预测）无突出危险时，石门可掘进至巷道顶板距煤层底板法线距 2 m 位置。

（4）工作面防突措施。

若区域验证（工作面预测）有突出危险时，必须采取工作面防突措施。工作面防突措施必须在石门迎头顶板距预测有突出危险煤层底板最小法线距 5 m 前进行。

第一步，施工瓦斯抽采钻孔，实施工作面防突措施。

具体要求如下：①瓦斯抽采钻孔孔径不小于 94 mm。②瓦斯抽采钻孔按终孔点抽采半径不大于 1.5 m 布置（以钻孔中心线与煤层顶板交面点为基准）。③抽采钻孔必须穿透煤层，并进入岩石 0.5 m 以上。④钻孔最小控制范围为揭煤石门轮廓线外 5 m，并沿掘进方向保持至少 5 m（地质构造破坏严重地带，至少 7 m）的超前距，措施孔必须及时合茬抽采。⑤抽采时间根据预抽率和防突措施效果检验情况确定，当预抽率大于 45%（瓦斯含量 4 m^3/t 以下的≥15%；瓦斯含量 4 ~ 6 m^3/t 的≥25%；瓦斯含量 6 m^3/t 以上的≥45%）且防突措施效果检验有效时工作面防突措施钻孔方可停止抽采（石门两侧钻场内不影响掘进施工的钻孔可持续抽采）。

距煤层最小法线距 5 m 前施工瓦斯卸压抽采钻孔孔口布置方式示意图如图 3 - 54 所示。

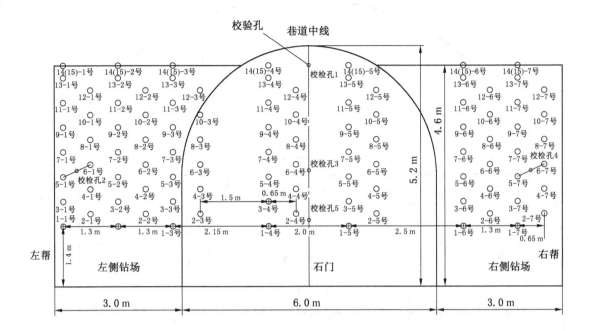

图 3-54　距煤层最小法线距 5 m 前施工瓦斯卸压抽采钻孔孔口布置方式示意图

距煤层最小法线距 5 m 前施工瓦斯卸压效果校验孔主要设计技术参数见表 3-17。表中设计参数应结合实际进行适当调整，考虑积水因素，效果校验孔不宜设计施工成俯角孔。

表 3-17　最小法线距 5 m 前瓦斯卸压效果校验孔主要设计技术参数一览表

孔号	相对方位角/ (°)	相对倾角/ (°)	见煤深度/ m	止煤深度/ m	孔深/ m
1	0	75			
2	7	13			
3	0	13	工程实际预定	工程实际预定	工程实际预定
4	-7	13			
5	0	5			
合计					

距煤层最小法线距 5 m 前施工瓦斯卸压抽采钻孔掩护区域正视示意图如图 3-55 所示。

第二步，进行工作面防突措施效果检验。

采取工作面防突措施后，当瓦斯抽采率 $\eta \geq 45\%$（煤层原始瓦斯含量 4 m³/t 以下的 $\geq$ 15%；瓦斯含量 4~6 m³/t 的 $\geq$ 25%；瓦斯含量 6 m³/t 以上的 $\geq$ 45%）后，进行防突措施效果检验。

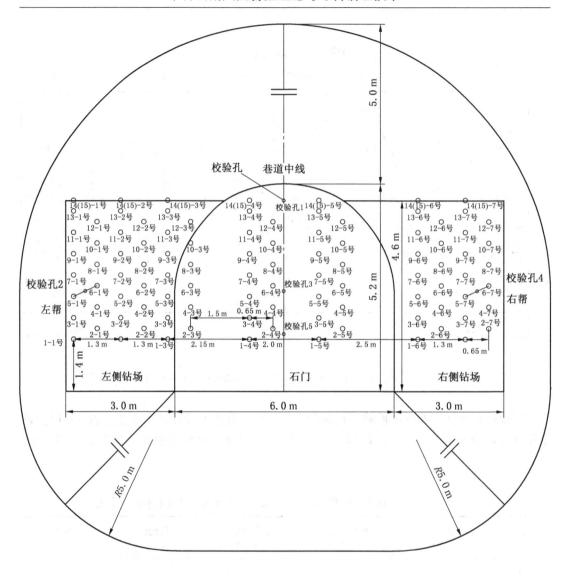

图 3-55　距煤层最小法线距 5 m 前施工瓦斯卸压抽采钻孔掩护区域正视示意图

当钻屑瓦斯解吸指标 $K_1 < 0.5\ \text{mL}/(\text{g}\cdot\text{min}^{1/2})$、$D < 0.25$ 且 $K < 15$ 和校验钻孔施工过程中无喷孔、顶钻等其他异常现象时，工作面防突措施有效。否则，必须延长钻孔的抽采时间，直至效果检验有效。检验孔孔数 5 个，其中巷道上部、中间、下部各一个，其他 2 个位于巷道两侧钻场内，所有检验孔终孔位置均布置在措施孔掩护控制范围内且距掩护区边缘不大于 2 m 的位置（中部检验孔除外）。检验孔先采用钻机配合 ϕ75 mm 的钻头钻透岩层，见煤后再用取芯钻头取芯进行效果检验。

工作面防突措施有效或经工作面预测无突出危险后，须编制揭煤作业的防突专项安全技术措施并按措施施工。

第三步，进行远距离爆破与揭煤验证。

在距煤层底板最小法线距 5 m 至 2 m 范围，石门掘进应当采用远距离爆破。

石门施工至距煤层底板最小法线距不小于 2 m 处，采用钻屑瓦斯解吸指标（K_1 值）和直接法测定煤层（残余）瓦斯含量进行揭煤验证。验证钻孔设计 3 个，钻孔实际孔深以穿过煤层后见岩不小于 0.5 m 为准；以石门中心线为标准，向两侧偏斜施工验证孔孔底终孔点与石门设计轮廓边线不小于 5 m；验证钻孔孔径 50～75 mm，每个钻孔在施工过程中都必须采用取煤管对煤体进行取样，并及时送检；每个钻孔在过煤层期间，必须及时进行验证。

验证钻孔设计示意如图 3 - 51 所示，验证钻孔设计主要技术参数见表 3 - 14。

当预测有突出危险时，必须实施局部综合防治突出措施。

（5）实施局部综合防治突出措施。

石门距煤层底板法线距 2.0 m 前开始，必须严格执行"边探边抽、边探边掘、浅掘浅进"技术方案。依据抽采半径，设计施工抽采钻孔。掩护区域为石门轮廓线以外 5 m。

第一步，施工瓦斯抽采钻孔，实施局部防突措施。

具体要求如下：①瓦斯抽采钻孔孔径不小于 94 mm。②瓦斯抽采钻孔按有效抽采半径不大于 1.5 m 布置（以钻孔中心线与煤层顶板交面点为基准）。③抽采钻孔必须穿透煤层，并进入岩石 0.5 m 以上。④钻孔最小控制范围为揭煤石门轮廓线外 5 m，并沿掘进方向保持至少 5 m 的超前距，措施孔必须及时合茬抽采。⑤抽采时间根据防突措施效果检验情况确定，当防突措施效果检验有效时，可停止抽采，恢复掘进施工。

距煤层最小法线距 2 m 前施工瓦斯卸压抽采钻孔孔口布置方式示意图如图 3 - 56 所示。

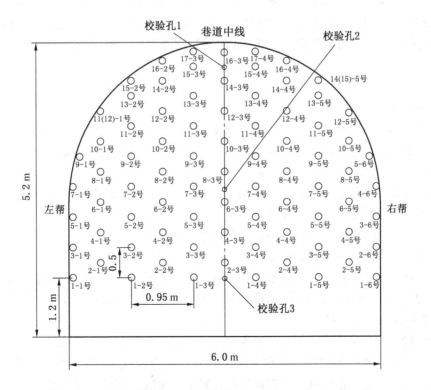

图 3 - 56　距煤层最小法线距 2 m 前施工瓦斯卸压抽采钻孔孔口布置方式示意图

距煤层最小法线距 2 m 前施工瓦斯卸压效果校验孔主要设计技术参数见表 3 - 18。表中设计参数应结合实际进行适当调整。

表 3 - 18　最小法线距 2 m 前瓦斯卸压效果校验孔主要设计技术参数一览表

孔号	相对方位角/(°)	相对倾角/(°)	见煤深度/m	止煤深度/m	孔深/m
1	16	75			
2	0	15	工程实际预定	工程实际预定	工程实际预定
3	-16	5			
合计					

距煤层最小法线距 2 m 前施工瓦斯卸压抽采钻孔掩护区域正规示意图如图 3 - 57 所示。

第二步，进行局部防突措施效果检验。采取局部防突措施后，进行防突措施效果检验。

当钻屑瓦斯解吸指标 $K_1 < 0.5$ mL/$(g \cdot min^{1/2})$、$D < 0.25$ 且 $K < 15$ 和校验钻孔施工过程中无喷孔、顶钻等其他异常现象时，局部防突措施有效，否则，必须延长钻孔的抽采时间，直至效果检验有效。校验孔孔数 3 个，其中石门中心线上部、中间、下部各 1 个，所有校验孔终孔位置均布置在措施孔掩护控制范围内，上部校验孔终孔位置距掩护区边缘不大于 2 m。校验孔先采用钻机配合 $\phi75$ mm 的钻头钻透岩层，见煤后再用取芯钻头取芯进行效检。

校验钻孔设计如图 3 - 56 所示，钻孔设计主要技术参数见表 3 - 18。

（6）揭煤爆破。

揭煤爆破施工的总体原则：石门全断面爆破，实施远距离爆破，有必要时在矿井地面进行起爆；石门揭煤点回风流全部断电非本安型设备，有必要时全矿井井下全部断电非本安型设备；实施工作面、采区甚至全矿井撤人措施等。

远距离爆破范围：从石门迎头顶板拱顶距煤层底板最小法线距 5 m 起至石门揭穿煤层至石门底板低点距煤层顶板法线距 2 m 以上止。

（7）石门揭煤过程中两个重要概念：安全岩柱和安全屏障。

安全岩柱：在石门迎头拱顶顶点距煤层底板法线距 5~2 m 范围内，每循环进尺前，在石门迎头拱顶顶点附近垂直于煤层底板面打 2 个深度不少于 3.0 m 的见煤超前钻孔，确保工作面迎头拱顶顶点到煤层底板的最小法线距不小于 2.0 m。该最小法线距不小于 2.0 m 的岩柱即为安全岩柱。

安全屏障：安全屏障的作用是消除煤层局部范围内的突出危险以及阻隔界外突出动力的作用，一般由一系列超前钻孔按照一定分布规律组合而成，或采取帷幕注浆、管棚骨架、管棚注浆等工程工艺措施。根据防突规定要求，每次局部预测必须预留至少 5 m 钻孔超前距及掩护距离，形成 5 m 的安全屏障区。

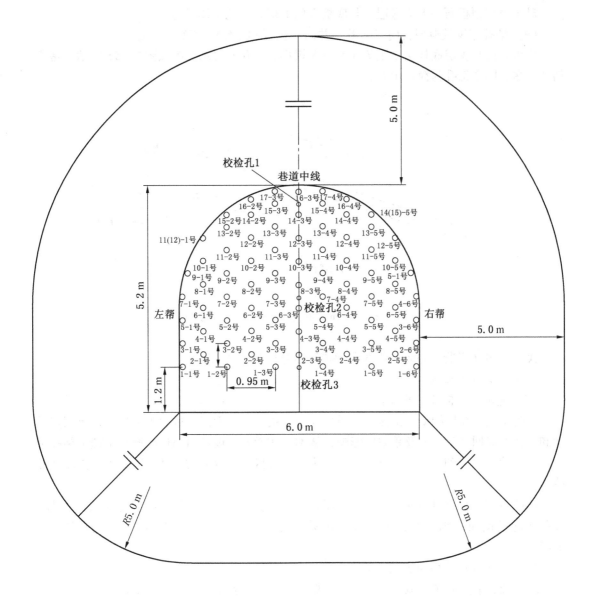

图 3-57　距煤层最小法线距 2 m 前施工瓦斯卸压抽采钻孔掩护区域正视示意图

（8）特殊情况下的防突措施。

对于煤岩层松软破碎，或石门揭煤处处于构造带附近，为保障施工安全，便于巷道支护，有效预防揭煤瓦斯突出，有的矿井实施预注浆加固工程，综合效果良好。预注浆钻孔可以利用瓦斯抽采措施钻孔，在完成抽采作用后进行注浆。

对于石门揭煤，建议优先采取爆破掘进揭煤。若因条件所限，必须采取机械化掘进时，在严格实施上述揭煤瓦斯抽采与验证作业步骤的同时，应对钻孔瓦斯抽采掩护区域（石门轮廓线以外）进行注浆围岩（煤体）加固、钻孔强化增透瓦斯抽采、管棚帷幕注浆安全屏障，确保揭煤安全。依据现场条件，前述防突措施可单项单独采用，也可以多项复合使用。必须采取机械化掘进时，建议优先实施远距离遥控操作。

对于煤层顶板石门揭穿煤层，与底板石门类似，在此不作详述。

（9）钻孔布置及典型石门（岩巷、井筒）揭煤程序作业流程。

底板石门与煤层底板法线距 7 m 前，揭煤穿层钻孔布置示意图如图 3 – 58 所示。考虑钻孔太多，图中钻孔为简化示意。

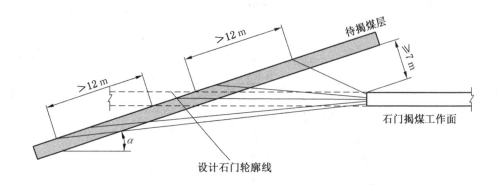

图 3 – 58　法线距 7 m 前石门揭煤穿层钻孔布置示意图

典型石门（岩巷、井筒）揭煤程序流程示意图如图 3 – 59 所示。

4. 递进式预抽技术

（1）递进式预抽技术的概念。

为解决同一煤层抽掘采衔接的矛盾，同时解决本工作面回采过程中邻近未采掘区域采动卸压瓦斯对回采工作面及采空区影响，从本工作面巷道设计向邻近区域施工抽采钻孔进行煤层预抽，以达到"掘前预抽、采前预抽"的目的，这种抽采技术称为递进式预抽技术。

按照本工作面两侧煤体及采空区情况，可分为单侧递进式预抽和双侧递进式预抽；按照递进式预抽范围，可分为中长孔单采面递进式预抽和定向长孔跨采面递进式预抽等。

（2）中长孔单采面递进式预抽技术。

综合装备能力和矿井地质情况，在已掘工作面巷道施工中长钻孔，钻孔覆盖区域分两种情形，一种是钻孔覆盖邻近区域工作面一条巷道和部分工作面，另一种是钻孔覆盖邻近区域工作面两条巷道和整个工作面。递进式预抽钻孔布置方式与顺层钻孔类似。中长孔单采面平行递进式预抽钻孔布置示意图如图 3 – 60 所示。

（3）定向长孔跨采面递进式预抽技术。

由于常规钻机受到钻进距离较短的影响，钻孔难以保直定向钻进，尤其是受到地质构造及煤层起伏变化的影响经常出现钻顶、钻底现象，成孔质量差、抽采效果难以保证。定向长钻孔克服了上述因素。

定向长孔跨采面递进式预抽可视装备能力、抽采时间、地质情况等因素综合确定，可采取跨一个、两个采面递进式预抽方式。定向长孔跨采面递进式预抽钻孔布置示意图如图 3 – 61 所示。

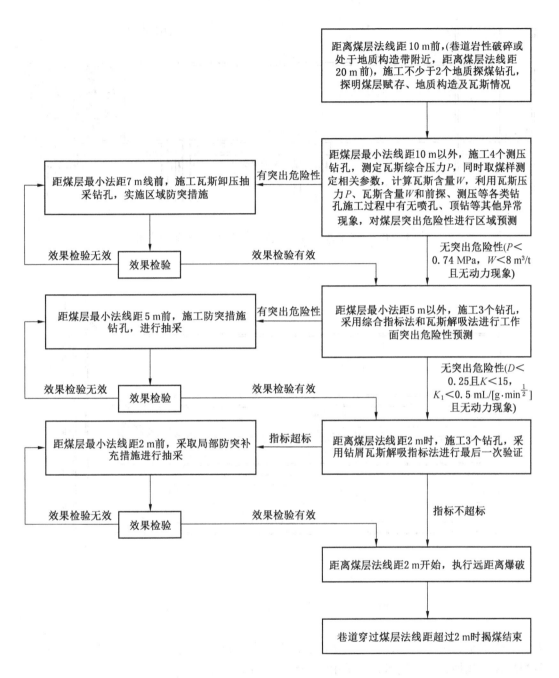

图3-59 石门（岩巷、井筒）揭煤程序流程示意图

5. 综合预抽技术

瓦斯抽采技术要本着"实事求是，立足实际"的原则，做到"一矿一策、一面一策、一巷一策"，对瓦斯进行分类施策、精准治理。

针对不同矿井、不同地质条件、不同回采工艺及抽掘采接替情况等综合因素，一个矿

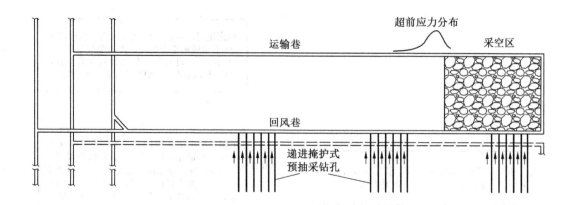

图 3 - 60　中长孔单采面平行递进式预抽钻孔布置示意图

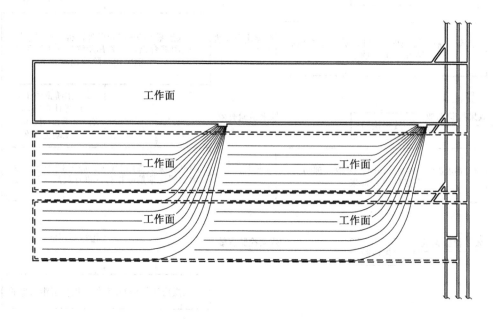

图 3 - 61　定向长孔跨采面递进式预抽钻孔布置示意图

井、一个水平、一个采区、一个工作面、甚至一条巷道的掘进，可能同时或间隔性使用多种煤层瓦斯预抽、抽采技术，即采用综合预抽、抽采技术。

例如，一条煤层巷道掘进，在掘进工作面迎头可以同时实施超前瓦斯探孔、超前瓦斯预抽钻孔、巷帮钻场超前及侧向保护预抽钻孔等；后部已掘巷道可进行顺层钻孔施工与预抽、递进式钻孔施工与预抽等。如果巷道掘进过程中遇断层构造造成煤层断失，则应采取揭煤钻孔预抽技术等。

第五节　定向钻孔抽采技术

一、定向钻孔的钻场设计

本小节主要阐述矿井井下定向钻孔施工，不涉及地面瓦斯井抽采技术。

1. 钻场设计

根据定向钻机及其定向钻杆的结构特征、定向钻孔施工工艺特点，在巷帮设计钻场，钻场宽度为 10 m，深度为 5 m，高度为 3 m，同时对钻场进行锚喷＋锚索支护。钻场内设计施工一个水池和一个沉淀池，尺寸均不小于 1.5 m×1.5 m×1 m（长×宽×深），并采用专用排水泵排水（具体钻场尺寸可根据钻机大小、施工钻孔情况进行调整）。典型定向钻孔钻场设计图如图 3 –62 所示。

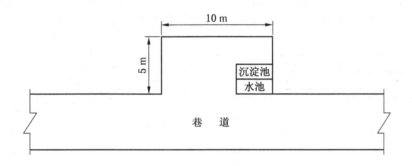

图 3 –62　典型定向钻孔钻场设计图

2. 成孔方式

钻孔直径是影响瓦斯抽采效果的重要因素，钻孔直径越大，钻孔揭露煤层孔周面积越大，抽采阻力越小，瓦斯抽采效果越明显。在现有定向钻进装备条件下，为获得较大终孔直径的定向长钻孔，一般采用"导向孔＋分级扩孔"的施工方案。首先采用随钻测量定向钻进技术施工轨迹可控的导向孔，之后采用扩孔钻头扩大钻孔直径。

（1）导向孔钻进。随钻测量定向钻进技术广泛应用于矿井各类定向钻孔施工中，实现了钻孔轨迹的精确控制。在定向长钻孔的导向孔施工中，随钻测量定向钻进技术保障了钻孔轨迹在预定煤岩层层位中延展，确保钻孔始终处于高效层位，从而达到高效利用钻孔、高效抽采瓦斯的目的。

（2）扩孔钻进。大直径扩孔时选用回转扩孔钻进工艺，采用具有引导功能的扩孔钻头，以单级或多级扩孔方式将钻孔孔径扩大至设计值。

3. 定向钻孔的优缺点

（1）优点。①钻孔轨迹可控，有效抽采层位钻遇率高；②单孔覆盖范围广，有利于实现长距离、大面积区域性瓦斯抽采；③对于高位钻孔，钻场设置回风巷平层钻场，无须布置高位钻场；因钻孔较长，可以有效减少钻场密度、个数；可以减少工作面过钻场带来的瓦斯防治不利因素；④定向长钻孔具有层位布置灵活精准、目标层位钻遇率高的特点；

⑤随着煤矿井下定向钻探技术装备的发展，煤层顶、底板岩石钻孔长度可达千米，完全满足了定向长钻孔施工需求。

（2）缺点。①钻孔造价偏高，增加了煤层瓦斯治理成本。②设备可靠性有待提高，故障率偏高。③对操作人员技能要求高，操作人员培养周期长。④设备造价高，当发生钻孔事故，损失较大。⑤钻孔长度偏长，存在塌孔、积水、积渣现象时，会严重影响抽采效果。⑥钻孔长度偏长，抽采负压损耗严重，影响抽采效果；煤层透气性较差时，抽采效果也会受到影响。

二、定向高位钻孔抽采技术

根据卸压煤层瓦斯渗流研究，设计目标煤层工作面回采期间顶板走向高位钻孔。如某矿定向高位钻孔抽采控制长度设计500 m，终孔钻孔间距设计为5 m，离回风巷最近的钻孔与巷道回采帮平距12 m，钻孔孔径96 mm（各矿情况不同，钻孔参数可视工作面隅角及采空区瓦斯情况、煤层顶板情况等具体确定）。顶板走向高位钻孔层位确定与普通高位钻孔相似。某矿工作面回采期间顶板走向定向高位钻孔布置如图3－63所示。

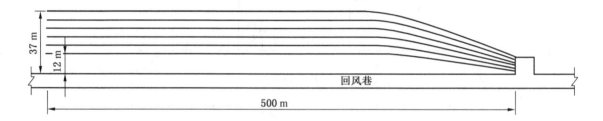

图3－63　某矿工作面回采期间顶板走向定向高位钻孔布置示意图

三、定向钻孔抽采技术钻孔设计

1. 掘进工作面瓦斯预抽走向定向钻孔设计

设计目标煤层掘进工作面瓦斯预抽定向钻孔，如果考虑邻近工作面巷道掘进，则应考虑区段煤柱因素（若两工作面接替时间较长，则仅仅考虑目标巷道即可），具体钻孔施工技术参数可根据现场煤层情况、煤层顶底板岩性情况、煤层瓦斯情况等进行综合确定。某矿掘进工作面瓦斯预抽定向钻孔布置如图3－64所示。

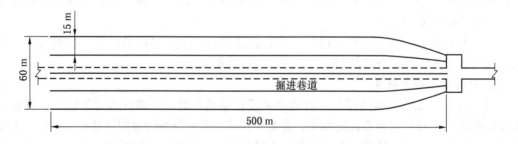

图3－64　某矿掘进工作面瓦斯预抽定向钻孔布置示意图

2. 采煤工作面瓦斯预抽走向定向钻孔设计

设计目标煤层回采工作面预抽定向钻孔，以某矿工作面倾向长度 190 m 为例，其中目标煤层靠近回风巷侧钻孔设计控制宽度 75 m，靠近进风巷侧钻孔设计控制宽度 115 m，钻孔抽采控制长度设计 500 m，终孔钻孔间距设计为 20 m，钻孔孔径 96 mm，开孔钻孔间距 1 m，开孔高度 1.5 m，钻孔封孔深度不小于 10 m。具体参数可根据所采工作面煤层瓦斯含量、抽采时间、抽采半径等因素综合设计确定。采煤工作面瓦斯预抽定向钻孔布置如图 3－65 所示。

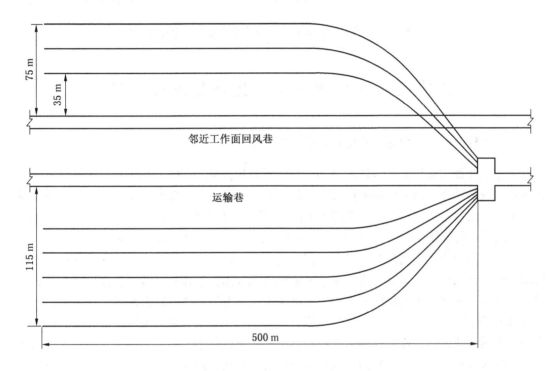

图 3－65　采煤工作面瓦斯预抽定向钻孔布置示意图

3. 定向倾向钻孔抽采技术

详见本章第四节"定向长孔跨采面递进式预抽技术"有关内容。

四、综合定向钻孔抽采技术

如前述"掘进工作面瓦斯预抽走向定向钻孔设计"与"采煤工作面瓦斯预抽走向定向钻孔设计"进行复合设计、联合施工、集中抽采，形成综合定向钻孔抽采。

定向长钻孔复合"枝状钻孔"瓦斯抽采技术，按主孔层位不同，分为本煤层、顶板、底板 3 种情况。定向长钻孔瓦斯预抽复合"枝状钻孔"布置示意图如图 3－66 所示。

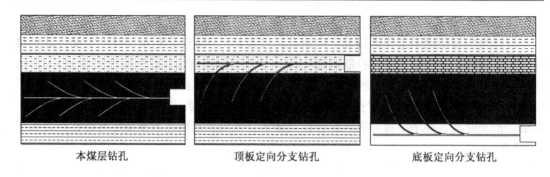

| 本煤层钻孔 | 顶板定向分支钻孔 | 底板定向分支钻孔 |

图 3-66 定向长钻孔瓦斯预抽复合"枝状钻孔"布置示意图

第六节 回采工作面隅角瓦斯抽采相关研究

一、工作面回风隅角瓦斯浓度超限的原因分析

采煤工作面的通风方式多数选择为"U"形通风方式。"U"形通风方式下的采空区瓦斯流动场的规律：沿工作面推进方向，从工作面向采空区深部剖面看，采空区瓦斯呈现为一个抛物线状；从进风巷向回风巷剖面看，采空区瓦斯呈现为"类一元一次方程直线状"（在回风隅角处最大）。在这种通风方式下，进入工作面的风流分为两部分：一大部分沿工作面回采作业空间流动；另一小部分进入采空区，在采空区内部沿一定的流线方向流动，在工作面的后半部分，进入采空区的风流逐渐返回工作面。若工作面后方与邻近煤层采空区或同一煤层未隔离的巷道相通，即采空区有漏风通道，则此漏风风流一起汇入工作面漏入采空区的风流而从回风隅角及附近区域流向工作面。采空区逸出的瓦斯，随着进入采空区的风流带出，逐渐返回工作面，其主要部分汇集于采面回风隅角流出，工作面风流与采空区高瓦斯风流在工作面回风隅角处汇合，形成局部涡流。该涡流的形成造成工作面回风隅角瓦斯容易局部积聚超限。"U"形通风条件下工作面及隅角瓦斯流动规律示意图如图 3-67 所示。

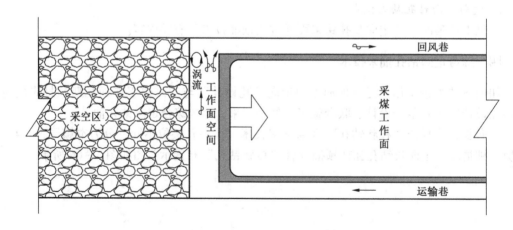

图 3-67 "U"形通风条件下工作面及隅角瓦斯流动规律示意图

二、回风隅角瓦斯抽采主要注意事项

（1）回风隅角瓦斯抽采管路上必须安设调压阀，以便合理调整抽采负压和抽采流量。

（2）在工作面进风隅角、中上部至回风隅角可实施架间封堵、砌筑密闭墙或挡风墙，以减少采面向采空区的漏风，减少采空区瓦斯逸出。墙体可采用复合材料、砖、料石或用编织袋装砂石砌筑的方式，面上抹灰浆、喷涂复合材料增加其密封性。

（3）必须定期对束管内气体及回采面回风隅角、回风巷的气体取样分析，随时掌握采空区内气体成分、温度的变化，以便合理地调整抽采瓦斯量和抽采负压。

（4）建立必要的采空区防、灭火设施并保持正常使用。

（5）瓦斯抽采干管应按设计要求安装"防回火"等安全设施。

（6）隅角瓦斯抽采用花管要时刻保持处于高效抽采位置。

（7）隅角瓦斯抽采用花管要有防挤压、防砸碰措施。

（8）隅角瓦斯抽采用花管要设专人进行管理。

（9）安设在线监控装置，能够实时检测采空区甲烷、CO 等情况，以保证抽采工作的安全。

第四章　矿井瓦斯抽采系统设计构建

第一节　瓦斯抽采泵站系统

一、瓦斯抽采泵站系统布置要求及选型计算

1. 相关规定

按照《煤矿安全规程》要求，突出矿井必须建立地面永久瓦斯抽采系统。有下列情况之一的矿井，必须建立地面永久瓦斯抽采系统或者井下临时瓦斯抽采系统：

（1）矿井任一采煤工作面瓦斯涌出量大于 5 m^3/min 或者任一掘进工作面瓦斯涌出量大于 3 m^3/min，用通风方法解决瓦斯问题不合理的。

（2）矿井绝对瓦斯涌出量达到下列条件的：①大于或者等于 40 m^3/min；②年产量 1.0 ~ 1.5 Mt 的矿井，大于 30 m^3/min；③年产量 0.6 ~ 1.0 Mt 的矿井，大于 25 m^3/min；④年产量 0.4 ~ 0.6 Mt 的矿井，大于 20 m^3/min；⑤年产量小于或者等于 0.4 Mt 的矿井，大于 15 m^3/min。

2. 矿井瓦斯抽采系统主要构成

矿井瓦斯抽采系统主要包括瓦斯抽采泵系统、气水分离器、泵站抽采管路系统、排空管路系统、三防（防回火、防回气、防爆炸）安全装置、瓦斯泵供水与回水管路系统、冷热水池、冷热水泵、冷却塔、净化水装置、避雷装置、厂房及围护以及相关的供电系统、地面入井抽采管路（或钻孔）系统、井下抽采管路及巷道系统、井上下抽采钻孔、井上抽采管路系统、井上下计量装置、井上下放水除渣装置等。

3. 瓦斯抽采泵站设计

在做瓦斯抽采泵站设计之前，首先要根据矿井初步设计、井巷实际揭露煤层收集的相关瓦斯资料、矿井瓦斯治理方案以及矿井采掘生产远景规划，对每年各采区和矿井所需的瓦斯抽采能力进行预测，得出各工作面不同治理方式预计所需的抽采量，综合研究分析计算后得出采区、矿井所需要的最大抽采能力。根据矿井所需的最大抽采能力和最小抽采负压对抽采管路管径和瓦斯泵能力进行选型。

（1）抽采管路选型。根据采区和矿井所需最大抽采能力，计算矿井入井钻孔（管路）数量和管径，以及采区抽采管路敷设的数量和管径等。

管径计算公式：

$$d = 0.1457 \times \left(\frac{Q}{V}\right)^{\frac{1}{2}} \tag{4-1}$$

式中　　d——抽采管路内径，m；

　　　　Q——瓦斯管内气体流量，m^3/min；

V——瓦斯管内气体流速，一般取 15 m/s。

（2）瓦斯泵的选型。主要有两种选型计算方法。

第一种是根据抽采能力进行选型。按照所需的最大抽采能力来选择瓦斯抽采泵型号。计算公式：

$$Q_b = \frac{Q_{max} \times K}{C \times \eta} \tag{4-2}$$

式中　Q_b——抽采泵的额定流量，m³/min；

　　　Q_{max}——最大抽采瓦斯纯量，m³/min；

　　　K——瓦斯综合抽采系数，取 1.2；

　　　C——抽采泵入口处瓦斯浓度，%；

　　　η——抽采泵的机械效率，取 0.8。

第二种是根据管路抽采阻力进行选型。瓦斯抽采管路阻力包括摩擦阻力和局部阻力。计算管路阻力应在抽采管路系统敷设线路确定后，按其最长的线路和抽采最困难时期的管路系统进行计算。计算公式：

$$H_b = (H_z + H_k + H_{zh}) \times K \tag{4-3}$$

式中　H_b——抽采泵的压力，Pa；

　　　H_z——抽采管路总阻力损失，Pa；

　　　H_k——抽采孔口所需负压，取值不低于 15000 Pa；

　　　H_{zh}——抽采泵出口正压，一般为 500~1000 Pa；

　　　K——抽采备用系数，取 1.2。

抽采管路总阻力损失计算公式：

$$H_z = H_{z'} + H_j \tag{4-4}$$

式中　$H_{z'}$——抽采管路直管摩擦阻力损失，Pa；

　　　H_j——抽采管路局部阻力损失，Pa。

直管摩擦阻力损失计算公式：

$$H_{z'} = \frac{9.8 \times (L \times Q^2 \times \Delta)}{K_0 \times D^5} \tag{4-5}$$

式中　$H_{z'}$——抽采管路直管摩擦阻力损失，Pa；

　　　L——抽采直管长度，m；

　　　Q——抽采管内瓦斯混合流量，m³/h；

　　　Δ——含瓦斯混合气体对空气的相对密度；

　　　K_0——综合系数，管径 DN150 以上取 0.71；

　　　D——抽采管内径，cm。

根据《煤矿瓦斯抽采工程设计规范》（GB 50471—2008）的规定，管路局部阻力可按管路摩擦阻力的 10%~20% 进行计算。

计算出瓦斯泵所需的压力后，查阅各型号的瓦斯泵额定负压流量曲线，选择可满足该负压流量的瓦斯泵型号。

二、瓦斯泵站建设的注意事项

1. 瓦斯泵站供电

矿井瓦斯抽采系统关系到矿井瓦斯抽采工作的安全，属一类供电负荷，因此，瓦斯泵站系统必须采取双回路供电，两趟电源必须来自变电所不同的母线段，保证供电的可靠性。当任一回路停止供电时，另一回路能自动转换并能担负瓦斯抽采泵站全部负荷用电。瓦斯抽采泵站供电线路必须经过计算，其耐电流能力和截面积必须符合供电负荷要求，任何一路供电线路必须能承担全部负荷，且按要求有一定的富余量。

瓦斯泵站系统所有的供电设施和设备必须使用防爆电气设备、线路和设施。厂房通风系统、照明系统、供暖制冷系统、监控通信系统、供水冷却系统都必须符合防爆、阻燃、抗静电要求。

2. 瓦斯泵供水冷却系统

水环真空泵广泛应用于煤矿瓦斯抽采。由于水环泵中气体压缩是等温的，故可抽除易燃、易爆的气体，此外还可抽除含尘、含水的气体，具有非常好的安全和矿山环境保护的适应性。

水环真空瓦斯泵内装有带固定叶片的偏心转子，是将水（液体）抛向定子壁，水（液体）形成与定子同心的液环，液环与转子叶片一起构成一种旋转变容积真空。

水对于水环真空泵的重要性具体体现在 5 个方面：一是对泵体、减速机、电机（有些电机采用风冷）等进行冷却，保证设备安全、稳定、高效运转；二是在泵体内形成可变容积"常温"真空水环，对气体形成吸抽作用；三是转动件和固定件之间的密封可直接由水封来完成，具有密封作用；四是水环对吸抽气体具有除尘、除水的作用；五是水环对吸抽气体具有消火降温作用。

鉴于以上分析，水环真空泵的供水冷却系统必须达到以下要求：一是供水系统必须可靠，供给各台设备的水量水压符合要求；二是水温符合要求，因为水温对"常温"真空水环形成效果至关重要，直接影响泵压、流量等技术参数，冷却水散热器必须正常运转使用；三是水质要求，必须对系统来水进行过滤软化，以免堵塞管网。

瓦斯泵选型确定后要根据其设计用水量来合理选择供水泵的能力和冷热水池的容量；同时考虑系统可靠性，应将减速机、电机等冷却系统与水环真空泵的供水冷却系统分开设置；有条件的话可设置流量指示装置。

3. 冷却水软化处理系统

水中钙离子、镁离子等加热后会变成碳酸钙、碳酸镁等沉淀物结垢于冷却管道内壁，长期如此会导致减速机冷却盘管堵塞，使减速机部件温度过高，损伤甚至损坏设备，也可能造成瓦斯泵内腔叶轮与腔体间隙减小而出现滞泵现象等，因此瓦斯泵供水侧要安装运转过滤软化水装置，并定期对减速机冷却盘管和瓦斯泵供水系统进行酸洗除垢。

4. 防静电要求

因瓦斯泵站管道及系统内充满瓦斯混合气体，厂房内因操作、管网渗漏等原因也可能逸散有瓦斯气体，因此要求供电、管网、各类设备设施要有良好的接地，以防出现静电和漏电产生火花。另外，对人身也要有防静电要求，进出车间厂房要静电放电，进入车间厂房要穿戴防静电的工作服和鞋帽等；进入车间厂房所带工具、仪器、照明灯具等必须符合防静电、防爆要求等。

5. 其他方面要求

按照《煤矿安全规程》规定：地面永久抽采瓦斯设施还应当符合下列要求：

（1）地面泵房必须用不燃性材料建筑，并必须有防雷电装置，其距进风井口和主要建筑物不得小于 50 m，并用栅栏或者围墙保护。

（2）地面泵房和泵房周围 20 m 范围内，禁止堆积易燃物和有明火。

（3）抽采瓦斯泵及其附属设备，至少应当有 1 套备用，备用泵能力不得小于运行泵中最大一台单泵的能力。

（4）地面泵房内电气设备、照明和其他电气仪表都应当采用矿用防爆型；否则必须采取安全措施。

（5）泵房必须有直通矿调度室的电话和检测管道瓦斯浓度、流量、压力等参数的仪表或者自动监测系统。

（6）干式抽采瓦斯泵吸气侧管路系统中，必须装设有防回火、防回流和防爆炸作用的安全装置，并定期检查。抽采瓦斯泵站放空管的高度应当超过泵房房顶 3 m。

（7）泵房必须有专人值班，经常检测各参数，做好记录。当抽采瓦斯泵停止运转时，必须立即向矿调度室报告。如果利用瓦斯，在瓦斯泵停止运转后和恢复运转前，必须通知使用瓦斯的单位，取得同意后，方可供应瓦斯。

第二节　瓦斯抽采管道系统

瓦斯抽采管道系统主要由主管、干管和支管以及其附属设施（三通、闸阀、集流器、测气嘴、放水器、除渣器、安全装置、放空管等）组成。

主管是指地面永久抽采系统中为全矿井服务的管路，主要包括地面瓦斯泵站的进气管和入井管路，以及为采区、水平服务的管路。地面主管包括泵站管道、回风井（钻孔）管道，井下主管主要布置在采区、水平集中回风上下山、集中回风巷内。干管是指为工作面服务的主要管路，主要布置在采煤工作面的巷道和掘进工作面以及专用瓦斯抽采巷（高、底抽巷）等。支管是指在干管上分支出的管路。包括钻孔孔口连接管、分段集中连接管等。对于管路命名及区域划分，各企业的方法会有所不同。

管道系统敷设宜平直，应采取防冻、防腐、防撞、防带电、防漏气、防静电和防雷电等措施，通往井下的管路还应采取隔离措施。非金属管路应具有阻燃、抗静电性能，并具有"MA"标志。

一、主管管道系统设置

1. 三通设置

瓦斯抽采管道系统的三通设置与矿井采掘工作面总体布局要做到一致。

地面瓦斯抽采泵站管道：原则按照总体设计方案进行安装与配置。一般包括放水器三通、除渣器三通、孔板流量计三通等。另外连接安装有安全设施、设备等。

回风井（钻孔）管道：一般在下口设置放水器三通、除渣器三通、预留三通接口等。

采区、水平集中回风上下山、集中回风巷：在设计有工作面巷道、其他较长距离的巷道口预留三通接口。

采煤工作面的巷道和掘进工作面以及专用瓦斯抽采巷（高、底抽巷等）干管：在巷道口预留放水器三通、除渣器三通，在管路局部低点预留放水器三通，按设计距离预留集流器三通，按设计距离预留支管三通，在设计钻场附近预留三通，在设计安装安全设施附近预留三通等。

2. 放水器设置

由于受煤层顶底板含水层及抽采气体冷凝等因素影响，抽采管道易在低洼地点形成积水点，积水严重时可导致系统堵塞停抽。因此要合理安置放水器，便于及时排除管内积水，保持抽采系统畅通。

放水器一般设置在管路低洼处、龙门两侧（主要是进气侧）、除渣器、集流器等易造成积水的位置等。

3. 闸阀设置

瓦斯抽采管路应在入井钻孔（管路）上口、各支管与干管汇流处、钻场汇流管处、钻孔孔口设置控制闸阀，同时在各干管和主管设置联络管和切换闸阀，便于根据瓦斯治理需要合理调整地面瓦斯泵的抽采地点和调控各管路的抽采流量、抽采负压，避免出现管路内流量和负压两极化的抽采不平衡现象。

4. 计量装置的设置

瓦斯抽采流量、浓度和负压是瓦斯抽采工作中的重要参数，定时考察各管路的流量、浓度和负压并对其进行分析总结，有助于摸清各瓦斯治理方式的效果和规律，从而进行合理的抽采系统调整和钻孔设计调整，达到抽采效率最大化的效果。

抽采流量的测定方法主要分为人工孔板计量、综合测试仪人工检测和监控仪器自动计量。

地面及井下瓦斯泵站进气侧主管、各抽采支管、钻场汇流管等地点要安设计量装置，以便于掌握各抽采地点的流量、负压和浓度等参数情况。安装抽采自动计量的地点要同时安装人工孔板计量装置，以便于对照标校。抽采计量装置的进气侧要安装除渣和放水装置，防止计量装置处积水和杂物影响计量数据的准确性。

5. 除渣系统设置

由于抽采管路通过高负压抽采上隅角或钻孔瓦斯，在抽入瓦斯混合气体的同时也极易吸入支护材料碎片、煤粉、煤矸石颗粒等杂物，杂物进入抽采系统后如堵塞到计量装置处会造成计量数据失真，同时可导致抽采系统负压下降，如抽入到瓦斯泵体内会降低瓦斯泵寿命，因此要在抽采管路上合理安设除渣装置。抽采系统每一路支管安装计量装置的上风侧应设置除渣装置。除渣装置要定期进行检查除渣，如发现有异常气流声要立即除渣。

除渣装置一般安设于地面瓦斯泵房主管进入泵房入口、井下主管三通接干管侧入口处、长距离干管中间位置、高位钻场集中计量装置气流上侧，以及其他需要安设位置。一种网式除渣器结构示意如图 4-1 所示。

6. 在线监测系统设置

（1）矿井地面瓦斯泵站在线监测系统。

其一，功能及安装位置。

矿井地面瓦斯泵站在线监测系统能够集中观察到瓦斯抽采的各种参数，实现瓦斯泵各

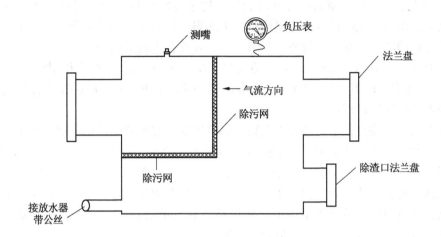

图 4-1 一种网式除渣器结构示意图

种抽采数据集中观测、瓦斯抽采数据异常报警、瓦斯抽采数据综合统计及分析等。

矿井地面瓦斯泵站在线监测系统一般情况下安装于主管路进入瓦斯泵房开始段，其直段必须满足精准计量要求。

其二，矿井地面瓦斯泵站在线监测系统建设基本参数监测目标。

地面全自动瓦斯泵站监测控制装置必须监测以下基本参数：①管道内瓦斯浓度、流量，一氧化碳浓度、压力、温度等；②计算并显示瓦斯气体日流量、日纯量、月流量、月纯量。瓦斯抽采监控系统的各项数据和信息资源与矿井综合自动化系统共享。

其三，现场传感器及采集分站。

①管道流量传感器。②管道负压传感器。③管道温度传感器，该传感器用于测量管道抽采气体的温度。④管道激光甲烷传感器，该传感器用于测量管道抽采气体的甲烷浓度。⑤管道一氧化碳传感器，该传感器用于测量管道抽采气体的一氧化碳浓度。⑥矿用本安型分站。

矿用本安型分站具有数据采集、分析控制、遥控输入、液晶显示等功能，分站能够完成两路瓦斯风电闭锁功能，当监控系统发生故障或数据传输线路断线时，分站可以独立工作。分站可以配接各种类型的传感器，模拟量、开关量互换等。

（2）GD3(A)矿用瓦斯抽采多参数传感器简介。

GD3(A)矿用瓦斯抽采多参数传感器是用于监测煤矿井下或地面瓦斯抽采管道标况流量的本质安全型传感器。该传感器电路采用单片机设计，能现场显示流量、压力、温度，同时输出频率及 CAN 信号（全称为"Controller Area Network"，即控制器局域网，是国际上应用最广泛的现场总线之一），供远程采集；能遥控调校零点和灵敏度，并具备故障自检功能，给使用和维护带来很大的方便。

防爆型式：矿用本质安全型。

防爆标志：Exia Ⅰ Ma。符号意义：G——传感器，D——多参数，3——测定参数 3个，(A)——设计序号。

主要功能：①具有瓦斯管道差压、温度、压力采集功能；②瓦斯管道差压传感器可以接 V 锥、皮托管、孔板、威力巴等截流装置，通过计算后得出管道流量；③具有现场显示管道温度、压力、工况流量、标况流量、工况累计量、标况累计量等功能；④具有上传瓦斯管道参数的功能；⑤具有故障自诊断功能；⑥具有人机对话功能。

传感器正常工作环境条件：①环境温度：$0 \sim +40 \text{℃}$；②平均相对湿度：$\leq 95\%$（$+25\text{℃}$）；③大气压力：$80 \sim 116$ kPa；④无显著振动和冲击的场所；⑤具有甲烷混合物及煤尘爆炸危险的煤矿环境。

传感器的主要特点：①传感器采用数字信号传输，有效避免传输干扰引起的误报警等异常现象；②差压绕流件采用本质型防堵结构设计，检测元件不接触流体；测量精度高、稳定性好、维护周期长；③GD3 配接威力巴：流速测量范围 $2 \sim 45$ m/s，体积小、质量轻，插入式结构使安装拆卸方便，在大管径计量中具有明显优势；④流量计算时采用实时密度补偿，避免温度、压力和甲烷浓度变化导致的测量误差；⑤支持 RS485 型甲烷传感器、一氧化碳传感器接入，并集中显示与传输。

通用安装技术要求：①该传感器应水平安装在与其公称通径相应的管道上；②该传感器上游和下游应保留一定长度的直管段，其长度应满足传感器相关技术要求；③在传感器的上游侧不应设置流量调节阀；④如上游直管段长度不能满足要求，建议用户在上游侧管道中安装流体整流器；⑤传感器不要安装在有强烈振动的管道上，以免影响测量精度，如传感器必须在有振动的管段上安装使用时，可采取下面措施来减小振动带来的干扰：在传感器上游 2D（D 为管径）处加装管道固定支撑点或在满足直管段要求前提下，加装软管过渡；⑥传感器在安装过程中不允许用硬物撞击，否则将影响计量精度甚至损坏仪表；⑦不能安装在管道内有积水的地方。

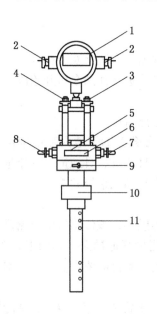

1—表头；2—接头口；3—右侧清洁螺母；4—左侧清洁螺母；5—三阀组；6—平衡阀；7—低压端阀门；8—高压端阀门；9—气体流向标志；10—焊接底座；11—气体流向口

图 4 - 2　GD3 传感器结构示意图

GD3 传感器结构主要包括表头、差压传感器、阀门组、威力巴、焊接底座等部分。GD3 传感器结构示意图如图 4 - 2 所示。

现场安装：在 GD3（A）配接威力巴方式下，实现管道五参数监测需要分别在管道上焊接 3 个焊接座，推荐按如下顺序和尺寸进行安装。GD3（A）传感器现场安装示意图如图 4 - 3 所示。

（3）矿井井下瓦斯抽采管路在线监测系统。

井下瓦斯抽采管路在线监测系统功能要求、主要监测参数、各类传感器配置等与地面瓦斯泵站在线监测系统基本相同，在此不再赘述。

7. 安全装置的设置

瓦斯抽采系统是地面或井下瓦斯抽采泵通过管路抽采井下瓦斯的系统。瓦斯是一种以甲烷为主的混合气体，有爆炸性和燃烧性。因此，安全装置俗称"三防"装置，是煤矿瓦斯抽采系统安全防护不可缺少的一部分。安全装置主要是由防回火、防回气、防爆炸装

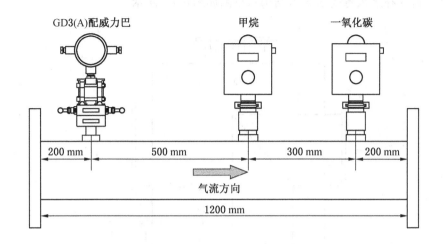

图 4-3　GD3 (A) 现场安装示意图

置 3 部分组成。一般安装在瓦斯抽采泵站的进、排气管路上。当进气或排气管路中发生燃烧或爆炸时，火焰被防回火装置阻断，爆炸冲击波冲破防爆装置防爆盖进行泄压，同时进气管路又可被防回气装置关闭，防止事故被扩大。防回气装置的另一个作用是当抽采泵停止运转时，吸气管路的负压会使防回气装置内的水瞬间被吸入吸气管道中，使吸气管道产生较大的阻力。因此，安全装置的合理使用，是确保瓦斯抽采系统正常工作和人员安全的重要保障。

目前常用的"三防"装置根据结构不同可分为：水封式、铜网式、板片式等形式。

铜网式防回火装置的工作原理是利用铜网的散热作用来达到隔绝火焰传播的目的，其主要结构是由锥筒体、铜网、中间直管和法兰盘组成。铜网式防回火装置结构示意图如图 4-4 所示。

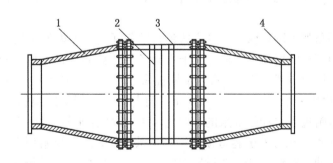

1—锥筒体；2—铜网；3—中间直管；4—法兰盘
图 4-4　铜网式防回火装置结构示意图

防回气防爆炸装置内置止回挡板或通过水封可在水环泵停泵时，迅速封闭管路阻止瓦斯气体重新流回井下。该装置上方设置有防爆口，防爆口安装防爆板，防爆板强度远低于防爆器其他部位，当管内发生瓦斯爆炸时，冲击波将防爆板爆开，保护防爆器及下风侧的设备安全。自动补水水封式防爆器结构示意图如图4-5所示。

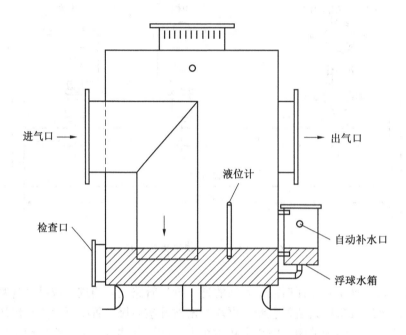

图4-5　自动补水水封式防爆器结构示意图

此外，地面瓦斯泵站属于第二类防雷建筑物，要按照规定安设避雷设施。

二、干管管道系统设置

1. 三通设置

由于抽采管路各处主干管与不同工作面支管连接、与钻场钻孔集流器连接、与上隅角埋管及立管连接等需要，瓦斯管路上需要合理设置三通，以满足管路、钻孔集流器、放水器等设施连接需要。

工作面回风隅角如采取埋管抽采的方式治理隅角瓦斯，考虑隅角瓦斯采空侧抽采的高效区间一般为支架切顶线后6~12 m（对于不同条件的矿井，该范围会有一些变化），埋管为双管交替迈步设置"T"形立管进行瓦斯抽采，管路每根长度按6 m计，则单根管路一般每2~4根需设置一个三通，三通口向上，且与另外一根等距离错开设置。工作面初采初放段和断层带附近需要加强抽采的一般每1~2根管路加设一个三通。三通上加设立管（管路顶部为花管，花管处于巷道顶部）抽采采空区邻近回风巷顶部瓦斯。

高位钻场瓦斯抽采管路三通一般设置在钻场相对工作面方向外侧4~5 m处，三通后置闸阀，便于钻场汇流管和在线监测装置安设与管理维护。同时，尽最大可能保持该组钻场抽采时间与空间。要做到三通位置的准确设定与安装，需要在管路安装之前预先确定钻场位置。

顺层钻孔抽采管路三通应根据钻孔布置间距、管路单根长度、集流器结构及安装情况、钻孔孔口管连接方式等因素合理设置。底抽巷抽采管路三通要根据钻场布置方式进行合理留设，每个钻场要设置一个三通，以便于钻孔连接抽采。

所有抽采管路在低洼点和顶龙门进气侧要留设放水用的防积水三通，三通口向下。服务时间较长的瓦斯抽采管路尽量避免采取底龙门跨巷方式，因为底龙门容易积水、积渣，而且难以清理。

2. 放水器设置

放水器必须安设在管路相对低洼处。放水器与瓦斯管路用软管连接，软管无破损，接头扎紧，严防跑漏气。放水器的水流出口不得有堵塞物，水流要引入泵窝集中外排。

对于带式输送机安设于钻孔抽采帮侧的瓦斯管道系统，且排水沟、泵仓等排水设施处于非带式输送机侧，应考虑将放水器连接管路进行加长，使放水器处于排水设施及行人侧，便于管理维护。同时考虑美观、达标需要，对放水器连接管采取套管方式沿巷道底板铺设，跨过带式输送机和轨道；若底板硬化，则将套管浇入混凝土中，或预留沟槽将套管置入其中。套管与连接管要互相匹配，跨巷设置要与巷中线垂直。

对于巷道底板有遇水泥化现象的，应对放水器所处位置进行防水硬化并挖打排水沟。

放水器设置的数量、类型等，要综合考虑该处可能出现的放水量、巷道空间、连接管入口高度、放水器外形尺寸、人员操作便利程度等因素。

3. 除渣系统设置

为避免抽采管路混有的煤粒、岩石颗粒及杂物等吸入瓦斯抽采泵站系统造成设备、设施故障和磨损，增加系统阻力，影响抽采效果，在各干管接入主管路系统的三通位置安设除渣器。

4. 集流器设置

（1）集流器典型结构设计。集流器典型结构示意图如图4-6所示。考虑整体体积、质量等因素，一般每个集流器设计加工6个钻孔接口。结合现场工程实际，考虑巷道断面、钻孔加密等因素，同时考虑匹配部分2钻孔接口、4钻孔接口集流器，可以组合成为8钻孔接口、10钻孔接口等类型，以满足现场实际需要。

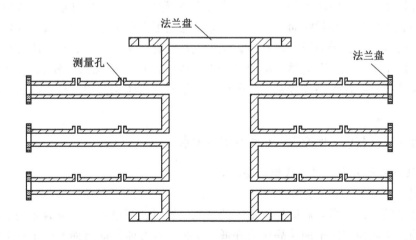

图4-6　集流器典型结构示意图

（2）集流器安装。结合现场实际，设计确定集流器的安装间距，确定相对管路系统是上立安装还是下垂安装等。

按抽采设计确定的钻孔孔间距，确定集流器的安装间距，在管路系统安装时可一次性把所有集流器安装齐全，也可以预留三通位置，临时用盲盘封盖三通。

视现场工程条件，集流器可上立安装，此时干管位于集流器下方，要求干管安设位置较低，钻孔孔口位置相对要高，集流器不易积水，钻孔抽采水直接进入干管系统。适用于钻孔水量很小的煤岩层瓦斯抽采；对于存在设备遮挡影响操作维护的地点，集流器上立安装可方便维修及操作。

集流器下垂安装，此时干管位于集流器上方，要求干管安设位置高，集流器易于积水，此时集流器与放水器组合安装使用。下垂安装适用于钻孔水量较大的煤岩层瓦斯抽采；对于存在设备遮挡影响操作维护的地点，集流器下垂安装会带来不便。

对于因设计、地质条件等因素导致巷道坡度较大，集流器双侧连孔无法保证钻孔孔口高于集流器连接入口时，集流器只能单侧使用或部分单侧使用，此时应考虑加密安装集流器，以满足钻孔连接的需要。

（3）集流器维护管理。集流器的日常维护管理主要包括附件（如阀门）维护、防腐、清理除渣、邻近管路整理等。

5. 其他设施、仪表设置

计量装置、在线监测设备安装的相关要求与主管路系统相似，在此不再赘述。

工作面隅角瓦斯抽采干管需要在合适位置安装安全装置，可视现场具体情况确定。

6. 说明

有的矿井建设有两级瓦斯抽采管路系统，因命名习惯，两级系统中也有将此级干管管道系统称为支管管道系统。前一级管道系统有称为主管管道系统，也有称为干管管道系统。

三、支管管道系统设置

矿井瓦斯抽采系统中是否分为主、干、支三级管路系统，与矿井抽采系统设计、煤层厚度、现场施工情况、巷道断面、矿井管路系统命名习惯等因素相关。大多为两级管路系统，名称则可以为主、干两级管路系统，主、支两级管路系统，干、支两级管路系统。

三级管路系统中支管管道系统主要设置有三通、阀门、集流器、放水器、测流装置、监测监控系统及与孔口管路连接系统。前面主、干管道系统相关内容已有阐述，在此不再赘述。

四、流量计量装置工作原理、结构及安装要求

1. 孔板流量计工作原理、结构及安装要求

（1）孔板流量计工作原理。

充满管道的流体，当它们流经管道内的节流装置时，流束将在节流装置的节流件处形成局部收缩，从而使流速增加，静压力降低。于是，在节流件前后便产生了压力降，即静压差。介质流动的流量越大，在节流件前后产生的静压差就越大。所以，孔板流量计可以通过测量静压差来衡量流体流量的大小。这种测量方法是以伯努利方程（能量守恒定律）和流体流动连续性定律（质量守恒定律）为基准的。标准孔板流量计测压工作原理示意图如图 4－7 所示。

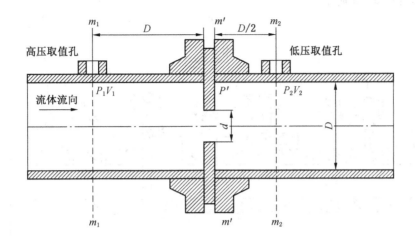

图 4－7　标准孔板流量计测压工作原理示意图

如图 4－7 所示，在孔板节流装置前截面 m_1 处，流体速度最小，静压力最大，此时流速为 V_1，静压力为 P_1。在截面 m' 处，在接近节流装置时，由于遇到节流装置的阻碍，靠近管壁处的流体受到节流装置的阻挡作用，部分动能转化为静压能，使得节流装置入口端面靠近管壁处的流体静压力升高，并且远大于管径中心处的压力，因此节流装置入口端面处产生一径向压差，在径向压差的作用下，流体产生径向加速度，从而使靠近管壁处的流体质点的流动方向倾斜于管道中心轴线，出现缩脉现象；由于受到惯性作用，流速的最小截面并不在节流装置的孔口处（即 m' 处），而是经过节流装置之后仍继续收缩，到截面 m_2 处流速截面达到最小，此时流速最大，即 V_2，静压力降到最小 P_2。

由于节流装置产生流速截面的局部收缩，使流体流速随之变化，即动能也跟着变化。根据能量守恒定律，表征流体静压能的静压力也要随之变化。在截面 m_1 处，流体具有静压力 P_1，在截面 m_2 处，静压力就降到最小 P_2，其压差（$\Delta h = P_1 - P_2$）与流体在节流装置前的流量有一定对应关系，只要测出节流装置前后的压差大小即可得到流量大小。

由于在节流装置端面处流通面突然缩小，而节流装置之后流通面积又突然扩大，使流体形成局部涡流，部分能量被消耗，同时流体流经孔板时，为克服摩擦力也需消耗能量，所以流体流经孔板后，要产生压力损失，其后流体的静压力不能恢复到原值 P_1。

（2）孔板流量计结构。

孔板流量计又称为压差压式流量计，结构比较简单、方便，适用于不同流体，且计量时受干扰因素少，数据真实可靠，但孔板计量只能计量测定时的瞬时数据，不能做到连续监测。在抽采系统进行调整或现场条件发生改变（如过钻场前后、埋管抽采改为拖管抽采等）时，必须立即重新进行计量，不能沿用调整前的数据。

孔板流量计是由一次检测件（节流件）和二次装置（差压变送器和流量显示仪）组成，广泛应用于气体、蒸汽和液体的流量测量，具有结构简单、维修方便、性能稳定、使用可靠等特点。孔板节流装置是标准节流件，可不需标定直接依照国家标准生产。

孔板流量计由节流元件孔板、阀组和智能多参数变送器等组成。孔板流量计组成系统结构示意图如图 4 - 8 所示。

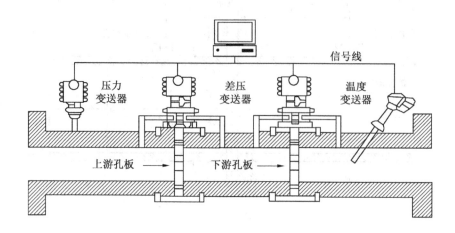

图 4 - 8　孔板流量计组成系统结构示意图

（3）孔板流量计安装。

孔板材质一般采用不锈钢或镀铬钢材，安装前应检查孔口圆度和光洁度；安装时要求孔板圆孔与管道同一圆心，端面与管道轴线垂直，偏心度应小于 1% ~ 2%；孔板流量计安装处流体流向前方应保持 20D（D 为管路直径），流体流向下方应保持 10D 以上直线段，以消除涡流、紊流的影响。孔板安装时要检查孔板安设方向，孔板平口侧要处于上风侧，孔板坡口侧要处于下风侧。

孔板计量装置在抽采管道安装孔板，使抽采管道的孔径减小，增加了整个抽采系统的阻力，因此为消除孔板对抽采系统阻力影响，必须在孔板计量装置处设置旁通管路，并在旁通管路上安装控制闸阀，在进行数据测定时关闭旁通闸阀，使气流全部经孔板计量装置通过，数据测定结束后要及时打开旁通闸阀，使部分气流经旁通管路通过，降低抽采系统阻力。孔板流量计管道系统安装示意图如图 4 - 9 所示。

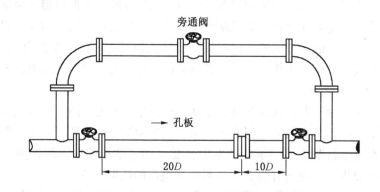

图 4 - 9　孔板流量计管道系统安装示意图

孔板流量计结构安装示意图如图 4 - 10 所示。

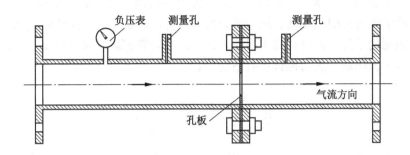

图 4 – 10　孔板流量计结构安装示意图

（4）孔板流量计的测定计算。

孔板系数的选择要根据安设管路内的抽采流量来进行合理确定，要避免出现小流量大孔板系数或大流量小孔板系数，导致安装后测不出压差或压差过大的现象。

孔板流量计流量测定计算公式：

$$Q_h = 0.621k\left[\frac{\Delta h \cdot P}{273 + t} \cdot (1 - 0.00446x)\right]^{\frac{1}{2}} \tag{4-6}$$

式中　Q_h——抽采混合流量，m^3/min；

　　　Δh——孔板两端静压差，mmH_2O；

　　　P——孔板出口端绝对静压，$mmHg$；

　　　k——孔板流量系数；

　　　x——管道内的瓦斯浓度，%；

　　　t——管道内混合气体的温度，℃。

抽采纯瓦斯流量计算公式：

$$Q_{ch} = Q_h \cdot x \tag{4-7}$$

计量时压差和负压采用"U"形压差计测定，瓦斯浓度采用100%或10%光学瓦斯机测定。

2. 流量自动计量装置基本要求及选型计算

煤矿瓦斯抽采流量自动计量装置的基本要求有8个方面。①流量计能显示标准状态下的累计总量和瞬时流量，包括瓦斯纯量。②计量装置能方便与其他各种安全监控系统连接，并能在线监测到瞬时混合流量、浓度、压力、温度、瞬时纯量、累计纯量、累计混合量和抽采率等参数。③流量计安装要方便（一体化结构），对环境条件要求少，水平或倾斜应不影响计量。④流量计内应无可动部件，要有一定的耐脏、耐腐蚀性能；在正常使用过程中，内部不能有积水及污物存在。⑤流量计的计量误差不超过2%，要有长期（一年以上）的计量稳定性，并且确保整个自动计量监控系统的误差不超过5%。⑥流量计要有比较宽的量程比，最好能达到1：15或以上。⑦要有200～1000 Hz标准频率信号输出，方便与各系统连接。⑧要有有效期内的煤安证。

（1）流量计的选型。

不同规格的流量计，均有其不同的工况流量范围，对于每种型号规格的流量计，其工况流量范围是稳定的（基本不受介质的压力、温度等物理条件变化的影响）。因此，选型时应根据介质的流量范围、温度、压力等条件，计算出流量计的工况流量范围，并使介质的工况流量范围处于所选流量计的工况流量范围内。计算流量时必须根据气态方程先将标况流量换算成工况流量，然后再选择合适的管径。

气态方程：

$$Q_b = Q_g \cdot \frac{P_g \cdot T_b}{P_b \cdot T_g} \cdot \frac{Z_b}{Z_g} \qquad (4-8)$$

其中下标 b 代表标准状态，下标 g 代表工况状态；$\frac{Z_b}{Z_g}$ 表示气体压缩系数，当介质压力低于 500 kPa 时，按 1.00 计算。

（2）选型举例。

已知某一矿井井下 ϕ325 mm 瓦斯管的抽气负压范围为 8～20 kPa（表压），介质温度范围为 +10～+40 ℃，抽气量为 1～10 m³/min（标况流量），主要成分是瓦斯气，要求确定流量计的规格型号。

分析：上例中给出的流量范围是标况流量范围，因此，必须根据气态方程先将标况流量换算成工况流量：

计算第一步：当负压为 20 kPa、温度最高（+40 ℃）时，流量计应显示最大标况体积流量（当地大气压取 101.325 kPa），即

$$Q_{gmax} = Q_b \frac{P_b}{P_g} \cdot \frac{T_g}{T_b} = 10 \times \frac{101.325}{101.325 - 20} \times \frac{273.15 + 40}{293.15} = 13.31 (m^3/min) \qquad (4-9)$$

计算第二步：当负压为 8 kPa、温度最低（+10 ℃）时，流量计应显示最小标况体积流量，即

$$Q_{gmin} = 1 \times \frac{101.325}{101.325 - 8} \times \frac{273.15 + 10}{293.15} = 1.05 (m^3/min) \qquad (4-10)$$

从以上计算结果得知，要选择的流量计其工况流量范围为 1.05～13.31 m³/min，流量计的管径盘口应与 ϕ325 mm 瓦斯管盘口一致。

3. 流量自动计量装置的分类及工作原理

流量自动计量装置根据其工作原理的不同可分为差压型流量计（如 V 锥流量计、威力巴流量计等）、涡旋进动型流量计（如旋进漩涡流量计）、卡门涡街原理型流量计（如涡街流量计）、热扩散技术原理型流量计、超声波型流量计等。

1）差压型流量计

差压型流量计的工作原理是基于封闭管道内气体流动时能量转化的伯努利定律，即气流稳定的情况下，气流流速与压差的平方根成正比关系，通过测量压差来计算出气流速度，是目前比较成熟、常用的方法之一。压差型流量计由能够将被测气体流量转化为压差信号的节流装置（如孔板、V 锥、威力巴笛形均速管和文丘利管等）和将压差转换成对应的流量值显示出来的差压流量计所组成。

（1）V 锥流量计。下面以 V 锥流量计为例说明差压型流量计工作原理。

V 锥流量计是由 V 锥传感器和差压变送器组合而成的一种差压式流量计，可精确测量宽雷诺数范围内的各种介质的流量。

测量理论：由于实际流体都具有黏性，不是理想流体，当其在管道中流动时，在充分发展管内流动的前提下，具有层流和紊流两种流动状态。根据连续流动的流体能量守恒原理和伯努利方程：对于以层流状态流动的流体，其流速分布是以管道中心线为顶点的一个抛物面，流体通过一定管道的压力降与流量成正比；对于紊流状态流动的流体，其流速分布是以管道中心线为对称的一个指数曲面，流体通过一定管道的压力降与流量的平方成正比。

V锥传感器是在测量管中安装与管道中心线同轴的V锥体。该传感器的测量管和V锥体是经过设计、精密加工的。流体在测量管内流经V锥时，在V锥前重新形成流态局部收缩，流速增大，静压下降，在V锥体前后产生压差ΔP。在上游管壁处测得高压P_1，在V锥体下游端面的中心轴处开取压口取得低压P_2。V锥传感器工作原理示意图如图4-11所示。

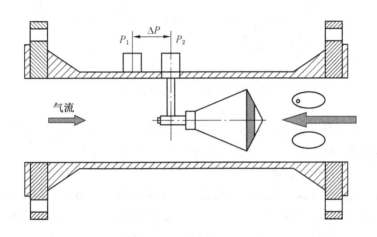

图4-11　V锥传感器工作原理示意图

V锥传感器流量测量计算公式：

$$\Delta P = P_1 - P_2 \tag{4-11}$$

$$\beta = \sqrt{1 - \frac{d^2}{D^2}} \tag{4-12}$$

$$q_v = K \cdot \varepsilon \sqrt{\frac{\Delta P}{\rho}} \tag{4-13}$$

式中　ΔP——V锥体前后产生的压差，Pa；

　　　P_1——V锥体上游管壁处测得的高压，Pa；

　　　P_2——V锥体下游端面的中心轴处开取压口取得的低压，Pa；

　　　β——等效直径比，无量纲；

　　　d——V锥节流元件的最大横截面处的直径，即锥体外径，m；

　　　D——管道内径，m；

　　　ρ——流体工况下的密度，kg/m³；

　　　q_v——流体工况下体积流量，m³/s；

ε——气体膨胀系数，对于不可压缩液体，$\varepsilon = 1$，对于可压缩气体蒸气，$\varepsilon < 1$；

K——K 系数，与节流形式（流束收缩系数）、直径比、取压方式、雷诺数及管道粗糙度有关系。

V 锥流量计结构示意图如图 4 – 12 所示。

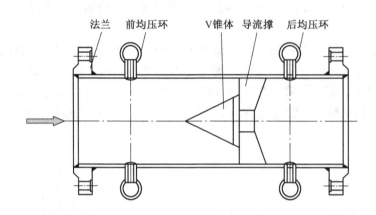

图 4 – 12　V 锥流量计结构示意图

（2）威力巴流量计。威力巴流量计是基于早期皮托管测速原理发展起来的，是 20 世纪 60 年代后期开发的一种新型差压流量测量元件。威力巴流量计在电厂、石化、冶金、水处理、精细化工、环保等行业中广泛应用。

结构性能特点：子弹头截面形状的探头能产生精确的压力分布；位于探头侧后两边、固定的流体分离点之前的低压取压孔，可以生成稳定的差压信号；低压取压孔位于探头侧后两边，流体分离点和尾迹区的前部，达到本质防堵目的。另外内部一体化结构能避免信号渗漏，提高探头结构强度，保持长期高精度。

威力巴流量计安装、拆卸方便，维护量小；适合大直径管道和不规则管道的流量测量；压力损失小（与孔板相比较，仅为孔板的 5% 以下），大大减少了动力消耗，节能效果显著；一体化式结构，成套性好；管道口径适应范围大，当管径越大时，采用插入式结构，其优越性也愈突出；多参数智能变送，全动态温压自动补偿，不受压力温度变化影响；现场指示、远传兼容，方便系统组建及入网；利用开放式数字平台，多用途串行接门，现场总线结构，HART 通信协议。

技术参数：量程比大于 10∶1；通用管径为 38 ～ 9000 mm，圆管、方管；测量精度（准确度）为 ±1.0%；重复精度（稳定度）为 ±0.1%；工作压力为 0 ～ 40 MPa；工作温度为 − 180 ～ + 550 ℃。

适用介质：满管、单向流动的、单相的气体、蒸汽和黏度不大于 10 厘泊的液体；空气、煤气、烟气、天然气、自来水、锅炉给水、含腐溶液；饱和蒸汽、过热蒸汽等。

连接方式：插入式法兰连接、插入式螺纹连接，管道式法兰连接、管道式螺纹连接。

测量上限：取决于探头强度；测量下限：取决于测量最小差压要求。

工作原理：当流体流过探头时，在其前部产生一个高压分布区，高压分布区的压力略高于管道的静压。根据伯努利方程原理，流体流过探头时速度加快，在探头后部产生一个低压分布区，低压分布区的压力略低于管道的静压。流体从探头流过后在探头后部产生部分真空，并在探头的两侧出现旋涡。均速流量探头的截面形状、表面粗糙状况和低压取压孔的位置是决定探头性能的关键因素。低压信号的稳定和准确对均速探头的精度和性能起决定性作用。威力巴均速流量探头能精确地检测到由流体的平均速度产生的平均差压。威力巴均速流量探头在高、低压区有按一定准则排布的多对取压孔，能够准确测定平均流速。

威力巴流量计由检测杆、取压口和导杆组成。威力巴的检测管截面形状分为圆形、菱形、椭圆形等。威力巴流量计结构示意图如图 4 – 13 所示。

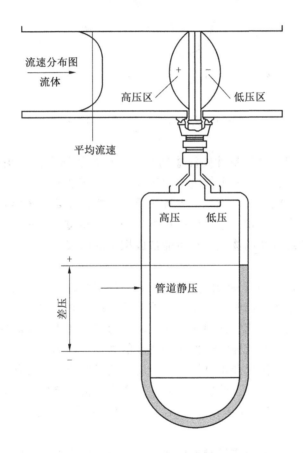

图 4 – 13　威力巴流量计结构示意图

威力巴流量计，它是一根沿直径插入管道中的中空金属杆，高、低压区有按一定规则排列的多对（一般为三对）取压孔，其外形似笛。迎向流体流动方向的测压孔测量流体高压区的全压力（总压，包括静压力和平均速度压力）P_1，该测压孔与全压管相连通，引出平均全压 P_1；背向流体流动方向的测压孔测量流体低压区的静压力，与静压管相通，引出静压 P_2。传感器将 P_1 和 P_2 分别引入差压变送器，测量出差压 $\Delta P = P_1 - P_2$，ΔP 反映流体平均速度的大小，以此可推算出流体的流量。

威力巴流量计测量原理示意图如图 4 – 14 所示。

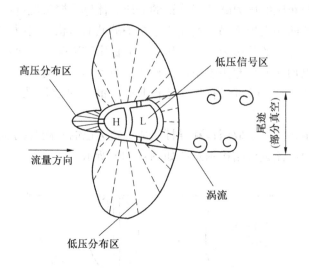

图 4 – 14　威力巴流量计测量原理示意图

在以下情况下，威力巴流量计要注意防堵：当引压管泄漏，探头高压平衡区遭到破坏，杂质中直径较小的颗粒就有可能进入取压孔；当管道处于停产时，由于分子的布朗运动，颗粒小的杂质有可能进入取压孔；系统频繁开停机，在高压区形成的瞬间，颗粒小的杂质有可能进入取压孔，日积月累，就有可能造成探头的堵塞；介质中含有大量的焦油、藻类生物，或者含有纤维状的物质，有可能造成探头的堵塞。

2）涡旋进动型流量计

涡旋进动型流量计，其流通剖面类似文丘利管的型线，在入口侧安放一组螺旋形导流叶片，当流体进入流量传感器时，导流叶片迫使流体产生剧烈的旋涡流。当流体进入扩散段时，旋涡流受到回流的作用，开始作二次旋转，形成陀螺式的涡流进动现象。该进动频率与流量大小成正比，不受流体物理性质和密度的影响，检测元件测得流体二次旋转进动频率就能在较宽的流量范围内获得良好的线性度。信号经前置放大器放大、滤波、整形转换为与流速成正比的脉冲信号，然后再与温度、压力等检测信号一起被送往微处理器进行计算处理，在液晶显示屏上显示出测量结果（瞬时流量、累计流量及温度、压力数据等）。

流量计积算仪由温度和压力检测模拟通道、流量传感器通道及微处理器单元组成，并配有外输出信号接口，输出各种信号。流量计中的微处理器按照气态方程进行温压补偿，并自动进行压缩因子修正。涡旋进动型流量计结构示意图如图 4 – 15 所示。

3）卡门涡街原理型流量计

涡街流量计的工作原理是基于"卡门旋涡"现象，即流体流动遇到阻挡物时会产生"旋涡流"，其在管路中设置旋涡发生体（阻流体），在流体通过时，从旋涡发生体两侧交替地产生有规则的旋涡，其涡旋发生的频率与旋涡发生体迎面宽度和流过旋涡发生体的气流平均速度成正比关系，通过测定其涡旋发生频率和已知的旋涡发生体宽度可以得出气流平均速度，进而得出管道内的气体流量。

涡街流量计主要用于工业管道介质流体的流量测量，如气体、液体、蒸气等多种介质。其特点是压力损失小，量程范围大，精度高，在测量工况体积流量时几乎不受流体密度、压力、温度、黏度等参数的影响。无可动机械零件，因此可靠性高，维护量小，仪表参数能长期稳定。涡街流量计采用压电应力式传感器，可靠性高，可在 $-20 \sim +250$ ℃ 的工作温度范围内工作。有模拟标准信号，也有数字脉冲信号输出，容易与计算机等数字系统配套使用，是一种比较先进、理想的测量仪器。

在流体中设置三角柱型旋涡发生体，则从旋涡发生体两侧交替地产生有规则的旋涡，这种旋涡称为卡门旋涡，旋涡列在旋涡发生体下游非对称地排列。旋涡发生体卡门旋涡发生示意图如图 4-16 所示。

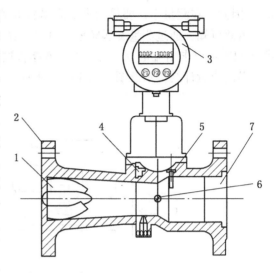

1—旋涡发生器；2—壳体；3—流量计积算仪；
4—压电晶体传感器；5—温度传感器；
6—压力传感器；7—消旋器

图 4-15　涡旋进动型流量计结构示意图

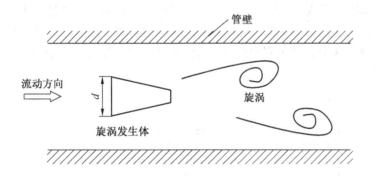

图 4-16　旋涡发生体卡门旋涡发生示意图

涡街流量计是应用流体振荡原理来测量流量的，流体在管道中经过涡街流量变送器时，在三角柱的旋涡发生体后上下交替产生正比于流速的两列旋涡，旋涡的释放频率与流过旋涡发生体的流体平均速度及旋涡发生体特征宽度有关，它们之间关系的计算公式：

$$f = S_t \cdot \frac{V}{d} \qquad\qquad (4-14)$$

式中　　f——旋涡的释放频率，Hz；

V——流过旋涡发生体的流体平均速度，m/s；

d——旋涡发生体特征宽度，m；

S_t——斯特罗哈数，无量纲，它的数值范围为 $0.14 \sim 0.27$。

其中，S_t 是雷诺数的函数，$S_t = f(l/Re)$。当雷诺数 Re 在 $10^2 \sim 10^5$ 范围内，S_t 值约为

0.2。因此，在测量中，要尽量满足流体的雷诺数在 $10^2 \sim 10^5$，则旋涡频率：$f = 0.2V/d$。

由此可知，通过测量旋涡频率就可以计算出流过旋涡发生体的流体平均速度 V，再由式 $Q = VA$ 可以求出流量 Q，其中 A 为流体流过旋涡发生体的截面积。

涡街流量计结构示意图如图 4 - 17 所示。

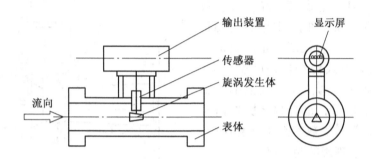

图 4 - 17　涡街流量计结构示意图

4）热扩散技术原理型流量计

热扩散技术原理型流量计基于恒功率加热的热扩散技术。传感器由两个铂电阻组成，其中一个用于测量介质温度（参考端），另一个铂电阻（测量端）内部带有一个加热电阻，在两个铂电阻间形成一个温度差。当介质流过传感器表面，会带走测量端表面的热量而发生温度差值的变化。不同流量所带走的热量不同，根据温度差值的变化与流体介质流速（流量）的比例关系，即可得出流体流量。热扩散技术原理型流量计结构原理示意图如图 4 - 18 所示。

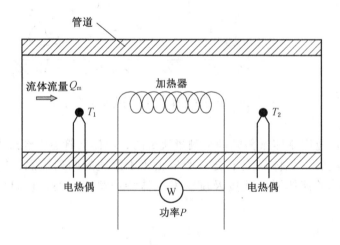

图 4 - 18　热扩散技术原理型流量计结构原理示意图

加热功率 P、温度差 ΔT 和质量流量 Q_m 之间的关系计算式：

$$\frac{P}{\Delta T} = K_1 + K_2 \times (Q_\mathrm{m})^{K_3} \qquad (4 - 15)$$

式中 K_1，K_2，K_3——设计和校准参数；

ΔT——温差，T_1 与 T_2 之差，K；

P——输入加热功率，W；

Q_m——质量流量，kg/s。

5）超声波型流量计

工作原理：超声波在流动的流体中传播时就载上了流体流速的信息，因此通过接收到的超声波就可以检测出流体的流速，从而换算成流量。超声脉冲穿过管道从一个传感器到达另一个传感器，流体的流动将使传播时间产生微小变化，并且其传播时间的变化正比于流体的流速。当流体不流动时，声脉冲以相同的速度（流体静止时声速，C_C）在两个方向上传播。如果管道中的流体有一定流速 V（该流速不等于零），则顺着流动方向的声脉冲会传输得快些，而逆着流动方向的声脉冲会传输得慢些。这样，顺流传输时间 T_{up} 会短一些，而逆流传输时间 T_{down} 会长一些。这里所说的长或短都是与流体不流动时的传输时间相比而言。超声波流量计是近十几年来随着集成电路技术迅速发展开始应用的一种新型流量计。

根据对信号检测的原理，目前超声波流量计大致可分为传播速度差法（包括直接时差法、时差法、相位差法、频差法）、波束偏移法、多普勒法、相关法、空间滤波法及噪声法等类型。其中以噪声法原理及结构最简单，便于测量和携带，价格便宜，但准确度较低，适于在流量测量准确度要求不高的场合使用。

由于直接时差法、时差法、频差法和相位差法的基本原理都是通过测量超声波脉冲顺流和逆流传报时速度之差来反映流体的流速的，故又统称为传播速度差法。其中频差法和时差法克服了声速因流体温度变化带来的误差，准确度较高，所以被广泛采用。

超声波型流量计，因仪表在流体流通通道未设置任何阻碍件，属无阻碍流量计，是适于解决流量测量困难问题的一类流量计，特别在大口径管道流量测量方面有较突出的优点。

超声波型流量计流量测量计算原理示意图如图 4-19 所示。

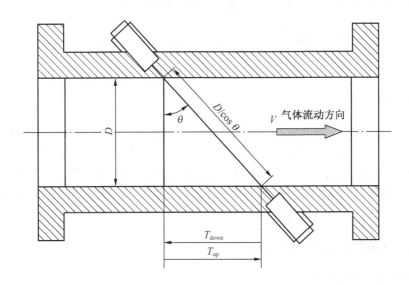

图 4-19 超声波型流量计流量测量计算原理示意图

超声波型流量计流量测量计算公式：

$$\begin{cases} T_{\text{up}} = \dfrac{MD/\cos\theta}{C_{\text{C}} + V\sin\theta} \\ T_{\text{down}} = \dfrac{MD/\cos\theta}{C_{\text{C}} - V\sin\theta} \end{cases} \quad (4-16)$$

式中　　M——声束在流体中的传播次数；

　　　　D——管道内径，m；

　　　　θ——超声波束入射角度，(°)；

　　　　C_{C}——静止时流体声速，m/s；

　　　　V——管内流体沿管轴向的平均流速，m/s；

　　　　T_{up}——声束在正方向上（顺流体方向）的传播时间，s；

　　T_{down}——声束在逆方向上（逆流体方向）的传播时间，s。

根据公式组可以得出流体沿管轴向的平均流速计算式：

$$V = \frac{MD}{\sin 2\theta} \times \frac{\Delta T}{T_{\text{up}} \cdot T_{\text{down}}} \quad (4-17)$$

式中　ΔT——声束在正逆两个方向上的传播时间差，s。

4. 自动计量装置使用的注意事项

（1）要按照各类计量装置的要求合理设置直管段，以消除气流涡旋对计量数据的影响。

（2）管路的震动一般都会对计量的准确性造成影响，应避免安装在强烈震动场所或强烈脉动流的管路上。

（3）室外安装使用时应加设防雨、防潮、防冻掩护物。

（4）要在计量装置的上风侧安设除渣、放水装置，避免管路内出现积水、堵塞现象导致数据失真。

（5）安装计量装置时要注意保持气流方向与计量装置标定流向一致。

第三节　瓦斯抽采管路改造技术

一、瓦斯管路改造问题

井下瓦斯抽采管路主要布置在准备巷道和回采巷道中。当设计施工新的巷道工程时，巷道开口位置处的瓦斯抽采管路必须进行改造，要么更改管路路线，要么用"起龙门"的方法，还有用软管替代，使巷道具备施工条件。还有需要增设三通接口，为增设管路创造条件。这些都涉及瓦斯抽采管道改造问题，通常需要"以曲代直"，需要加工合适的弯头、"龙门"、短节等，便于改造使用。

二、瓦斯抽采管路改造存在的困难

1. 管路笨重，不易起吊安装

井下瓦斯抽采管路，尤其是主、干管路，尺寸大，质量大，不论是起吊，抑或是安装都有很大的困难。如 $\phi457$ mm 负压钢管，每根管长 6 m，质量达 1.5 t。

2. 井下施工条件复杂多变

井下作业有其特殊性，空间狭小、阴暗潮湿、照明不足、工程条件多变等等，这些客观因素都给管路井下施工、安装及改造造成很大的困难。大多数需要改造的管路弯度夹角都不是 90°，对于任意弯度夹角，很难加工合适的弯头，进行管路改造工序更为复杂。

3. 井下动火动焊作业风险高，规程约束条款多

在高瓦斯矿井巷道中瓦斯含量高，井下复杂的条件又容易造成局部瓦斯积聚，在井下焊接管路，会有很大的风险。《煤矿安全规程》明文规定，除了主要硐室、主要进风井巷以外，其他地点严禁动火动焊作业。

三、传统解决方案

1. 厂家定制

通常情况下，一个矿井的瓦斯抽采系统设计完成后，各个弯头的角度、尺寸会被测量好，瓦斯抽采管路厂家（或施工安装单位）会根据瓦斯抽采系统图中各个需要转弯地点的角度、尺寸等直接加工合乎要求的弯头，弯头两端焊接法兰盘（或带活动法兰）。使用单位仅需将厂家生产的管路、弯头按照设计图纸进行对应安装即可，即便是需要改造，也大多是在直管上切割，或者增加短节，施工容易。

在矿井实际生产过程中，经常需要进行瓦斯管路转弯（不规则、有一定随意性）、"起龙门"等改造施工。由于井下条件的多变性，每次改造弯管的角度、尺寸长度都不尽相同，厂家定制不现实。厂家定制成本高，周期长，井下现场动态适应性差。

2. 现场焊接

有些矿井在改造管路的时候，先把直管吊挂固定安装好，安排电气焊工边切割、边尝试弯角，一点一点地切割，一点一点地尝试，直到转弯尺寸达到需要，最后遇到合口有困难时，补一块铁皮进行密封。这种施工方法有很大的缺点：①施工时间长，很难一次切割成型，需要多次尝试，最终达到要求，费时费力，劳动强度很大；②风险高，井下长时间动火动焊作业，会给矿井安全管理增加难度；③管路拐弯处成型差，不够美观，难以达到安全生产标准化的质量要求；④依照规程规定，井下很多地方不允许动火动焊作业。

四、方案优化与施工

鉴于以上原因，找到一种快速有效、便于掌握、同时又不需要在井下动火动焊作业的加工方法，对瓦斯管路改造及安全施工很有必要。

针对管路改造中的种种困难，提出如下解决方案，分为"放线模拟""直管切割""合口焊接""法兰焊接""井下安装"5 个步骤。

1. 放线模拟

为准确测量出管路拐弯角度和弯头长度，可以先用工程线进行模拟放线，用此方法测量出弯角和长度。管路放线模拟示意图如图 4 - 20 所示。

通过吊线模拟，测量出数据 L_1、L_2，两侧管路直段延长线夹角 β。注意，工程线要和管道的倾角保持一致，且两侧直管必须安装标准规范，管路中线必须处于一个平面上，这样才能够使模拟测量数据更加准确。

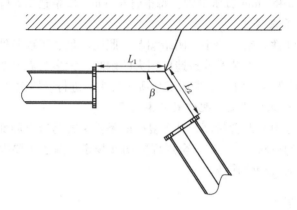

图 4 - 20　放线模拟示意图

2. 直管切割

找一根长度 $L = L_1 + L_2$ 的直管进行弯头加工。切割加工示意图如图 4 - 21 所示。其中 $\alpha = \dfrac{180° - \beta}{2}$，计算出需要切割的尺寸 M。标线后进行切割。

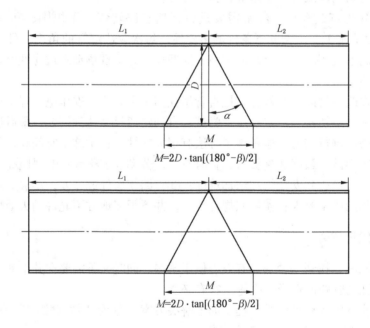

图 4 - 21　直管切割加工示意图

3. 合口焊接

直管切割完成后，进行合口，并且用电焊机堆焊封口，保证不漏风，不跑气。合口焊接示意图如图 4 - 22 所示。

4. 法兰焊接

合口完成后，在两端焊接法兰盘。法兰焊接示意图如图 4 - 23 所示。

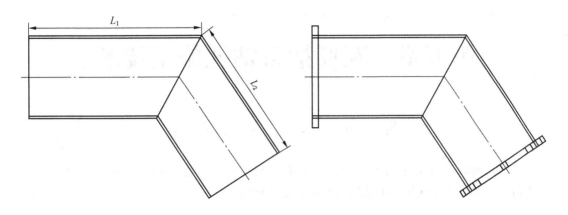

图 4 - 22　合口焊接示意图　　　　　　　　图 4 - 23　法兰焊接示意图

5. 井下安装

弯头加工完成后运输到井下进行最后的安装工作。在尺寸测量准确，切割合理的情况下，弯头会和两处瓦斯抽采直管路严密对接。管路井下安装示意图如图 4 - 24 所示。

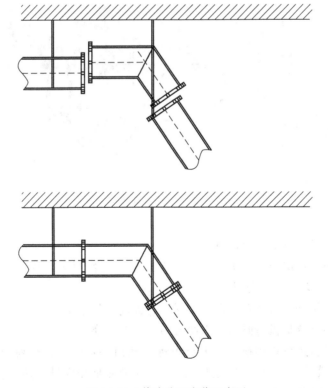

图 4 - 24　管路井下安装示意图

第五章　瓦斯抽采钻孔施工技术

第一节　钻孔施工装备

煤矿瓦斯抽采钻孔施工的主要装备为钻机，目前常用的钻机类型主要有压柱式全液压坑道钻机、履带式全液压坑道钻机和履带式定向钻机等。

一、压柱式全液压坑道钻机

按照最大额定扭矩力的不同有 1900、3200、4000 等系列。其结构采用分组式布置，全机分主机、泵站、操纵台三大部分，各部分之间用高压胶管进行连接。压柱式全液压坑道钻机各部分组成实物图如图 5-1 所示，其主机结构示意图如图 5-2 所示。

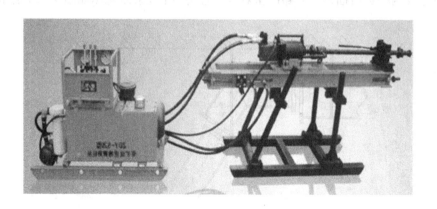

图 5-1　压柱式全液压坑道钻机各部分组成实物图

1. 压柱式全液压坑道钻机的特点

（1）钻机由三大件组成，分组布置，可以根据场地情况灵活摆布，解体性好，搬迁运输方便。适用于钻场内集中钻孔施工。

（2）自动加卸钻杆，可减轻工人劳动强度，提高工作效率。

（3）用支撑油缸调整机身倾角，方便省力，安全可靠。

（4）通过操纵台进行集中操作，人员可远离孔口一定距离，有利于人身安全。采用双泵系统，回转参数与给进工艺参数独立调节。变量油泵和变量马达组合进行无级调速，转速和扭矩可在大范围内调整，提高了钻机对不同钻进工艺的适应能力。

2. 操作步骤

（1）钻机运到施工地点后，先将主机放置到设计钻孔孔位处，再将操纵台、泵站摆

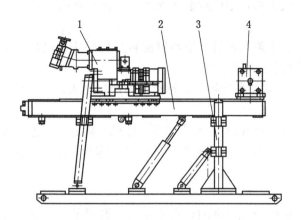

1—回转器；2—给进装置；3—机架；4—夹持器

图 5-2　主机结构示意图

放在有利于安全操作的位置。

（2）连接主机、泵站、操作台之间的各类油管。

（3）检查钻机油箱油位是否达标，检查钻机站柱、横梁半圆螺丝等紧固部件是否紧固，冷却水及各油管是否连接正确。

（4）利用支撑油缸调整倾角，对好钻孔方位，利用单体压柱稳固钻机。

（5）合理调节主副泵、减压阀、溢流阀以及马达调速手轮，一般在中速排量范围。

（6）启动电源，试转电机，注意转向是否与油泵的要求一致，并观察油泵是否正常运转，检查各部件有无渗漏油。

（7）推动操作台手把对钻机回转器马达的正、反转，前进、后退等进行试运转，观察检查各工作机构的动作方向与指示牌的标记方向是否一致，如不一致应及时调换有关油管。

（8）上钻杆并安装钻头、送水器（水便），供风（水），开机进行钻进。

（9）开孔轻压慢进，钻孔开孔成型后合理调整压力和钻机速度，正常钻进。

（10）钻孔施工到位后，将钻杆起离孔底并进行冲孔排渣。

（11）将给进起拔转换手把置于起拔位置，调整回转器马达排量进行起钻。

3. 主要操作注意事项

（1）油管没有全部接好、回油管闸阀未打开前不允许试转电机。

（2）孔内有钻具，除按规定程序卸钻杆外或处理抱钻，不允许马达反转，防止钻杆脱开。

（3）停止钻进时，要使夹持器夹紧钻杆，防止钻杆下滑。

（4）压柱必须打稳打牢，并系好防倒绳，防止因打钻震动使压柱倒下伤人。

（5）钻进时，要等到孔口返风（水）正常后方可进行正常钻进，以防发生孔内堵塞。

（6）在钻进过程中要随时注意观察各压力表的读数变化，发现异常及时处理。

（7）操作钻机人员注意力要集中，不得随意离开操作台，人员离开操作台必须先将钻机操作手把打到停止位置并停机停电。

（8）加尺时，要认真检查钻杆质量，弯曲、丝扣不合格或磨损严重、堵塞杂物的钻杆严禁使用。

（9）拆卸钻杆时，必须先停机，待钻机旋转部位停止转动后方可人工拆卸，严禁使用手持钻杆转动钻机的形式进行拆卸。

（10）敲砸钻杆时，必须使用铜锤，钻机前方严禁站人，严禁使用牙钳等铁器进行敲砸，以防产生火花。

（11）处理钻机故障及检修时，要先卸压，停机闭锁后方可进行故障处理。

（12）严禁超调额定压力，各类油管严禁在破皮露丝、漏油、渗油状态下使用，防止出现油管爆裂现象。

4. 维修与保养

（1）严格按照钻机使用说明书的要求使用符合要求的液压油，并检查油箱油位，确保油位达标。

（2）在井下不许随便打开油箱盖和拆卸液压元件，以免混入煤尘等脏物，造成油路堵塞。

（3）加油时要使用专用加油桶，不得使用化学加固材料桶等非专用油桶，防止发生化学反应造成油路堵塞。

（4）定期检查液压油的油质情况。如发现颜色发黑、发浑、发臭或明显混浊呈乳白色，要及时进行更换。

（5）正常使用冷却水装置，冷却水要使用低压干净水。

（6）机身导轨表面和夹持器滑座应经常涂抹润滑油。

（7）定期检查操作台手把、夹持器卡瓦、碟簧、胶筒的完好情况并及时进行更换。

（8）定期检查清理各类滤油器滤芯并及时进行更换。

（9）钻机挪移搬家拆下油管后，所有的接口及油管接头均需用堵头堵住，以防进入煤尘等杂物造成接头、接口堵塞。

（10）钻机准备装车运输前要将机身下落到最低位，防止超高或重心不稳。

二、煤矿用履带式全液压坑道钻机

煤矿用履带式全液压坑道钻机是一种履带自行式钻机，该钻机在压柱式全液压坑道钻机的基础上增加了行走装置和调角装置，能实现自动行走、多种钻孔角度和钻孔高度的调节。按照最大额定扭矩力的不同有 1900、2600、3200、4000、6000、6500 等系列。ZDY-4000L(A)煤矿用履带式全液压坑道钻机实物图如图 5-3 所示。

1. 履带式全液压坑道钻机的主体结构及适用技术参数

履带式全液压坑道钻机的主要结构由回转器、给进装置、泵站、行走装置和调角装置组成。钻机主体由油箱、操纵台、动力头、机架、夹持器、电机组件、冷却器、履带车、立柱和钻具等部分组成。油箱组件主要由箱体、空滤器、回油滤油器、TF 自封式吸油滤油器等部件组成。泵站是钻机的动力源，将电能转化为液压能，电动机通过弹性柱销联轴器带动柱塞泵工作。行走速度 0~2 km/h，最大爬坡能力可达 16°。

2. 操作规程

（1）检查油箱油脂质量和油位，确保油面超过油位指示计的中上部约 2/3 处。

图 5 - 3　ZDY - 4000L(A)煤矿用履带式全液压坑道钻机实物图

（2）检查油管及各紧固部件是否紧固，给钻机机身导轨表面和夹持器滑座涂加润滑油。

（3）合理调节主副泵、减压阀、溢流阀及马达调速手轮，一般在中速排量范围。

（4）启动电源进行试运转，观察卡盘、夹持器张开闭合是否灵敏，钻机正反转、前进后退是否与手把操作动作一致；试验履带钻机车体的前进和后退，观察其运转是否平稳，是否存在卡滞现象。

（5）调整好钻机方位角，操作行走装置手把，将 4 个油缸杆伸出至地面使履带离地，将上稳固油缸顶到巷道顶板，稳固好钻机主体。

（6）调整钻机倾角和高度，伸出前后支撑油缸稳固机身。

（7）开孔、钻进、起钻操作规程与压柱式全液压坑道钻机相似。

3. 安全注意事项

（1）操作人员随身衣物应合身并束紧，以免缠上钻机的运动部件而对肢体造成损伤。

（2）液压系统中溢流阀和功能阀组出厂时均已调定，不能随意调整压力。如确需重新调定时，必须由专业技术人员或经过专业培训的技术工人严格按照说明书要求调定钻机工作压力。

（3）操作人员操作履带车行走、转弯、爬坡时，注意履带钻机行车安全。操作履带钻机上坡和下坡时，操作人员一定要站在钻机上方；下坡时，操作人员在上方，向下开履带钻机；上坡时，操作人员同样站在上方，向后（及向坡上）倒着开履带钻机，防止因坡度过大或地面浮煤导致履带钻机向下滑动，引起人身伤害。

（4）钻机工作时，履带车必须锚固可靠，防止倒下伤人。

（5）启动钻机前，操作人员应通知所有人员注意安全，仔细检查电路电缆，检验漏电保护装置状态，检查钻机锚固是否牢固，只有在确认人员和设备安全后，方可启动钻机运转。

（6）调定转速时，应在停车状态下进行。

（7）钻机在钻孔过程中，当钻杆之间采用螺纹连接时，动力头严禁反转，只有在加接或拆卸钻杆，夹持器夹住钻杆后方可反转。当钻杆之间采用四方扣或六方扣传递转矩，并用 U 形销或高强度螺栓连接时，在卡钻、抱钻时动力头才可反转。

（8）钻机钻孔施工过程中加接钻杆时，夹持器必须夹紧钻杆，防止钻杆从钻孔中滑落伤人；如使用螺旋钻杆，未使用夹持器时，钻机只能钻进近水平孔，且操作人员应采取相应安全措施，防止钻杆从钻孔中滑落伤人。

（9）钻机钻孔施工过程中，钻机前方严禁站人，操作人员应站在钻机的侧面，严禁正对钻杆操作。

（10）钻机钻孔施工过程中，操作人员靠近钻机外露运动部件时，应注意安全。

（11）更换碟簧应由专业维修人员负责，更换碟簧时卡盘油缸必须在伸出位置，慢慢拆卸油缸前端盖形螺母，以防盖形螺母弹出伤人。

（12）使用调斜油缸时一定要慢慢推动手把，严禁突然推动（或拉动）手把，使得机架升降过快而引起安全事故。

（13）钻机液压系统不得在泄漏状态下运转，当液压油有泄漏时，应及时处理。

（14）钻机配置的电动机应使用 YBK 型防爆电机；钻机配套电机、液压胶管应有安全标志，且安全标志在有效期内。

（15）停机不用时，卡盘油缸必须在伸出位置，切断电源。

4. 维修与保养

（1）定期检查油箱油位，确保油质、油位达标。

（2）规范使用冷却水装置；定期检查油管，发现破皮露丝、漏油、渗油的要及时进行更换。

（3）根据衬板磨损情况及时合理调整衬板与导轨之间的间隙，若衬板磨损严重要及时进行更换。

（4）检查所有操作控制手柄是否灵活，以确保机器操作安全。

（5）检修、使用钻机时要及时对各紧固部件进行紧固，防止出现松动现象。

（6）及时清理夹持器脏物，定期检查夹持器卡瓦和碟簧状态，若卡瓦磨损严重或碟簧破损要及时进行更换。

（7）定期检查调整履带松紧程度，检查有无错位、变形、部件丢失等现象，发现异常及时维修更换。

（8）定期检查更换油箱回油滤油器滤芯和吸油滤油器滤芯。

三、履带式液压定向钻机

履带式液压定向钻机按照最大额定扭矩力的不同有 4000、5000、6000、6500、13000、15000 等系列。如中煤科工集团重庆研究院研制的型号有 ZYWL – 6000D、ZYWL – 6000DS 及 ZYWL – 4000D 等。ZYWL – 6000D 定向钻机实物图如图 5 – 4 所示。

1. 主要功能

履带式液压定向钻机安装有随钻测量系统和螺杆马达，可通过对螺杆马达钻具工具面向角（即弯头朝向）的调整，实现钻孔轨迹倾角、方位角的控制，并利用随钻测量系统

图 5-4　ZYWL-6000D 定向钻机实物图

实时监测钻孔轨迹，从而达到轨迹控制目的。同时，可利用螺杆钻具弯头朝向、钻具组合作用，在原钻孔内按设计要求向不同方向钻开分支孔。

履带式定向钻机可以实现精准施工定向长钻孔、分支钻孔群和定向钻进，很好地解决了煤矿普通钻孔有效率低的问题，同时为定向长钻孔替代高抽巷或底抽巷和精准疏放煤岩层含水提供了可靠的装备保障。同时，定向长钻孔为冲击地压、瓦斯突出的区域治理提供了良好的基础条件。

履带式液压定向钻机主要由钻车和泥浆泵车两部分组成，履带驱动具备自行走功能。钻车主要由主机、泵站、操作台、随钻测量系统、履带车体、稳固装置等组成。泥浆泵车主要由泥浆泵、电磁启动器和履带车体等组成。

履带式液压定向钻机（以下简称"钻机"）属于自行式、低转速、大转矩类型，适用于在煤矿井下稳定中硬煤岩层中定向钻进。既适合采用孔口动力及复合片钻头施工大直径钻孔，也可采用孔底动力机具钻进定向钻孔，能够满足钻进各种用途钻孔的需要，如高位钻孔、煤层底板钻孔、地质勘探孔、探放水钻孔、抽采瓦斯孔、注水孔及其他工程用孔，也可用于地表工程施工。

2. 操作主要注意事项

（1）严禁非专业维修人员调整钻机系统压力，专业维修人员对钻机系统压力进行调整时，必须严格按照随机说明书限定压力调整，系统压力不得超调，且调整系统压力时必须停止钻机运行并停电将开关手把打到零位；调整钻机转速及推进速度时，必须确保钻机四周人员或物料与钻机间有足够安全距离，必须先调整钻机转速后再调整钻机推进速度。

（2）更换动力头卡瓦时，必须用卡盘卡瓦装配专用工具将卡瓦组的弹簧压缩放入胶筒内进行安装。更换配油套油堵时，必须用专用工具进行更换，严禁用手指或其他物件更换。

（3）钻机施工期间时刻注意泥浆泵压力、给进起拔压力和钻进速度变化，每个行程打完后将钻杆外提 10～20 mm。

（4）开动钻机前或连续工作一段时间后，应注意检查油温，通常油温在 10 ℃ 以下时，要进行空负荷运转以提高油温；若油温超过 55 ℃ 则应使用冷却器降温，冷却水压力不得超过 1.0 MPa。

（5）流量计等在运输及搬运过程中严禁剧烈震动。

（6）进尺测量时，应先将通信电缆连接好后再启动测量检查按钮，测量检测完毕后应先保存相关数据再断开通信电缆。

（7）泥浆泵进水压力不得超过 1.5 MPa。

（8）下放螺杆马达距孔底 0.1～0.2 m 时，开始正常钻进，合理控制给进压力，避免碎岩扭矩超过输出扭矩。

（9）在钻进过程中若出现持续憋泵现象应停止送水，不得卸下送水器并来回窜动钻杆，窜动钻杆期间要试开泥浆泵，防止高压状态下卸掉送水器后孔底马达在内外压差的作用下反转将岩粉带入马达造成故障。

（10）停机不用时必须停电并将开关手把打到零位。

（11）其他操作注意事项参见履带式全液压坑道钻机的相关要求。

3. 维修与保养

（1）泥浆泵在使用前按要求加注润滑油，并定期进行检查，严禁多种牌号润滑油混用。

（2）钻机液压油必须保持清洁，每半月对液压油清洁度进行检查，及时更换。所有胶管拆卸后，必须用干净的保护盖进行保护，防止污物侵入。滤油器半月检查 1 次，如堵塞及时清洗或更换。

（3）润滑油首次运行 100 h 要进行更换，之后更换频率为 4000 h/次。

（4）通缆钻杆每次拧接时，应给钻杆丝扣涂抹黄油，通缆公接头涂抹专用润滑脂，保证润滑和密封。

（5）通缆接头内部保持清洁，以利于信号传输，同时避免杂物进入到螺杆钻具造成马达不能启动甚至损坏。

（6）通缆钻杆长期存储时，应给钻杆两端装上堵头，以免杂物进入。

（7）钻机在使用过程中，如果零部件损坏，必须购买原厂配件更换，否则可能影响正常使用。

4. 钻机常见故障判断和排除

钻机常见故障及排除方法见表 5-1。实际工作中应结合实际情况，综合分析。

表 5-1　钻机常见故障及排除方法

故　　障	可　能　原　因	排　除　方　法
油泵不排油	电动机转向错误	调换转向
	油泵变量机构在 0 位	应调在 0 位以上
	截止阀没打开	打开截止阀

表 5 - 1 (续)

故 障	可 能 原 因	排 除 方 法
泵排量不足，噪声大	油箱内油面过低	加油
	油箱吸油滤网阻塞	清洗吸油滤网
	油的黏度过高	换用低黏度油或预热
	油箱空气过滤器阻塞	拆卸清洗空气过滤器
	吸油管道漏气	查明漏气处，加以紧固
	油泵内部损坏或磨损过度	检修或更换新泵
系统压力升不上去	油泵排油量不足	增加排油量
	安全阀开启压力太低	调整开启压力或检修
	操纵手把停位不当，内部窜油	调整手把位置
	系统有泄漏	对系统顺次检查、排除泄漏
回转器不回转	主轴卡死	检查轴承或配油套
	马达发生故障	检修或更换新马达
卡盘松不开	复位弹簧失效	更换新弹簧
	卡盘端盖压死卡瓦	加垫片调整端盖与卡瓦的间隙
卡盘打滑	卡瓦磨损严重	更换卡瓦
	配油套磨损，内漏严重	更换主轴和配油套组件
	胶筒损坏，漏油	更换胶筒，并检查卡盘端盖与卡瓦的间隙是否过大
夹持器夹不紧	碟形弹簧损坏	更换弹簧
	卡瓦严重磨损	更换卡瓦
马达回转无力	手把不在正确位置上	将手把打在正确位置上
	卡盘配油套泄漏严重	更换配油套与主轴组件
	马达磨损严重，内漏过大	检修马达
回转器不前进或后退	油泵不上油或无压力（起、下钻时）	按油泵不排油、泵排量不足、系统压力升不上去等故障排除方法进行排除
	给进压力太小	增大给进压力
	背压阀关闭	顺时针旋转手轮，打开背压阀
	拖板与导轨卡死	松动拖板两侧螺钉
	给进油缸活塞密封损坏，内部漏油	检修给进油缸
	副油泵发生故障（钻进时）	检修副油泵
夹持器不松开	滑座上脏物太多（煤粉、岩粉等）	拆开清洗，排除脏物
	滑座生锈	拆洗，去锈加油
压力表无显示	缓冲螺钉切槽阻塞	清除阻塞物
	铜管接头松开，漏油	拧紧接头
	压力表损坏	更换压力表
压力表不回零	缓冲螺钉切槽太小，阻力大	扩大切槽
	压力表损坏	更换新压力表
	系统回油阻力大	减小回油阻力

第二节　顺层钻孔施工技术

一、顺层钻孔

回采工作面顺层钻孔。根据工作面倾向长度（或宽度）、钻机设备能力，顺层钻孔可设计采取两巷道双侧布置、单巷道单侧布置（一般布置在进风巷）、三巷道两单侧布置（一般布置在巷道和中间巷）；依据钻孔在平面图上投影情况，顺层钻孔可设计采取小分组扇形布置、巷道走向垂直平行布置、巷道走向非垂直平行布置等方式；依据预抽时间长短、煤层抽采半径、煤层瓦斯含量等因素，综合确定抽采钻孔间距等参数。

掘进工作面顺层钻孔。掘进工作面施工过程中应考虑"先抽后掘""先探后掘""掘进掩护式抽采"或几种方式组合的超前瓦斯治理措施，设计施工沿巷道走向或与其走向夹角较小的顺层钻孔进行瓦斯卸放和抽采。

在设计施工本煤层走向定向长钻孔时，适合在煤层进行采掘作业前进行预抽。

二、顺层钻孔施工技术

1. 回采工作面顺层钻孔施工技术

回采工作面布置顺层钻孔，可以在掘进期间，随掘进工作同时施工，这样钻孔施工时间提前，增加了瓦斯抽采时间；在钻孔施工方面，可以根据现场煤层倾角变化情况，灵活调整钻孔施工俯仰角，有效提高钻孔煤层成孔率。存在的不足：在掘进后方巷道内施工，与掘进形成交叉平行作业，阻挡掘进辅助运输路线、拥堵行人通道、影响巷道文明施工等。因此，如果抽掘采煤量接替不紧张，则可以在掘进工程完工后再施工工作面预抽钻孔。

2. 掘进工作面超前本煤层走向钻孔施工技术

沿本煤层走向布置的掘进巷道，在掘进工作面施工本煤层走向孔时，钻孔施工会造成掘进停工，钻孔施工完毕后还需进行瓦斯抽采，抽采时间根据抽采半径、钻孔布置间距、煤层瓦斯含量等因素综合确定，所以一般需要时间较长，对掘进进度影响较大。综合考虑掘进因素，巷帮钻场钻孔超前预抽、掘进掩护式抽采，配合掘进工作面迎头正前方布置1~3个超前瓦斯探放钻孔，是兼顾掘进施工和瓦斯治理的有效方法之一。

对于突出煤层，必须先行抽采消突，进行效果检验后方可进行采掘作业。

三、其他钻孔施工技术

1. 穿层钻孔施工技术

穿层钻孔施工与顺层钻孔施工类似，关键在于钻孔准确定向、定位，对钻孔方位角和俯仰角要准确测定。一般用于煤层钻探、瓦斯探放和瓦斯预抽，尤其是掘前瓦斯预抽。当设计施工穿煤层钻孔时，必须预先做好防喷孔措施；对于突出煤层，必须预先做好防突措施；穿层钻孔施工还要做好防出水措施。

2. 高位钻孔施工技术

高位钻孔施工与穿层钻孔施工类似，关键在于钻孔准确定向、定位，对钻孔方位角和仰角要准确测定，终孔位置确定至关重要。一般用于采空区和隅角瓦斯抽采。详见本书有关章节。

四、技术要求

开孔位置：施工前，由技术人员根据设计现场定点，定点完毕后，施工人员根据定好的点位进行施工，施工钻孔开孔位置与设计地点上、下、左、右偏差不得超过 300 mm。若因巷帮条件所限或出现废孔另行开孔施工，则应由技术人员现场确定开孔位置。

施工方位角：严格按设计要求调整好施工方位角，实际误差不得超过设计 ±2°。

施工俯仰角：根据现场煤层实际倾角、顶底板起伏变化等情况进行调整。对于顺层钻孔，调整后的钻孔煤孔率必须符合设计孔深的 80% 以上，否则按废孔处理，重新进行补孔。施工钻孔俯仰角在钻机稳固之前要充分借鉴邻近钻孔的相关参数，并考虑钻杆重力下垂因素。

施工深度：所有钻孔施工必须满足设计深度要求，顺层钻孔煤孔率必须达到设计深度的 80% 以上；否则按废孔处理，重新进行补孔。因煤层顶底板起伏变化等因素造成同一钻孔施工过程中多次穿过煤岩层时，应视其为合格钻孔。

五、开口放线

目前矿井使用的钻孔开口方向线、俯仰角施放方法，主要有以下几种。

1. 地质罗盘放线

钻探设备未进入之前，在拟施工钻孔附近铁质材料、设备设施存在最少的时候，使用地质罗盘进行统一施放钻孔方向线。此种放线方法的缺点是因巷道支护、管线、电缆等金属材料及带电体对地质罗盘影响较大，故施放的钻孔方向线误差较大；优点是方便快捷，省工省时。

地质罗盘式样很多，但结构基本是一致的，常用的是圆盆式地质罗盘仪。由磁针、刻度盘、测斜仪、瞄准觇板、水准器等几部分安装在一铜、铝或木制的圆盆内组成。

（1）在使用前必须进行磁偏角的校正。

因为地磁的南、北两极与地理上的南北两极位置不完全相符，即磁子午线与地理子午线不相重合，地球上任一点的磁北方向与该点的正北方向不一致，这两方向间的夹角叫磁偏角。地球上某点磁针北端偏于正北方向的东边叫做东偏，偏于西边称西偏。东偏为（+），西偏为（-）。

地球上各地的磁偏角都按期计算，公布以备查用。若某点的磁偏角已知，则一测线的磁方位角 $A_磁$ 和正北方位角 A 的关系为 A 等于 $A_磁$ 加减磁偏角。应用这一原理可进行磁偏角的校正，校正时可旋动罗盘的刻度螺旋，使水平刻度盘向左或向右转动（磁偏角东偏则向右，西偏则向左），使罗盘底盘南北刻度线与水平刻度盘 0°～180°连线间夹角等于磁偏角。经校正后测量到的读数就为真方位角。

（2）目的物方位的测量。

目的物方位的测量是测定目的物与测者间的相对位置关系，也就是测定目的物的方位角（方位角是指从子午线顺时针方向到该测线的夹角）。

测量时放松制动螺丝，使对物觇板指向被测物，即使罗盘北端对着目的物，南端靠着自己，进行瞄准，使目的物、对物觇板小孔、盖玻璃上的细丝、对目觇板小孔等连在同一直线上，同时使底盘水准器水泡居中，待磁针静止时指北针所指度数即为所测目的物之方位角（若指针一时静止不了，可读磁针摆动时最小度数的二分之一处，测量其他要素读数时亦同样）。

若用测量的对物觇板对着测者进行瞄准时，此时罗盘南端对着目的物，指北针读数表示测者位于被测物的什么方向，此时指南针所示读数才是目的物位于测者什么方向。与前者比较这是因为两次用罗盘瞄准被测物时罗盘之南、北两端正好颠倒，故影响被测物与测者的相对位置。

为避免时而读指北针时而读指南针产生混淆，应以对物觇板指着所求被测物方向恒读指北针，此时所得读数即为所求被测物的方位角。

2. 矿用本安型钻机姿态仪放线

矿用本安型钻机姿态仪，也称矿用本安型钻机开孔定向仪。此类设备为高科技新型产品，是一款新型的智能化测量钻机姿态的便携式仪器。该仪器内置高精度陀螺仪和加速度传感器，在校准平台上对准后，可以准确测量钻机的姿态（方位角和俯仰角），测量过程不受地磁和铁磁物质的影响；采用了角度补偿算法，克服了同类设备在倾角＞85°情况下方位角误差大的缺陷，实现了在全倾角范围内精确测量方位角和倾角，测量全覆盖。增强型定向仪增加了激光测距、自动寻北和无线蓝牙数据交换功能，一次对准，可以保持高精度重复测量。

在钻机进入施工地点，开始调整钻机方位角及俯仰角前，将仪器安装在钻机推进器滑道上即可测定钻机钻头的方位角和倾角，据此精确调节钻头直到设定的方位角和倾角。

此种放线方法缺点为设备售价较高，增加施工工程成本；优点为操作简单，体积较小，安装方便，精准度高。

3. 坡度规放线

坡度规放钻孔方向线前，首先需要在施工地点确定一条准确的方位角线，然后根据确定的方位角线换算出钻孔设计方位角与确定的方位角线相对角差；放线时，在确定的方位角线上定一起点，将坡度规0°/180°标线与方位角线重合，并将方位角线设定的起点与坡度规角度起点重合，然后另外拉一条线，起点与方位角线预定起点重合，调整另一端，调整出钻孔设计方位角与确定的方位角线相对角差度数就是钻孔施工的相对方位角。

用坡度规施放钻孔倾角，主要有两种方法：一种是对钻杆倾角进行量测，另一种是对推进滑道进行量测。有时两种方法同时使用，互相校验准确度。

此放线方法缺点是放出的角度误差较大，不适合精准定位放线；优点是操作简单，仪器价格低廉。

4. 其他仪器放线

经纬仪、水准仪、全站仪等测量仪器也可以进行钻孔放线，具有精度高的优点，但使用复杂，对施工工序影响大。

六、钻机稳固及钻孔施工

1. 自带锚固装置的钻机稳固

自带锚固装置的钻机稳固相对比较简单。在钻机进入施工地点前，根据施工地点底板情况，若底板比较松软，需要在底部预铺道木，道木铺设完毕后，钻机停在道木上施工，待方位角调整好后，使用钻机自带锚固柱对钻机进行锚固。

锚固时注意以下事项：

（1）使用锚固柱固定钻机时，必须使用钻机全部锚固柱固定钻机；锚固柱高度不够时，需使用专用加长头加接，且与顶板接触的接头必须使用带全方位固定盘的接头并加垫木板；所有的加长锚固柱必须加装防倒绳。

（2）锚固柱使用钻机自带加压装置加压时，必须同时加压，所有锚固柱压力保持均匀。

（3）横向锚固装置必须正常使用。

（4）锚固操作必须做到缓慢、均匀，以免钻机姿态偏移，影响钻孔施工精度。

（5）锚固工作结束，必须复测钻孔参数，发现偏移必须重新校正锚固。

2. 无自带锚固装置的钻机稳固

无自带锚固装置的钻机稳固比较麻烦。在钻机进入施工地点前，根据施工地点底板情况，若底板比较松软时，需要在底部预铺道木，道木铺设完毕后，钻机停在道木上施工，待方位角调整好后，使用单体进行锚固。

锚固时注意以下事项：

（1）锚固使用的单体必须完好，加压伸出后的长度必须大于施工地点巷道的高度，并有20%的富余量。

（2）单体加压时，必须对角加压，严禁按顺序依次加压；使用电动加压泵加压时，时刻关注单体加压情况和钻机锚固座情况。

（3）所有锚固使用的单体，底部必须安装在钻机锚固座内，防止加压过程中单体滑落、崩飞伤人或损坏设备；单体顶部与顶板接触部位，必须加垫木板，防止损坏施工地点顶板支护，导致人员处在危险区域作业。

（4）锚固柱加压时，必须有专人观察锚固柱锚固情况；锚固标准以顶板处加垫的木板经加压压裂后不再发出木头断裂声，底部锚固座不变形为准。

（5）锚固柱加压锚固钻机后，若仍然不能满足钻机施工要求，可在钻机前方合适的位置，施工牵引固定锚杆，锚杆配合40 T刮板链条固定钻机，以此实现拖拽钻机，防止钻机在钻进过程中发生后滑。

3. 钻孔施工

钻孔施工详见本章第一节有关内容。

七、钻孔施工验收

钻孔施工验收主要有退钻数杆验收法（配合钻孔煤岩描述）、全程视频监控远程验收法、钻孔窥视仪验收法、随钻测量仪验收法等。

1. 退钻数杆验收法（配合钻孔煤岩描述）

在钻孔施工开始时，验收钻孔人员在现场盯收，同时进行钻孔煤岩描述，施工过程严密观察施工进尺及煤岩情况，以此确保钻孔施工质量，保证钻孔施工工程量符合要求。

2. 全程视频监控远程验收法

钻孔施工前，在施工地点安装与地面连接的监控摄像头，施工过程中，验收人员可在地面观察现场施工情况进行验收。若不具备远程监控验收条件，可实行就近视频录制存盘，地面电脑读取的方式进行验收。

3. 钻孔窥视仪验收法

在钻孔施工结束后，验收人员携带钻孔窥视仪进行验收，根据窥视仪观测孔内煤、岩情况，钻孔方向，对窥视仪伸入钻孔深度进行钻孔工程量及施工质量验收。

4. 随钻测量仪验收法

在钻杆上安装随钻测量仪，对钻孔进行监测与验收。

八、钻孔封孔

封孔目的。瓦斯抽采钻孔封孔目的在于保证抽采系统的作用功全部投入使用在需要抽采的地点，将抽采地点的瓦斯按预定安装的抽采管路抽采出去；防止孔口漏气引起管路负压损耗影响抽采效果；同时防止孔口漏气引起钻孔附近煤层自燃。

封孔要求。封孔必须符合《AQ 1027—2006 煤矿瓦斯抽放规范》相关规定要求，做到严密不漏气。

封孔方法的选择。根据抽采方法及孔口所处煤/岩层位、岩性、构造等因素综合确定、因地制宜选用合适的封孔方法。在目前使用的封孔方法中，主要有封孔器封孔法、高分子材料封孔法、水泥砂浆封孔法、高分子材料与水泥砂浆组合式封孔法（一堵一注或两堵一注封孔法）。

封孔质量检查标准。可根据矿井抽采煤层的瓦斯情况、地质构造情况、抽采难易程度等制定标准。在某段时间内抽采浓度不得低于多少，如某矿规定在某煤层连续抽采 24 h 内，预抽瓦斯钻孔在抽采过程中孔口瓦斯浓度不少于 40%；邻近层瓦斯抽采钻孔抽采过程中孔口瓦斯浓度不小于 30%，当达不到上述标准时，必须选择加长封孔长度或更换封孔方式。

值得注意的是，国内各地煤矿煤层瓦斯情况、地质构造情况、抽采难易程度、煤层硬度及节理裂隙发育情况等千差万别，矿井要根据所抽煤层的具体情况来制定封孔与验收方案，也可以在实际抽采工程施工过程中进行分析、总结与优化，不可完全照搬照抄其他矿井制定的检查标准。

1. 封孔设计

封孔方法：应根据抽采钻孔孔口所处煤（岩）层位、岩性、构造等因素综合确定，因地制宜选用新方法、新工艺、新材料。

岩壁钻孔：宜采用封孔器封孔，封孔器械应满足密封性能好、操作便捷、封孔速度快的要求。煤壁钻孔：宜采用充填材料进行压风封孔，封孔材料可选用膨胀水泥、聚氨酯等新型材料，在钻孔所处围岩（煤）条件较好的情况下，亦可选用水泥砂浆或其他封孔材料。

封孔长度方面的要求。孔口段围岩条件好，构造简单，孔口负压中等时，封孔长度可取 3 ~ 5 m；孔口段围岩裂隙较发育或孔口负压较高时，封孔长度可取 5 ~ 8 m；在煤壁开孔的钻孔，封孔长度可取 8 ~ 12 m；对于煤层容易自燃的矿井，封孔长度应取上限；采用除聚氨酯外的其他材料封孔时，封孔段长度与封孔深度相等。

采用聚氨酯封孔时，封孔参数见表 5 - 2。

表 5-2 聚氨酯封孔参数一览表

封孔材料	钻孔条件	封孔段长度/m	封孔深度/m
聚氨酯	孔口段较完整	0.8	3~5
	孔口段较破碎	1.0	4~6

2. 封孔工艺

瓦斯抽采钻孔封孔工艺的选择，取决于封孔位置的煤（岩）体的裂隙情况、透气性、俯仰角、抽采负压等相关因素要求。目前，矿井瓦斯抽采钻孔封孔工艺方法主要有聚氨酯封孔工艺、一堵一注封孔工艺、两堵一注封孔工艺、封孔器封孔工艺。

（1）聚氨酯封孔工艺。此封孔工艺适用于临时抽采钻孔或封孔要求一般的钻孔。优点是封孔操作简单方便，省时省工；聚氨酯具有密封性好、硬化快、膨胀性强的优点；缺点是封孔质量较差，不能使用在抽采负压较大的钻孔，不适宜封要求较高、孔深较深的钻孔。

（2）一堵一注封孔工艺。此封孔工艺适用于钻孔封孔要求中等，钻孔倾角在 +5° 以上的钻孔，一般用于掘进预抽钻孔封孔。优点是抽采钻孔封孔相对简单，封孔技术要求低，相对节省材料；缺点是抽采负压不能过大，抽采时间不宜过长。

封孔工艺方法：①根据矿井实际情况，封孔材料选用聚氨酯、水泥、速凝剂和井下水，粉煤灰为备选添加材料。②根据封孔深度确定各种材料使用量，按一定比例配好水泥浆，参考比例：水灰比 2:1，速凝剂的掺量为水泥的 5%，粉煤灰的掺量为水泥的 20%。现场施工可根据浆液黏稠度适当调整，用注浆泵注入孔内。③注意控制好注浆管伸入孔内长度，防止上堵头处聚氨酯堵塞注浆管；抽采管孔口接抽预留长度不小于 0.3 m；封孔段待聚氨酯发泡稳固后再进行注浆。

一堵一注封孔工艺示意图如图 5-5 所示。

（3）两堵一注封孔工艺。此封孔工艺适用于任何倾角钻孔，以及封孔要求较高、抽采时间较长的瓦斯抽采钻孔。优点是封孔效果好，适应任何负压抽采；缺点是封孔施工技术要求较高，封孔注浆量把握较难。封孔工艺方法与一堵一注封孔工艺方法相似。

两堵一注封孔工艺示意图如图 5-6 所示。

3. 注意事项

（1）封孔前必须清除孔内煤、岩粉。

（2）封孔时需下套管，套管可采用钢管或抗静电的硬质塑料管。采掘工作面预抽顺层钻孔不宜使用钢管。

（3）封孔时先把套管固定在钻孔内。固定方法可采用木塞塞紧或锚固剂锚固等，套管要露出孔口 200~300 mm。注浆管要露出孔口 300 mm 左右。

（4）用封孔器封仰角时，操作人员不得正对封孔器，以防封孔器下滑伤人。

（5）钻孔有出水现象时，应待煤岩层水疏干后进行封孔；若必须封孔，应采取导管导水措施。

（6）封孔作业，人员严禁正对孔口操作。

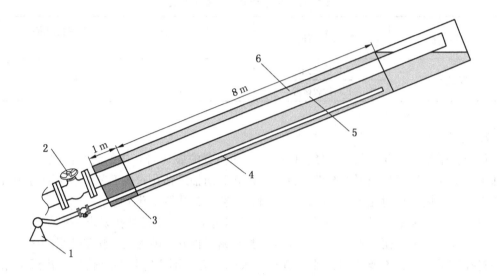

1—注浆泵；2—闸阀；3—聚氨酯封孔段；4—注浆管；5—瓦斯抽采管；6—水泥浆

图5-5 一堵一注封孔工艺示意图

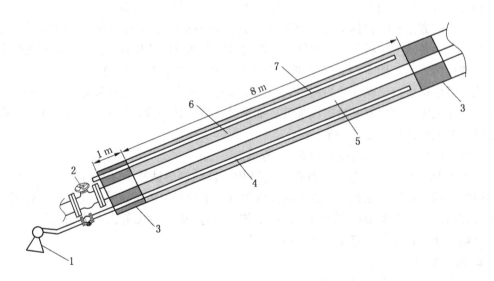

1—注浆泵；2—闸阀；3—聚氨酯封孔段；4—注浆管；5—瓦斯抽采管；6—水泥浆；7—返浆管

图5-6 两堵一注封孔工艺示意图

（7）采用聚氨酯及其他膨胀、发泡材料封孔，必须防止其膨胀堵管。

（8）对于孔口区域煤岩体破坏严重的钻孔，对孔口区域要进行水泥抹面封堵加固。

4. 封孔漏气原因分析与处理对策

（1）封孔深度设置不当导致漏气及其优化方式。

钻孔施工过程中，孔周煤岩体应力平衡被打破并重新分布，在距离钻孔孔口较近的范围内，煤岩体由于极限应力的作用出现了大量相互贯穿的裂缝，这一区域为卸压区，此区间内气体渗透率极大。如果封孔深度较浅而不能完全覆盖卸压区时，即使封孔的密封性能良好，钻孔卸压区也构成了空气渗入钻孔的主要通道，降低了抽采负压，严重影响瓦斯抽采浓度和抽采效果。

　　自钻孔孔口沿向钻孔的轴向方向，煤岩体按照应力状态的不同依次分为卸压区、塑性区和弹性区。封孔深度浅导致钻孔漏气及煤层渗透率曲线示意图如图 5 - 7 所示。

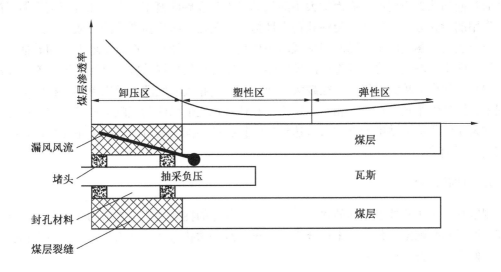

图 5 - 7　封孔深度浅导致钻孔漏气及煤层渗透率曲线示意图

　　处于弹性区的煤岩体，钻孔没有引发其内部裂隙的发展，且煤岩整体处于压缩状态；在塑性区内，煤岩体承受的应力超过自身强度极限，应力不再随应变发生变化，但内部产生大量微裂隙，煤岩体出现了扩容现象，虽然煤岩内部裂隙受到压密，但由于裂隙相互交叉、连接贯通，渗透率开始缓慢增大。在卸压区内，煤岩体由于极限应力的作用出现了大量相互贯穿的裂缝，离巷道壁较近的地方由于应力集中，导致煤岩体呈现破坏状态，孔隙率升高，煤岩渗透率急剧增大。

　　由相关实验可知，封孔段长度对钻孔漏气量的影响显著，后者随前者的加长而逐渐减小。在封孔长度增长的初期，漏气量减小比例非常大，但是超过一定限度后，增加封孔长度已不再是影响漏气量大小的主要因素，再增加长度收效甚微。基于此，为使瓦斯抽采钻孔达到良好效果并考虑成本因素，应增加封孔段长度直至密封段涉及卸压区以后的塑性区。因此，卸压区应作为会引起空气进入钻孔的潜在漏气区域，钻孔密封段长度需完全覆盖此区域并进入塑性区。

　　（2）封孔段密封材料性能不佳导致漏气及其优化方式。

　　瓦斯抽采钻孔封孔，密封材料的性能对抽采效果的影响有着不容忽视的作用。因为钻孔密封质量会直接导致漏气率和抽采负压等发生显著变化。所以，当出现封孔材料和钻孔孔壁黏结不紧密或者密封材料出现收缩现象时，封孔材料和孔壁之间存在缝隙，钻孔未被密封材料充满，导致外部空气与抽采钻孔之间可能存在连接通道而使漏气率升高。密封材料性能不佳而导致漏气问题在近水平钻孔密封中更为突出。因此，应选用性能稳定且具有一定膨胀性的材料作为密封材料，以减少漏气通道出现的可能性。

（3）钻孔变形导致漏气及其优化方式。

影响钻孔孔周漏气区大小的因素较多，它的破坏半径随着钻孔孔周原始应力的增大而增大。钻孔是否失稳变形是影响瓦斯抽采效果的关键因素之一，钻孔施工会导致其周围煤岩体中应力的调整改变，再加上地应力的持续作用，其附近煤岩体中裂隙会不断发育、发展从而致使钻孔失稳变形，进而加大了漏气圈出现与发展的概率。在封孔时应选用能提高支护作用的封孔方法，这样可使钻孔稳定性提高，延缓或防止新裂隙的生成和扩展。

研究表明，漏气圈半径随时间呈现动态变化。在瓦斯抽采初期急剧增大，随着抽采持续，漏气圈半径增大趋势逐渐降低。煤体强度及钻孔所处位置的应力是影响漏气圈半径的重要因素，地应力越大漏气圈半径越大，而煤体强度越大漏气圈半径则越小。在整个抽采过程中，漏气圈半径存在一个相对稳定值，在达到稳定值以前漏气圈半径呈现增大趋势。

如采用囊袋法主动施加支护力可达到稳定钻孔孔周围岩的目的，减少钻孔变形，有利于煤层瓦斯抽采。

九、钻孔检验

测定孔口负压和抽出气体的浓度，符合企业制定的抽采钻孔所要求的孔口负压和气体浓度。顺层钻孔测定钻孔煤孔率符合相关要求。测定钻孔深度符合相关要求。检查钻孔方位角、俯仰角符合设计要求。

第三节　定向钻孔施工技术

一、高位定向钻孔瓦斯抽采原理

煤层开采引起上覆岩层应力场重新分布，导致上覆岩层变形破坏，在覆岩中形成采动裂隙。当采空区顶板岩层充分垮落后，在采空区上覆岩层存在冒落带、裂隙带、弯曲下沉带。随着工作面的推进，采空区岩体中部逐步被压实，采动裂隙逐渐闭合。本书前述有关章节阐述的"O"形圈区理论同样适用于高位定向钻孔瓦斯抽采。本煤层及邻近层瓦斯在卸压解吸后，以"扩散－渗流"的方式沿瓦斯导气裂隙带运移，聚集在采空区顶板"O"形圈区内，使其成为瓦斯聚集的主要场所。

高位定向长钻孔就是在回采工作面回风巷回采帮侧布置钻场，首先施工上仰穿层钻孔至煤层顶板目标层位，然后沿着煤层顶板目标层位，利用随钻测量技术进行定向钻孔先导孔施工，到终孔位置后退出钻杆，最后下入扩孔钻具进行全程扩孔，增大钻孔直径。

二、典型高位钻孔结构设计

钻孔设计要遵循以下基本原则：根据工作面长度、钻场位置及钻机施工能力设计钻孔孔深；根据工作面走向及布孔方式设计主钻孔方位；根据钻孔最困难抽采期抽采流量设计确定钻孔数目；依据"O"形圈高效区宽度和钻孔数目确定布孔间距；将钻孔布置在工作面回采后裂隙带底部，"O"形圈区域内；合理设置孔口段倾角及方位，使钻孔快速进入目标层位，提高目标层位钻遇率；每隔一定间距预留分支点以便开钻分支钻孔进行接力抽采。

为提高钻孔瓦斯抽采效率，采用二次扩孔技术，如先施工孔径 96 mm 的定向钻孔，然后采用 ϕ96 mm/ϕ120 mm/ϕ153 mm 组合塔式扩孔钻头进行扩孔，高位定向长钻孔结构设计相对简单，钻孔由套管孔段、定向造斜段和定向稳斜段组成。

高位定向长钻孔典型结构示意图如图 5-8 所示。

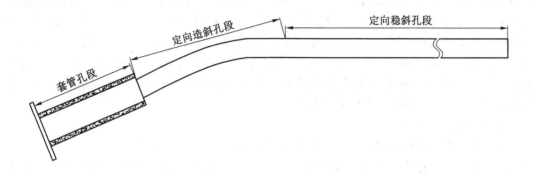

图 5-8　高位定向长钻孔典型结构示意图

1. 套管孔段

为保证孔口套管顺利下入，开孔孔径大于 ϕ193 mm，套管段下入 9 m，套管规格 ϕ160 mm，然后注浆封孔。

2. 定向造斜孔段

采用随钻测量技术，保证钻孔造斜钻进。先导孔钻孔直径为 ϕ96 mm，二次扩孔至 ϕ153 mm。

3. 定向稳斜孔段

进入稳斜孔段后，通过对孔内马达弯接头的调整，使钻孔按照设计轨迹稳斜钻进。先导孔钻孔直径为 ϕ96 mm，二次扩孔至 ϕ153 mm。

三、高位定向钻孔技术优点

根据"O"形圈理论，将抽采钻孔布置在"O"形圈内是进行瓦斯高效抽采的关键。高位定向长钻孔利用定向钻进技术，通过对钻孔轨迹的精确控制，将钻孔布置在近回风巷采动裂隙"O"形圈范围内，使钻孔在"O"形圈内充分有效延伸。相比常规顶板高位孔，高位定向长钻孔延伸距离长、覆盖范围广，可以实现 95% 以上孔段位于高效区，少量定向长钻孔就能覆盖整个工作面，能有效缩短施工周期，减少高位钻场数目，高效解决回风隅角瓦斯问题，降低回风巷瓦斯浓度。

四、定向钻进技术

1. 钻进装备

如某研究院研制的 ZDY6000LD 型定向钻机、FMC460 型泥浆泵、YHD1-1000 型随钻测量系统、ϕ73 mm 通缆钻杆、ϕ73 mm 通缆送水器（水便）、ϕ89 mm 普通送水器（水便），ϕ73 mm 上/下无磁钻杆、ϕ89 mm 外平钻杆。不同规格的普通钻头、扩孔钻头。详见本书有关章节。

2. 钻孔轨迹控制技术

定向钻工作原理是螺杆钻具工作时靠高压水驱动钻头回转破碎岩石，而螺杆钻具外管及钻杆柱不回转，螺杆钻具前端布置有弯外管，通过随钻测量系统测量钻孔参数并及时调整钻进参数，从而可达到定向钻进目的。在定向钻施工过程中，通过探管可随钻测量钻孔倾角、方位及工具面向角（螺杆钻具弯头朝向），通过钻机转动钻杆一定角度达到调整工具面向角实现定向钻进目的，并根据实测轨迹与设计轨迹之间上下、左右偏差决定采用降斜、稳斜、增斜、降方位、增方位等不同轨迹控制方法，确保钻孔实钻轨迹沿设计轨迹钻进。每 50～80 m 间距通过先快速降斜（工具面向角调整为 180°），再快速增斜（工具面向角调整为 0）的施工方法预留分支点。

3. 开分支钻孔技术

分支钻孔是指在施工过程中为了绕开遇到的断层、破碎带及泥岩等不稳定地层，或在不影响主孔施工的过程中去探测附近地层（标志层）走向变化，或设计施工分支钻孔进行接力抽采等目的，从主孔中通过控速钻进等方法侧钻出一条新的钻孔。在高位大直径定向长钻孔施工中可有意通过开分支技术增大钻孔覆盖范围，增加瓦斯抽采量，或进行中间接力抽采，减少开孔个数，节省材料，提高施工效率。

4. 施工流程

定向长钻孔施工技术主要包括开孔及孔口装置安装、定向钻进、开分支钻孔等工艺，施工工艺流程如图 5-9 所示。

5. 开孔及孔口装置安装方法

根据设计方位、倾角，一开始采用 ϕ96 mm 钻头回转钻进 12 m，然后采用 ϕ153/ϕ96 mm 扩孔钻头扩至 12 m，其后二次采用 ϕ193/ϕ153 mm 扩孔钻头扩至 12 m，下入 9 m ϕ180 mm、壁厚 10 mm 的孔口管，采用水泥砂浆或聚氨酯封孔。孔口管外露部分长度为 15 cm，连接孔口四通，分别连接负压管路及孔口除渣器等，待孔口水泥砂浆凝固后下入定向钻具组合，进行定向钻进。

6. 定向钻进技术方法

定向钻进过程应保证钻孔轨迹沿着设计轨迹穿行。一般每 6 m/3 m 测量 1 次钻孔轨迹，根据实钻轨迹与设计轨迹之间的偏差调整螺杆钻具工具面向角；当实钻轨迹与设计轨迹之间偏差>2 m 时采用调整工具面向角连续造斜，快速逼近设计轨迹；当实钻轨迹与设计轨迹上下（或左右）偏差<1 m 时，采用调整工具面向角稳斜钻进，慢速靠近设计轨迹。施工过程应严格控制给进压力，并密切观察各仪器仪表参数及孔口返水情况，一旦出现憋泵、返水返渣异常等情况应降低给进速度，加大泵量冲孔，如破碎带返渣掉块过多过大，频繁憋泵，多次处理无法正常通过时，可退钻至安全孔段，开分支绕过不稳定地层孔段。

7. 开分支钻孔方法

开分支钻孔时，选取倾角为持续增长孔段（最好为正直孔段），将工具面向角调整为 180°，采用减压给进、控时钻进的方法，钻进速度根据岩层软硬情况为 40～60 min 每行

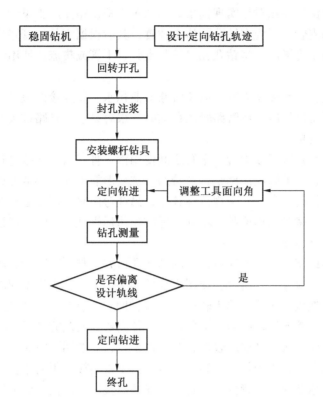

图5-9　定向长钻孔施工工艺流程图

程，岩层较硬的情况下适当降低给进速度，待给进压力持续增加，泥浆泵压力略有增加、钻孔返水颜色变深可判断出分支钻孔已经开出。

8. 扩孔

为增加瓦斯抽采效果，增大裂隙导通范围，减少钻孔阻力，$\phi98$ mm 定向长钻孔施工完成后，提钻更换 $\phi89$ mm 外平钻杆，依次采用 $\phi133$ mm/$\phi96$ mm、$\phi153$ mm/$\phi133$ mm 扩孔钻头，回转扩孔至孔底。

第四节　钻孔孔口管连接技术

一、连接方法分类

钻孔封孔后，孔口与支管连接，或与干管连接，或与集流器连接进行抽采，在目前连接使用的方法中，主要有使用硬质管路连接的硬连接和使用钢丝骨架软管连接的软连接两种。

1. 硬连接、软连接

硬连接。硬连接的方法有两种。第一种：在钻孔施工完毕后，根据钻孔开孔位置安装集流器或有对应接头的支管，安装完毕后，使用阻燃抗静电硬质管路将钻孔孔口管与集流器或支管、干管预留接头相对接实现抽采。第二种：根据钻孔施工设计位置，先安装集流器或有对应接头的支管、干管在钻孔预施工位置，其后根据安装的管路接口位置准确对应进行钻孔施工，施工完毕后，将钻孔孔口管与支管、干管或集流器使用阻燃抗静电硬质管路进行连接。

硬连接的优点：安装美观大方，避免管路弯曲积水。硬连接的缺点：抗压、抗变形能力差，一旦安装后受外界压力或管路轻微移动时，很容易造成管路接头开裂或断裂；孔口与管路接口要精准对接。

软连接：钻孔与集流器或支管、干管之间使用钢丝骨架软管连接进行抽采。软连接的优点是：可操作性强，可以灵活调整接抽管路，抗变形能力强，小范围调整管路不会造成漏气或断裂。软连接的缺点：安全规范性较差，吊挂弯曲时，可能会导致管路内积水，影响抽采效果；管路较多时显得凌乱，不利于标准化达标管理；软管连接抽采阻力较大。

2. 直连连接、弯头连接

钻孔与集流器或支管、干管连接时，因钻孔孔口方向与所需对接的集流器或支管、干管对接口不在同轴对应方向，所以，使用不同的连接方法，会产生不同的视觉效果。

直连连接。此连接方法只能用于软连接；接抽时，将孔口与所对接的集流器或支管、干管接头使用软管直接连接，中间不借助任何管件拐弯，安装完毕后，软管有一段或全部会形成弯曲状态。此方法标准要求较低，视觉效果差，一般用于临时性抽采连接。

弯头连接。此方法适用于软连接和硬连接，其中硬连接必须使用；接抽时，在需要拐弯地点，使用对应角度的弯头管件进行拐弯，安装连接后，规范、标准较高，利于标准化达标。

3. 法兰固定连接、管路插入卡箍固定连接

接抽时，孔口封孔预留管和集流器或支管、干管接头对接时，有法兰连接和管路插入卡箍固定连接两种。

法兰连接。法兰连接时，要求钻孔封孔预留管和集流器或支管、干管接头处必须有配套的法兰盘，其中集流器或支管、干管接头必须在加工时预留合适法兰盘，孔口预留管可根据管材性质在连接时安装合适法兰盘（PVC – C 管可选此项），最后使用长度合适、两头带配套法兰的软管或硬质抽采管进行连接抽采。

管路插入卡箍固定连接。此方法适用于软连接，使用此方法时，要求钻孔与集流器或支管、干管连接软管内径必须比钻孔孔口管外径略大（最大不超过 2 mm），选择长度合适的管路将钻孔孔口管套入连接，并使用卡箍固定。

二、管路连接注意事项

1. 规划设计

瓦斯抽采钻孔连接方式在设计时，需要综合考虑钻孔布孔方式、钻孔间距、抽采时间、抽采地点现场条件等因素进行管网及连接设计。无论设计选择哪种连接方式，连接管路的长度设计必须合适，不宜过长，尤其在使用软连接时，管路过长易造成下垂弯曲，弯曲后影响达标和容易积水，且阻力增大。在设计抽采时间较长的钻孔连接时，应首先选择弯头连接方案；在设计抽采时间较短、现场不影响其他作业或运输行人的钻孔时，可考虑直接连接；其他则根据现场情况进行选择调整。

2. 防积水

连接软管防积水问题。首先在设计时，尽量避免钻孔连接的管路安装后成仰角（即钻孔孔口处于相对低位），如果设计时无法避免安装后连接管成仰角，可在孔口安装一个下向三通，三通一端安装截止阀，定期进行放水；施工时，连接管必须安装成流线型，避免连接管路弯曲积水；安装连接的集流器或支管、干管必须低于孔口位置，使钻孔孔口处于相对高位便于钻孔排水；若巷道中线方向存在较大起伏，导致集流器坡向下方侧钻孔处于低位，此时集流器应考虑单侧使用，保证钻孔孔口处于相对高位。在集流器底部或支管、干管相对较低位置安装自动或手动放水器进行放水，防止管路积水，提高抽采效果。

3. 防脱落

钻孔接抽后，接抽管路防脱落管理至关重要。在管路防脱落措施中，首先采取的措施是抽采管路安装后，将抽采管路与附近固定物固定在一起，防止长时间抽采及管路内积水造成管路下坠脱落；其次就是加强检查，以及减少施工影响，防止因外力造成管路脱落；再次就是连接接口保证牢固、构件保证紧固。

4. 专业安全生产标准化管理体系要求

根据相关要求，钻孔连接必须保证严密不漏气，吊挂平直，管道内不得积水，所有接抽使用的材料必须符合煤矿安全使用标准，并定期检查；主、干管路的支点、吊挂点符合设计要求；软管吊挂点均匀规范，所用材料符合要求。

5. 其他注意事项

所有管路接抽设计必须经济合理，管路接地极安设符合要求，选材必须符合规范标准规定，管路管径选择必须满足设计和抽采能力要求，连接管与封孔预埋孔口管管径匹配，且每个钻孔应安装有独立的开关控制阀等。

第五节　顶钻、夹钻、钻孔喷孔问题及解决方案

一、概念及现象

顶钻现象是一种在钻孔施工期间出现钻机旋转正常但给进压力突然增大，钻进困难甚至出现钻杆后退的现象。

夹钻也叫抱钻现象，是一种钻机在正常钻进过程中突然发生旋转压力增大，钻机转速突然下降甚至停止转动的现象。

喷孔是一种在钻孔施工期间发生的突然喷出大量水、渣、煤岩粉及瓦斯等混合物的动力现象。喷孔时孔口喷出大量瓦斯和煤粉，并伴随有煤炮声和气流冲击声，喷出的时间几分钟至几十分钟不等，严重时可导致巷道瓦斯超限，甚至诱发煤与瓦斯突出现象。

二、原因分析

1. 顶钻现象发生原因

顶钻现象大部分发生在煤层钻孔中或钻孔由岩见煤的过程中，其主要原因是由于煤体瓦斯压力较大，顶钻现象往往伴随着瓦斯喷孔现象。还有一种可能情况是因钻孔施工过程中排渣不畅导致孔内瓦斯积聚，压力逐渐增大，造成顶钻现象发生，直至将淤塞的钻渣顶

吹喷出，形成喷孔。用水返渣施工一般发生在俯角钻孔施工过程中。

2. 夹钻现象发生原因

（1）构造带岩性破碎。

（2）应力集中区巷道压力变化较大造成钻孔内钻杆受到挤压。

（3）钻进时钻头被堵塞未及时发现或松软煤层钻孔排渣不力。

（4）煤孔段起钻期间不带风（水）排渣，生拉硬拽。

（5）钻孔钻屑泥化膨胀。

（6）钻孔垮塌。

3. 喷孔现象发生原因

（1）抱钻卡钻时钻杆周围不返风（水），导致卡钻点以里段风（水）瓦斯等混合物压力较高，钻杆松动后瞬间涌出卸压。

（2）钻孔施工期间遇到瓦斯富集区，高压力瓦斯通过钻孔瞬间卸压喷出。

（3）钻孔施工过程中排渣不畅导致孔内瓦斯积聚，压力逐渐增大，直至将淤塞的钻渣顶吹喷出。

三、处理方案

1. 顶钻现象的处理

（1）顶钻现象往往与瓦斯压力有关，因此在发现有顶钻现象后要暂停进尺，保持空转排渣，同时要做好抽采瓦斯和防止喷孔造成瓦斯超限的准备工作。

（2）抽采准备工作和防喷装置安设好后方可缓慢进尺，进尺期间要密切关注给进压力变化、孔口返渣、排出瓦斯的情况。

（3）孔口如出现返渣量异常变大或孔口瓦斯浓度迅速上升时，要停止进尺，钻机空转，加强排渣和释放瓦斯，待返渣和瓦斯排出情况正常后方可继续缓慢进尺。

（4）钻机空转排渣时如给进压力过大或出现钻杆缓慢后退现象，可适当后退钻杆或起出一根钻杆降低孔内顶钻压力，然后反复回转排渣，缓慢钻进。

2. 夹钻现象的处理

（1）发生夹钻迹象后，要立即停止钻进，降低马达转速增大扭矩力，尽量保持钻杆处于旋转状态进行排渣，可采取空转、后退或反复回转钻杆的方式排出堵塞在钻杆周围的煤岩粉，尽量避免发生夹钻现象。

（2）发生夹钻并无法转动钻杆时，将马达转速调到最小，以增大钻机扭矩力。

（3）采取正转点动钻机同时配合铜锤震动钻杆的方法处理夹钻。

（4）采取钻机正转、反转来回交替闪动钻杆并来回拉动钻杆的方式处理夹钻。

（5）打开送水器（水便）向孔内长时间注入高压水，让夹钻点的煤岩粉遇水泥化变软，降低钻杆旋转阻力。泡钻期间配合点动、震动、来回闪动、推拉等方式处理夹钻。

（6）在原有钻孔旁沿被夹钻杆按同样的钻孔倾角和方位重新施工一个同样孔深的钻孔，降低或消除被夹钻杆的旋转阻力后处理夹钻。

3. 喷孔现象的处理

（1）孔口如出现瞬间喷出大量煤粉或瓦斯时要立即停止钻进，连接瓦斯管路进行抽采，但不得拔出钻杆，防止拔出钻杆期间导致煤与瓦斯突出。

（2）喷孔现象严重时要立即停电、撤人。

（3）安装防喷装置，保证施工安全。

一种孔口防喷孔装置现场使用示意图如图 5 –10 所示。图中防喷箱用两根锚固柱通过卡子固定在钻孔孔口，其上通过软管与抽采管路连接。若钻孔发生喷孔，喷出的瓦斯等气体通过管路大部分被抽走，减少巷道空间瓦斯排放量。

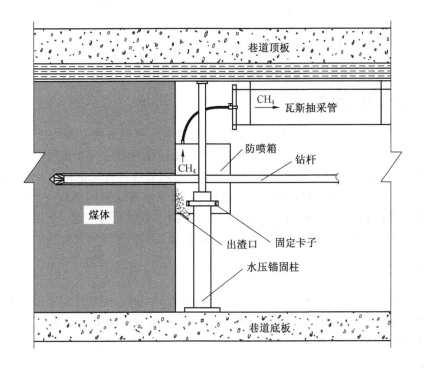

图 5 –10　一种防喷孔装置现场使用示意图

第六章　瓦斯抽采钻孔增透技术

第一节　瓦斯抽采钻孔增透概念和意义

一、瓦斯抽采钻孔增透的概念

什么是瓦斯抽采钻孔增透技术？简单来说就是采用物理方法（如水砂压裂、水力压裂、冲孔、割缝、冲刷、液态 CO_2 气相预裂等）、物理化学方法（如炸药爆破预裂、液态 CO_2 致裂器致裂等）、化学方法（如压注化学材料对煤岩体进行化学侵蚀、利用化学反应膨胀材料进行膨胀致裂等）对已施工瓦斯抽采钻孔穿过的煤岩体进行一定程度的破坏，达到增加煤岩体内孔隙、裂隙，扩展煤岩体内层理面、节理面的目的，从而达到增大煤岩体透气性，促进煤层瓦斯游离解吸，提高钻孔煤岩层瓦斯抽采效率和效果的目标。

二、瓦斯抽采钻孔增透的意义

瓦斯抽采钻孔增透的意义主要体现在瓦斯抽采的时间性、经济性和有效性方面。

据统计，我国 50% 以上的矿井为高瓦斯矿井或者煤与瓦斯突出矿井，其中 95% 以上的矿井开采煤层又属于低透气性煤层。这给矿井煤层瓦斯的治理及煤层气资源的开发利用带来了一定的难度。

钻孔抽采瓦斯是解决矿井瓦斯问题的重要手段，其中煤层透气性是影响钻孔瓦斯抽采效果的主要因素之一。煤层透气性是评价瓦斯和煤层气抽采阻力大小、难易程度和煤层突出危险性评价的重要指标，其物理意义是指在 $1 m^3$ 煤体的两侧，当瓦斯压力平方差为 $1 MPa^2$ 时，通过 $1 m^2$ 煤层断面每日流过的瓦斯量。瓦斯抽采钻孔增透的目的就是增加煤层透气性。

采取煤层增透技术不仅有利于降低煤层瓦斯抽采的难度，提高钻孔抽采效果，缩短预抽达标时间，还可以增大钻孔抽采半径，合理减少钻孔的布置数量，降低瓦斯治理成本。对于穿层钻孔，可提高煤岩体的通透性，减少瓦斯流场的阻力。

第二节　水压预裂瓦斯抽采钻孔增透技术

一、水压预裂的技术原理

水压预裂增透技术以矿井水作为预裂介质，通过高压注水泵不断向煤体注入高压水，在水压的作用下使煤体原生裂隙扩张、延伸，相互沟通，增加煤层的透气性系数，同时在水的浸润驱替作用下，煤体内部分难于抽采的吸附态瓦斯变成易抽采的游离态瓦斯，从而提高瓦斯抽采效果。

二、水压预裂工艺及设备

1. 水压预裂工艺

（1）收集预裂地点的相关资料，根据其主应力场方向、巷道布置方式、煤层产状，合理编制压裂钻孔和检验钻孔的设计和压裂方案。

（2）按设计施工压裂钻孔和检验孔，连接压裂泵、高压管路和监测监控系统。

（3）按设计方案对压裂钻孔注水压裂，观察压裂泵的泵压、注水量、压裂孔及检验孔附近渗水情况，确定压裂有效半径。

（4）施工考察钻孔，对压裂半径内的煤层透气性系数、钻孔瓦斯流量衰减系数、瓦斯含量、瓦斯压力、抽采半径、抽采浓度、抽采流量等参数进行数据考察。

（5）对压裂前后的相关参数进行分析对比，确定合适的压裂孔布置间距和抽采钻孔布置间距。

2. 设备连接布置

水压预裂设备主要包括高压泵站、储水水箱、手压泵、储能器、阀门、管路系统、仪表、封孔装置等。水压预裂设备连接布置示意图如图6-1所示。

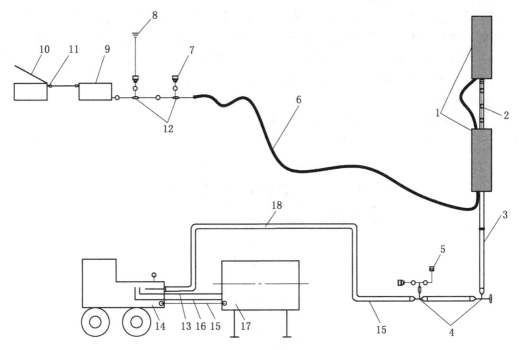

1—封孔器；2—出水筛管；3—注水钢管；4—三通；5—水压表；6—注液管；7—截止阀；8—静水压；
9—蓄能器；10—手压泵；11—快插头；12—三通；13—溢流管；14—高压泵；15—回水管；
16—供水管；17—水箱；18—高压注水管

图6-1　水压预裂设备连接布置示意图

三、水压预裂钻孔固管注浆封孔工艺

1. 孔口固管工艺

　　按照压裂钻孔设计参数先采用 $\phi133$ mm 钻头开孔施工 8 m，然后下 $\phi127$ mm 孔口管 8 m。孔口 1 m 段采用聚氨酯封孔，上孔口管闷盘后注水泥浆，达到封堵孔口围岩裂隙、固定岩心管的目的，注浆压力为 2 ~ 4 MPa。

2. 穿层揭煤钻孔孔内预注浆工艺

　　第一次注浆凝固 24 h 后，使用 $\phi94$ mm 钻头施工至预计见煤前 1 ~ 2 m 时停钻，采用高压注浆封堵煤层底板裂隙，注浆压力不小于 8 MPa。

　　第二次预注浆凝固 48 h 后，使用 $\phi94$ mm 钻头施工至见煤 2 ~ 5 m，起钻前使用压风将钻孔内煤岩粉吹尽。

3. 典型钻孔封孔注浆工艺

　　（1）将压裂专用无缝钢管连接紧固后送入孔内，直至下到孔底后固定，见煤段为筛管，筛管外用纱布包裹。

　　（2）下一内径 12.5 mm 镀锌铁管至距离筛管下端 1 m 位置，作为返浆管；另下一 6 m 长内径 12.5 mm 镀锌铁管作为注浆管。

　　（3）采用聚氨酯封堵孔口段，封堵长度不少于 2 m。

　　（4）从注浆管注浆至返浆管返浆后，关闭注浆管闸阀；从返浆管注适量清水后关闭返浆管闸阀，注水防止返浆管堵塞。

　　（5）第一次注浆 24 h 后，打开返浆管闸阀放水；然后使用返浆管进行第二次注浆，待压裂管返浆后关闭压裂管闸阀，再次使用返浆管带压注浆，注浆压力不小于 6 MPa。

　　（6）带压注浆结束后打开压裂管闸阀，将压裂管内水泥浆放掉，并使用压裂管注清水，注水压力不小于 6 MPa，防止压裂管端头的花眼堵塞。待第二次注浆凝固 48 h 后打开压裂管闸阀放掉清水。

　　水压预裂钻孔注浆封孔工艺示意图如图 6 - 2 所示。

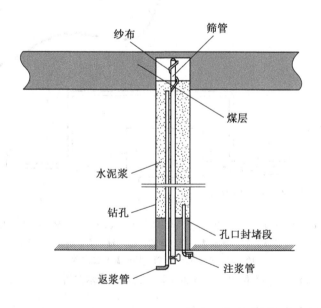

图 6 - 2　水压预裂孔注浆封孔工艺示意图

四、水压预裂钻孔封孔器封孔工艺

前述水压预裂注浆封孔工艺复杂、封孔困难，经济性差，钻孔胶囊封孔器应运而生。封孔器由于受耐压性能、使用寿命、综合成本和封孔效果等因素制约，在一定程度上影响了其广泛应用。对于钻孔胶囊封孔器，有效封孔的2个条件分别是钻孔孔壁对封孔器的摩擦力要大于钻孔内高压水对封孔器的向外推力；封孔器作用在钻孔壁上的有效压力大于水力压裂的最大注水压力。理论分析与实践结果表明：当胶囊长度大于临界长度时，胶囊内充水压力越大，胶囊段的长度越长，钻孔直径越小，封孔器所能承受的最大注水压力越大；反之亦然。胶囊封孔最大耐压能力主要取决于胶囊内充注水压力。

钻孔胶囊封孔器结构：由高压橡胶膨胀胶囊、胶囊充水管及高压接头、泄压阀、预裂高压水管及高压接头等组成。钻孔胶囊封孔器结构示意如图6-3所示。

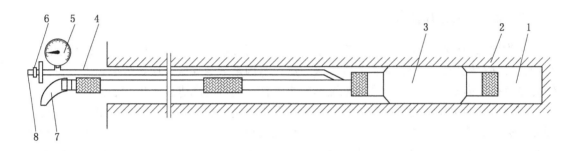

1—预裂段；2—钻孔；3—胶囊；4—胶囊压水管；5—压力表；6—阀门；
7—连接高压压裂设备；8—连接胶囊注水设备

图6-3　钻孔胶囊封孔器结构示意图

使用水压预裂钻孔胶囊封孔器封孔快速、简便。只需将作业现场高压供水设施（或手压泵）与封孔器胶囊充水管连通，将封孔器完全插入钻孔内确定位置，在一定的压力下，封孔器胶囊膨胀实现封孔。高压供水设施与封孔器预裂高压水管连接，启动高压供水设备进行水压预裂。

钻孔胶囊封孔器可反复使用数次，水压预裂结束后卸掉压力，封孔器即可恢复原状，取出封孔器，妥善保管以备复用。

五、钻孔靶向定位预裂技术

对于穿层钻孔，进行目标层、目标孔段或关键层精准靶向定位预裂具有很强的必要性和实用性。钻孔如果穿过坚硬煤岩层，则首先应对该坚硬煤岩层段进行预裂，只要该孔段预裂效果良好，则整个钻孔就能保证预裂效果，此时应将封孔器胶囊之间的筛管精准置于该孔段中位进行预裂。如果不先行预裂坚硬段，则较软段的先行预裂影响后行段预裂水压，坚硬段将很难被高效裂开。分隔式钻孔胶囊封孔器结构示意图如图6-4所示。

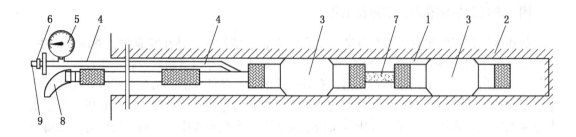

1—目标靶向压裂段；2—钻孔；3—胶囊；4—胶囊压水管；5—压力表；6—阀门；
7—压裂筛管；8—连接高压压裂设备；9—连接胶囊注水设备

图6-4 分隔式钻孔胶囊封孔器结构示意图

六、高位钻孔水压预裂

作为抽采回风隅角和工作面邻近采空区瓦斯的高位钻孔，一般应处于煤层顶板裂隙发育带，且钻孔较长，孔径较大，若因开采、施工等因素影响导致煤层顶板裂隙不发育，或钻孔没有打到高效区域，高位孔抽采瓦斯效果不佳，则可考虑进行水压预裂。

高位钻孔的水压预裂有两种方法，一种是孔内直接压裂法，另一种是顺槽小直径钻孔间接压裂法。孔内直接压裂法与钻孔靶向定位预裂相似，存在钻孔较长、孔径较大、封孔器直径大、操作困难的缺点。顺槽小直径钻孔间接压裂法是在回风顺槽向预裂目标区域施工小钻孔，利用小直径封孔器实施靶向定位预裂，但需要增加钻孔工程量，并对小直径钻孔进行高质量靶向封孔。另外，小直径钻孔易与高位孔直接或间接贯通，影响压裂效果。

七、水压预裂增透的注意事项

（1）连接注水设备和预裂钻孔的高压连接管要满足水压预裂增透压力的要求。

（2）预裂增透钻孔的封孔、固管要严格按设计要求进行，封孔结束后要做耐压试验，确保满足要求。

（3）高压注水设备和监测监控系统设置地点要合理，确保预裂增透人员安全。

（4）预裂增透前要对预裂地点的地质资料进行分析，根据其各层位的岩性，评估其抗压强度，对于顶板岩性以泥岩、砂质泥岩等软岩为主的巷道，要提前进行预注浆加固，防止预裂增透期间造成巷道变形、垮塌。

（5）预裂增透期间预裂段两侧50 m要设置警戒，严禁人员进入，防止造成人身伤害。

（6）预裂期间要密切关注预裂增透钻孔周围情况，发现有巷道变形、垮塌、大量出水等现象时要立即停止预裂。

（7）使用高压胶囊封孔器封孔时，封孔器定位要准确，对胶囊封孔给压时，要做到给压均匀，达到预定封孔压力时，视钻孔煤岩的致密稳定性确定60～120 s左右的憋压时间，确保封孔可靠。

（8）使用高压胶囊封孔器封孔时，封孔器的规格与钻孔孔径、预裂水压等要互相匹配。

（9）进行送插封孔器、拆卸高压管及回收封孔器等作业时，严禁带压操作。

（10）任何情况下人员不得正对孔口操作或观察孔内。

第三节 瓦斯抽采钻孔掏穴增透技术

一、钻孔掏穴增透技术原理

掏穴增透技术是通过使用双翼扩孔钻头增加钻孔周围煤体的空间和暴露面积，从而改变煤体应力状态，使煤体内的裂隙在应力作用下扩大、贯通或形成新的裂隙，以增加煤层透气性系数，增大有效抽采半径，从而提高煤层瓦斯的抽采效果，降低煤层瓦斯突出危险性。该技术多用于穿层钻孔施工、石门揭煤钻孔施工等。

二、掏穴扩孔设备及施工工艺

1. 掏穴扩孔设备

钻机：宜选用低转速、高扭矩的钻机，以满足采用复合片钻头施工大直径钻孔的需要。

钻具：宜采用 $\phi73.5$ mm 肋骨钻杆和 $\phi133$ mm 复合钻头，扩孔时使用 $\phi113$ mm 双翼扩孔钻头（展开后为 $\phi220$ mm）。双翼扩孔钻头实物图如图 6-5 所示。

图 6-5 双翼扩孔钻头实物图

2. 掏穴钻孔施工工艺

（1）使用 $\phi133$ mm 钻头施工至设计孔深，起钻后在孔外更换扩孔钻头，并确保掏穴扩孔钻头能正常打开。

（2）扩孔钻进：先把扩孔钻头不带风（水）送至见煤处 100 mm 以上，然后缓慢开启风（水），钻杆只旋转不给进，利用风（水）压和离心力使扩孔钻头双翼完全打开。

（3）正常掏穴扩孔钻进：钻进期间要轻压慢进，密切关注钻孔排渣、返风（水）情况，确保孔内煤渣排净，防止出现卡钻现象。

（4）起钻：起钻前先停止旋转，关闭压风（水），待钻头双翼复位后，方可缓慢起钻。

第四节　水力割缝瓦斯抽采钻孔增透技术

一、水力割缝增透技术原理

高压旋转水射流割缝增加了煤体暴露面积，给煤层内部卸压、瓦斯释放和流动创造了良好的条件，缝槽上下的煤体在一定范围内得到较充分的卸压，增大了煤层的透气性。缝槽在地压的作用下，周围煤体产生空间移动，扩大了缝槽卸压、解吸瓦斯范围。在高压旋转水射流的切割、冲击作用下，钻孔周围一部分煤体被高压水击落冲走，形成扁平缝槽空间，增加了煤体中的裂隙，可大大改善煤层中的瓦斯流动状态，为煤层瓦斯逸放与抽采创造有利条件，改变了煤体的原始应力和裂隙状况，缓和煤体和围岩中的应力紧张状态，提高了煤层的强度，并提高透气性和瓦斯释放能力。

二、水力割缝增透设备简介

水力割缝增透设备主要包括金刚石复合片钻头、高低压转换割缝器、水力割缝浅螺旋整体钻杆、超高压旋转水尾、超高压胶管、超高压清水泵及水箱等。超高压水力割缝工艺与设备布置示意图如图 6-6 所示。超高压水力割缝部分器材实物如图 6-7 所示。

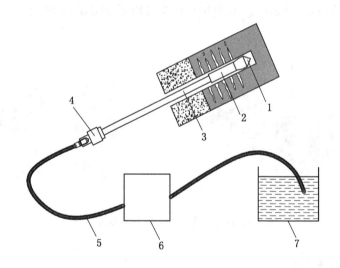

1—金刚石复合片钻头；2—高低压转换割缝器；3—水力割缝浅螺旋整体钻杆；
4—超高压旋转水尾；5—超高压胶管；6—超高压清水泵；7—水箱
图 6-6　超高压水力割缝工艺与设备布置示意图

国内矿井采用煤层超高压水力割缝抽采效果表明，割缝钻孔平均单刀出煤量达 0.3 t，等效割缝半径达 2 m，割缝后钻孔瓦斯抽采浓度同比提高了 40%，瓦斯抽采纯量提高了 3 倍，有效抽采半径对比普通钻孔超过 3 倍，抽采达标时间缩短 40% 左右。应用表明，采用超高压水力割缝增透技术后，煤层的透气性明显改善，达到了快速卸压增透的目的。

(a) 金钢石复合片钻头　　　　(b) 高低压转换割缝器

图6-7　超高压水力割缝部分器材实物图

第五节　气相预裂瓦斯抽采钻孔增透技术

一、压注液态 CO_2 气相预裂瓦斯抽采钻孔增透技术

1. 气相预裂技术的原理

气相预裂增透技术以液态 CO_2 等作为预裂介质，通过其相变后急剧膨胀产生的高压形成驱动力，结合煤岩层的低温损伤效应，作用于煤岩层层理、裂隙、孔隙等，随着预裂过程的持续进行，层理、孔裂隙不断向前延伸和扩张，最终在预裂孔周围形成具有一定几何尺寸和数量的裂缝，实现煤层增透的目的。

2. 液态 CO_2 预裂技术工艺及设备

（1）液态 CO_2 预裂技术工艺流程。在预裂前按设计施工预裂钻孔和效果检验孔，通过预裂试验对效果检验孔进行数据考察分析，确定预裂增透半径。预裂增透半径确定后，在增透作用范围内进行抽采半径测定，确定被增透后的煤层抽采半径。按预裂增透半径和增透后的煤层抽采半径合理布置预裂钻孔和抽采钻孔，避免出现增透和抽采"空白带"区域。

（2）液态 CO_2 预裂设备和材料。液态 CO_2 预裂设备主要包括 CO_2 槽车、CO_2 泵、流量计、阀门、仪表、温度显示仪及管路系统等。该实验组设计3个钻孔，两侧为压裂实验孔，两实验孔之间为检验孔，3个孔之间距离视煤层硬度、煤层可抽采性、钻孔可抽采时间等因素综合研究分析，并设计确定。钻孔深度 30～50 m 为宜。各压裂实验孔管路及监测系统并联布置。

CO_2 预裂设备连接布置示意图如图 6-8 所示，CO_2 预裂检验孔设备布置连接示意图如图 6-9 所示。

（3）压裂工艺。采用"间隔-阶段式"压注工艺，压裂增透过程具体如下：

试验过程中，将 CO_2 监测束管、压力表引至人工安全操作区域，采用 T_3 数据采集仪和 U 形压差计进行测试。压裂孔口压力表及管路流量计直接与 T_3 数据采集仪相连接，采集时间间隔为 1 s/次。

实验过程中根据每个单孔施工过程中所经历的"开气（注气态 CO_2）—开液—关液"

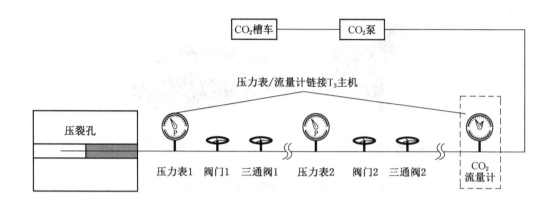

图 6-8 CO$_2$ 预裂设备连接布置示意图

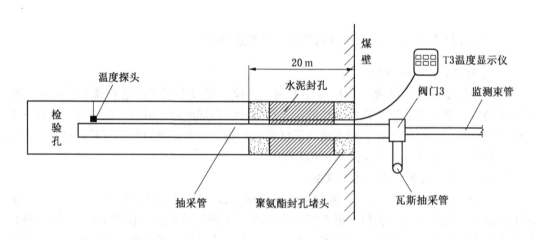

图 6-9 CO$_2$ 预裂检验孔设备布置连接示意图

工艺流程，T$_3$ 数据采集仪自动采集孔口及增压泵压力、瞬时及累积流量等。

（4）压裂数据分析。①通过压裂测试得到压裂过程基本参数，分析得到煤层压注液态 CO$_2$ 的压力值的控制范围。②在煤层压注液态 CO$_2$ 之后，CO$_2$ 以较低的温度快速垂直于压裂孔方向向周围煤体扩散，根据压裂孔一侧检验孔内的温度情况，分析其扩散半径。③根据压裂孔口裂隙发育、煤体壁面鼓出、位移、检测孔内气体参数情况，分析钻孔内的 CO$_2$ 沿着压裂孔径向扩展的扩展半径，为压裂后煤层的抽采半径选取提供依据。④根据压裂前后检验钻孔的抽采流量、浓度等参数的变化，分析压裂效果。

3. 压裂期间的安全注意事项

（1）由于液态 CO$_2$ 在压力低于 0.7 MPa 时会形成干冰，在使用液态 CO$_2$ 进行压裂前要先通过 CO$_2$ 储存罐上的排气阀向压裂钻孔内注入气态 CO$_2$，并使其孔内压力达到 0.7 MPa 后方可注液，以防形成干冰堵塞管路。

（2）液态 CO$_2$ 相变时体积膨胀 600 倍以上，相变时压力变化大，易造成高压胶管爆裂，压裂期间人员严禁处于压裂区域内。

（3）压裂期间要密切监测孔口压力变化情况，如出现压力迅速上升的情况要立即停止注液，以防出现高压胶管爆裂等现象。

（4）开展液态 CO_2 压裂前要对压裂段的巷道进行浅孔注浆加固，防止压裂期间出现煤壁位移、巷道破坏等现象。

（5）施工压裂钻孔时要合理选取封孔管材质、封孔深度和封孔工艺，以防在压裂期间出现封孔管外窜等现象。

（6）所有管路接头处要用 8 号铁丝进行二次保护，防止脱扣或炸裂造成管路甩出伤人。

（7）持续检测作业环境 CO_2 气体浓度，严防超限。

二、液态 CO_2 致裂器气相预裂瓦斯抽采钻孔增透技术

1. 液态 CO_2 致裂器技术原理

液态 CO_2 致裂器（以下简称致裂器）属于矿用物理爆破设备，是利用液态 CO_2 受热气化膨胀，快速释放高压气体破断岩石或煤层，有效避免以往采用炸药爆破开采和预裂中破坏性大、危险性高、产生高温火焰、释放有毒有害气体及矿体粉碎等缺点，为矿山安全开采和预裂提供可靠保障，广泛适用于煤矿和非煤矿山。

液态 CO_2 致裂器是根据矿山行业标准设计而成，具有结构简单、安全性高、工作可靠、爆破能量可控、可重复使用、操作维护简单等多种优点。

（1）结构原理。致裂器由充装阀、发热装置、主管、定压剪切片、密封垫、释放管等六部分组成。CO_2 致裂器组成结构示意图如图 6-10 所示。

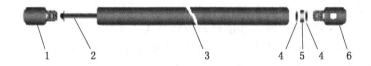

1—充装阀；2—发热装置；3—主管；4—密封垫；5—定压剪切片；6—释放管

图 6-10　CO_2 致裂器组成结构示意图

释放管和充装阀分别旋合在主管的两端。充装阀上设置有通向主管充装腔的充装通道及开启和关闭充装通道的顶针，释放管上设置有泄能通道，泄能通道的一端通向主管的充装腔，另一端通向 CO_2 致裂器外，释放管泄能通道与主管的充装腔间设置有密封垫和定压剪切片，主管的充装腔内设置有发热装置。

（2）工作原理。CO_2 在气温低于 31 ℃、压力大于 7.35 MPa 时以液态存在，而超过 31 ℃ 时开始气化，且随温度的变化压力也不断变化。利用这一特点，在致裂器储液管内充装液态 CO_2，使用起发器快速激发发热装置，液态 CO_2 瞬间气化膨胀并产生高压，当压力达到定压剪切片极限强度（可设定压力）时，定压剪切片破断，高压气体从释放管释放，作用在煤（岩）体上，从而达到致裂破碎、增透的目的。

（3）工作条件。①温度：0~40 ℃；②平均相对湿度：≤95%（+25 ℃）；③大气压

力：$80 \sim 106$ kPa；④允许在有瓦斯、煤尘爆炸性混合物的危险环境中使用；⑤矿山采掘工作场所；⑥其他不宜采用火工品爆破的场所等。

（4）配套设备。使用致裂器必须配备起发器、致裂器无损快速组装器、液态 CO_2 充装系统（自动化快速充装机、充装台、液态 CO_2 储气罐）及辅助工具等。

2. 液态 CO_2 致裂器致裂增透工艺设计及施工

液态 CO_2 致裂器致裂增透施工工艺流程是围绕 CO_2 致裂器地面组装、液态 CO_2 灌装、检测，以及井下钻孔置入或取出 CO_2 致裂器、连接杆等附件时所需要的实施过程。

（1）液态 CO_2 致裂器致裂增透施工工艺流程。液态 CO_2 致裂器致裂增透必须严格按照施工工艺流程设计执行，其工艺流程如图 6 – 11 所示。

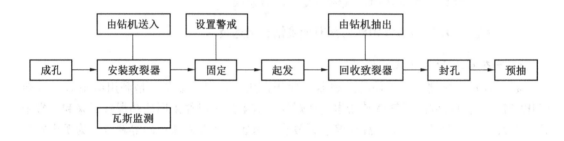

图 6 – 11　井下致裂施工工艺流程图

（2）液态 CO_2 致裂器致裂增透实施条件。①地面厂房：致裂器组装所需要的厂房面积约 25 m^2，厂房内需接有水、电及照明，适宜机械部件的组装、拆卸以及电气元件的检测，方便对设备、材料的拆装、存放与管理。②气源：液态 CO_2 气源的优劣直接影响施工的顺利进行及结果，应保证 CO_2 纯度不低于 99%。③井下场地：井下划定的致裂增透区域内无杂物，便于码放致裂器、连接杆及进行相关的组装、检测，且该区域符合安全规程要求的作业场所通风等环境参数。④人员安排及数据采集：配备人员完成致裂器的运输、搬运、清理等工作，测量瓦斯流量参数，并完成煤样瓦斯含量鉴定等数据取样工作。

（3）液态 CO_2 致裂器致裂增透井下现场工艺技术设计。液态 CO_2 致裂器致裂增透井下现场工艺技术设计与封孔器靶向定位水压预裂有相似之处，孔口设置封孔器，致裂器由钻机推送至需要致裂位置，其余孔段采用定制连接管进行连接。因致裂管及连接管的压力阻滞作用，液态 CO_2 致裂又是瞬间激发，且孔外连接管利用巷帮（底板）进行可靠支撑，因而孔口封孔器技术要求不及水压预裂封孔器技术工艺要求高，该封孔器直径比致裂管和连接管略大，略小于钻孔直径即可。具体施工过程中若封孔器与钻孔孔口配合间隙过大，可缠胶带或棉纱补偿。液态 CO_2 致裂器致裂增透典型工艺技术示意图如图 6 – 12 所示。

（4）液态 CO_2 致裂器致裂增透实施过程。①液态 CO_2 致裂器组装、灌装及检测。②井下运输，致裂器安装（根据设计需要组合致裂器及连接杆的数量与排列）及检测致裂前相关参数。③致裂器在运输过程中，要轻拿轻放，要进行固定，保护措施更可靠。④在致裂器激发前应严格按照钻孔施工前、钻孔施工过程中、钻孔施工完毕进行瓦斯检测，致裂器置入操作前、置入操作过程中、致裂器连线激发前按照瓦斯检测及相关安全作业制度操作。⑤将致裂器释放管一端由钻机推入钻孔，将连接杆与致裂器注液阀一端螺纹

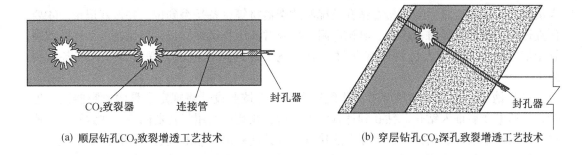

(a) 顺层钻孔CO₂致裂增透工艺技术　　　　　　(b) 穿层钻孔CO₂深孔致裂增透工艺技术

图 6-12　液态 CO_2 致裂器致裂增透典型工艺技术示意图

连接，继续由钻机顶入。连接杆数量根据致裂器在钻孔内的设定间距而定；每根连接杆长 1.5 m，根据设计需要进行组合。⑥依上述方法将第二根致裂器释放管一端连接到连接杆上，以下相同。钻孔内放置致裂器的数量视煤层厚度、钻孔长度、致裂作用距离等因素而设计确定。⑦测试致裂前相关参数。⑧撤人，设置警戒，并按照设计程序进行致裂增透施工，警戒撤人距离不小于 300 m（存在瓦斯突出倾向的矿井应采取远距离或全员撤至地面进行致裂作业）；对回风流及关联区域所有非本安型设备进行全部断电。⑨致裂增透后经过足够的等待时间（一般 30 min 以上），起发器操作员、瓦检员、班队长和安全员联合进行安全检查，确认安全并经允许后方可进入；等待时间不少于 30 min，存在瓦斯突出倾向的矿井应不少于 1 h。⑩致裂增透后，致裂器储液管及附件等由推送装置取出，运送至地面；对现场进行致裂效果评估和检验。

　　预期致裂增透效果示意图如图 6-13 所示。

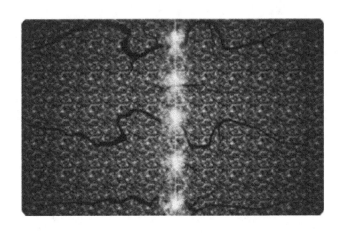

图 6-13　预期致裂增透效果示意图

　　（5）液态 CO_2 致裂增透施工准备工作组织方案。①每次致裂增透施工前，将充装后经检验合格的致裂器材装入专用运输箱，运输到施工地点，运输过程要有专人看管。②下井致裂增透施工前明确钻孔成孔情况及钻孔参数（孔号、孔径、孔深、遇岩情况等）；致裂施工工作人员提前将当次施工所需各种工具、材料准备好，以备下井作业之需。③工作人员到达施工地点之后立即检查钻孔情况和致裂器材等设备是否到位，并做好记录。④要认真逐一检测致裂器材：检漏、测试电阻，把异常高压管做好标记，确保送入钻孔的致裂管全部合格。⑤组织人员将所有器材运输到施工好的钻孔附近，摆放整齐，准备致裂施工。

（6）液态 CO_2 致裂增透施工工作组织方案。①按照设计将规定数量的致裂器逐一连接，接通电线后推入钻孔，钻孔到达预定深度后，在孔口使用封孔器固定，并做好外线连接。②用伸缩顶杆、钻机、封孔器、连接管或者其他稳定牢靠的设备将推杆固定牢固，连接致裂启动母线，进行导通试验，确保连接无误，准备引发致裂设备。③对巷道中瓦斯浓度进行测量，瓦斯浓度低于 0.5% 时方可实施下一步作业；进行撤人警戒，并由专人做好警戒工作。④进行远距离致裂作业，启动起发器，引发致裂器。⑤致裂完成 30 min（存在瓦斯突出倾向的矿井应不少于 1 h）之后，进入进行瓦斯和 CO_2 浓度测试，低于 0.5%，确保施工地点安全，方可通知进行下一步作业。

（7）液态 CO_2 致裂增透施工收尾工作组织方案。①致裂工作人员进行泄压解封：到达致裂施工地点后，先认真检查压裂钻孔及钻孔附近情况，观察压力表变化情况，如果孔内压力大于 0.3 MPa，则需延长泄压解封时间，详细记录现场致裂施工情况；进行缓慢泄压，一看、二听、三判断，如有异常情况，停止泄压，并快速打压，重新封孔，延长泄压时间。②泄压解封之后，进行致裂器材的回收工作。③致裂设备拆除及回收施工组织：将顶杆（或封孔器）、致裂管、连接杆逐一从钻孔中退出；对致裂管进行检测，记录测量结果，检测完毕后放入专用箱，运输到地面，进行充装，重复使用；将推杆、手压泵摆放整齐，并对手压泵等进行保养。④填写致裂作业施工验收单；对资料进行整理、完善、归档。

第七章　矿井生产特殊时期瓦斯治理技术

第一节　巷道贯通时期瓦斯治理技术

一、巷道贯通的概念

巷道贯通是指一条巷道和另一条巷道通过掘进施工互相连通，并形成彼此的巷道功能。主要有3种情况：第一种是同一名称巷道从两侧起点（或某一位置）开始相向掘进，到该巷道指定位置，一侧停止掘进，另一侧掘通该巷道，该类贯通也叫相向贯通；第二种是同一名称巷道从两处起点（巷道分段施工）开始同向掘进，到该巷道指定位置进行贯通，该类贯通也叫同向贯通；第三种是不同名称巷道在设计位置贯通，一般情况是先掘进到位者停止作业（或者是已有巷道），另一条巷道施工掘通该巷道，该类贯通也叫单向贯通。

二、巷道贯通时期瓦斯治理存在的问题

1. 巷道贯通时期如何保持瓦斯逸出相对稳定

巷道贯通时，首先要做好临时通风工作，保证风流的稳定。如工作面切眼与巷贯通，贯通时局部通风机的关闭前后顺序是重点。实践及研究认为，在贯通点小断面掘开后，首先关闭进风巷的风机，此时整个进风巷处于矿井全风压风流相对正压侧，整个回风巷处于局部通风机风流相对正压侧，这样在小断面扩刷阶段能有效降低回风巷的煤壁瓦斯因风压瞬间减小而大量逸出的压力。

其他小型巷道贯通则是要首先利用临时通风设施完善通风系统后（或者先构筑临时通风设施），再进行贯通。

2. 巷道贯通时期如何及时处理局部通风机供风与全风压供风的关系

全风压通风和局部通风的概念：全风压通风是利用矿井的主要通风机对用风地点进行通风；局部通风是利用井下局部通风机对用风地点进行通风。

两种通风方式的本质区别：大多数矿井主要通风机使用的为对旋轴流抽出式通风机；局部通风机大多使用对旋轴流压入式通风机。根据煤矿行业发展需要，超长距离、大断面快速掘进工作面占比逐年增加，局部通风机功率日趋增大，开启对旋模式全压都在3000 Pa以上；而主要通风机因巷道断面增大、系统优化、分区通风等利好因素影响，矿井全风压超过2000 Pa的却不多。

鉴于以上分析，掘进巷道小断面贯通前，必须把相应巷道内的通风设施构筑齐全，贯

通期间设专人看管，以便及时开关风门或调节风窗；掘进巷道小断面贯通时，随着贯通处断面的扩大，及时关闭进风侧局部通风机，该局部通风机关闭后，要安专人观测贯通点的风流情况，如果进风巷道风流较稳定，回风巷道瓦斯逸出不大，则可及时关闭回风侧局部通风机并注意观察整个风流和瓦斯情况。如果发生回风流瓦斯异常，则可临时恢复回风侧局部通风机运行，并暂停贯通处断面扩刷，待瓦斯情况稳定后再恢复施工。

3. 巷道贯通时期如何及时处理因正压变负压导致瓦斯瞬间大量逸出的问题

煤层掘进巷道与其他巷道相贯通时，必须预防冒顶、瓦斯、煤尘和爆破等事故的发生。巷道贯通会使井下通风系统发生不同程度的变化，涉及的安全问题比较多，其中最为突出的是"一通三防"问题。如何防止因通风系统的突变带来的环境气压变化而导致瓦斯超限、煤尘飞扬和火区失控，以及如何防止因地应力集中而产生煤与瓦斯突出，是巷道贯通必须重视的问题。

在巷道贯通期间，由于通风方式的改变及贯通点回风侧由正压变负压，很容易造成巷道贯通改变通风系统后一段时间内回风流瓦斯突然增大。针对这种异常情况，可以考虑设置临时控风设施延缓巷道气压变化时间和变化速度，如在回风巷道外口设置临时风门等增加区域气压，或临时开启回风侧局部通风机等。

三、巷道贯通时期瓦斯问题形成原因分析

1. 巷道贯通时瓦斯超限隐患的形成原因

（1）巷道贯通时只准一个工作面向前掘进，另一工作面则停工等待贯通，若该工作面管理不善造成停工停风，可能形成瓦斯积聚而超限。

（2）井下通风系统是由众多井巷及通风设施相互联系而构成的一个网络结构，在某个生产时期具有一定的独立性、完整性和稳定性。巷道贯通会破坏原先的平衡和稳定状态，部分井巷的风流方向、风速及风量产生突变，很可能出现因风速超限而导致煤尘飞扬；因采空区或密闭内的瓦斯大量涌出、循环风及不合理的串联通风的形成、无风或微风井巷的出现等原因而出现瓦斯迅速超限；因气压突变造成煤壁瓦斯瞬间相对大量逸出超限等。

（3）由于局部通风机位置的调整，控风措施不及时或不正确而形成瓦斯超限隐患。局部通风机所在巷道的风量因系统调整很可能小于其吸风量，从而形成循环风造成瓦斯超限。

2. 巷道贯通时煤与瓦斯突出事故隐患的形成原因

煤与瓦斯突出是地应力、瓦斯压力和煤体结构性能综合作用的结果，受掘进活动的影响，在巷道贯通地点，地应力会更加集中，煤与瓦斯突出危险性加大，防突工程量及难度增加，处理不当极易发生煤与瓦斯突出。

四、选择巷道贯通地点应注意的问题

（1）在有煤与瓦斯突出危险的矿井，巷道贯通地点应力的叠加使突出危险性增大，应尽量将贯通地点选择在无突出危险性或突出危险性较小的区域，如避开地质构造带、瓦斯压力大的区域等。

（2）尽量避免贯通地点处于采掘工程形成的应力集中区域，如采空区留设的煤柱内

或其支承应力波及区域，巷道拐弯点或其邻近位置等。

（3）尽量避免贯通地点处于主要进回风系统之间。巷道贯通前，被贯通的煤柱在通风系统中相当于风门，控制着风网中的风流，贯通时如不采取可靠的控风措施，相当于风门被打开，若贯通地点处于主要进回风系统之间，可能会对矿井整个通风系统造成较大影响。

（4）对贯通距离精准测定。先行用钻孔探透，对于突出危险煤层，应采用密集钻孔进行超前卸压探透。

五、巷道贯通时的控风措施

（1）加强贯通地点局部通风管理。贯通时只准一个工作面向前掘进，停掘的工作面必须保持正常通风，经常检查局部通风是否存在隐患，并必须按规定检查瓦斯浓度，确保两个工作面及其回风巷中的瓦斯浓度均不超过 1%。局部通风系统必须安全、稳定可靠，防止循环风和不合理的串联通风，各关联井巷的风量、风速必须符合要求。

（2）做好贯通时控风的准备工作。贯通前后都应对通风系统进行调整，当贯通点本身处于主要进回风系统之间时，两侧承受的风压差较大，被贯通煤柱对系统的控制作用较大，直接贯通就会潜在较大的风险。在这种情况下必须预先对通风系统作必要的调整，尽量减小贯通煤柱两侧空气压力差，并提前在合适位置设置好风门，在贯通瞬间将风门关闭，待贯通后再进行系统优化调整。

（3）通风系统越复杂，贯通时风流调整工作的难度越大，有时贯通后通风网络中各分支网络的通风状况很难准确预测，贯通前后必须对受影响的区域内各井巷的通风瓦斯状况作认真的检查分析，防止风量不足和瓦斯超限，同时也要避免部分井巷风速超限而引起煤尘飞扬。

（4）采用小断面贯通。贯通点先采用小断面贯通，在断面扩刷过程中，实时观察风流、瓦斯、粉尘及其他影响安全的情况；若各项参数都在安全范围，在合适时间依次关闭局部通风机。一旦发现异常，立即停止扩刷作业，甚至临时恢复局部通风机进行控制性通风。

（5）利用智能技术，在贯通前进行全矿井风流和瓦斯流场模拟，以此指导贯通工作，保障工程安全贯通。

第二节 回采工作面初采时期瓦斯治理技术

一、回采工作面初采的概念

矿井回采工作面初采是指工作面从开切眼内设备、设施安装调试完毕进行正式开采作业开始，至工作面第一次基本顶（老顶）来压（初次来压）结束这段时间内的回采作业。对于该概念的范围界定，不同矿井可能会有一些不同。

矿井回采工作面初采距离受煤岩层物理力学性质、煤层开采高度（厚度）、煤层倾角、地质条件、切眼跨度、矿压显现、回采工艺、工作面推进速度、工作面装备情况、人工干预初采强制放顶、工作面斜长等因素综合影响。

二、回采工作面初采时期瓦斯治理

1. 回采工作面初采时期支架后部空间大

回采工作面初采期间，煤层直接顶、基本顶（老顶）呈悬顶及少量弯曲下沉状态，即使有少量垮落也很不充分。因此，支架后部采空区未充填空间非常大，且随着工作面不断推进，在直接顶初次垮落，或基本顶（老顶）初次来压前，后部空间会继续增大。在此空间内，瓦斯来源较广，涌出量大，该采空空间内储存有大量浓度较高（视后部空间瓦斯来源及强度分析判断）的瓦斯气体。正常的通风和瓦斯抽采难以有效解决初采期间采空区及回风隅角瓦斯。

2. 回采工作面初采时期直接顶初次垮落和基本顶（老顶）初次来压期间的瓦斯管理

（1）对采空侧空间内较高浓度的瓦斯气体进行减量稀释。

在采取防控措施，保证采空侧没有自然发火隐患的前提下，可采取适当的导风措施，使工作面采空侧后部空间有一定风流进入，达到稀释后部空间瓦斯的目的。

利用隅角瓦斯抽采管路，对工作面后部空间高浓度瓦斯气体进行抽采减量稀释；利用高位钻孔对工作面后部及顶板裂隙空间内高浓度瓦斯气体进行抽采减量；具有邻近层、邻近巷道等抽采条件的，可采取钻孔定向控抽，对采空侧高浓度瓦斯气体进行抽采减量稀释。

利用注氮管路及设施，对工作面后部空间高浓度瓦斯气体进行注氮稀释与减量置换，达到既降低瓦斯浓度和减少储存瓦斯总量，又达到防止自然发火的目的。

（2）进行矿压监测，掌握顶板动态，采取应对措施。

加强回采工作面初采期间矿压动态监测和人工巡视观察，发现直接顶有初次垮落预兆，基本顶有初次来压预兆，及时采取应对措施。

工作面停止回采及其他作业，撤人停电观察；加强隅角瓦斯监测，低限设定预警值，发现异常立即停工停电撤人；保持工作面匀速推进，促进顶板均匀垮落；严格控制悬顶距离，发现超过正常初次来压步距，立即停止工作面推进，采取人工干预强制放顶措施；加强综合防尘，防止顶板垮落吹起粉尘，引发次生灾害事故。

3. 回采工作面初采时期出现大面积悬顶时的瓦斯管理

（1）回采工作面初采时期出现大面积悬顶时的危害。

受煤层及顶底板煤岩物理力学性质、煤层倾角、人工干预初采强制放顶、工作面斜长等主导因素综合影响，有的矿井出现过极端现象。如某矿煤层顶板存在巨厚（20～30 m）中粗粒砂岩，基本顶坚硬难冒，煤层倾角达到40°左右，工作面斜长偏小（50～60 m），没有采取人工干预强制放顶等措施，导致工作面推进几百米甚至整个工作面回采结束基本顶（老顶）都没有垮落，也没有发生初次来压和周期来压现象，留下极大的安全隐患。如某矿因初次垮落步距非常大（70～80 m，甚至更大），顶板发生大面积垮落，形成"飓风"，造成人员伤害、设备损坏、巷道破坏、通风设施损坏、吹起粉尘等，甚至引起次生灾害事故。工作面顶板大面积悬顶，可以诱发"冲击地压"，造成巨大破坏；大面积冒顶、悬顶，还可诱发瓦斯瞬时大量涌出，诱发"瓦斯突出"事故；因顶板大面积垮落，采空区吹出的相对高浓度的瓦斯气体可能造成外围巷道瓦斯超限，甚至引起瓦斯燃烧或爆炸事故。

（2）优先采用综合机械化开采工艺。

综采（综放）开采工作面具有支架工作阻力大、初撑力大、稳定性高、支护可靠等优点，对于坚硬顶板煤层，应优先采用综采（综放）回采工艺。

（3）加强支架（支柱）初撑力管理，促进顶板垮落。

如果工作面顶板具有大面积悬顶的可能性，工作面初采期间必须加强支架（支柱）初撑力管理，提高支架（支柱）对顶板扰动和剪切效果，促进采空侧顶板垮落。

（4）采取强制放顶措施。

对于工作面初采推进距离达到 20 m，顶板（顶煤）仍没有垮落迹象的，工作面应停止推进。此时优先采取切顶排孔、水压预裂等技术进行顶板（顶煤）预裂。

若顶板岩石过于坚硬，上述工艺技术效果不明显，则应考虑深孔爆破强制放顶，该项技术应用时安全防护措施必须严格落实到位。落实采空侧瓦斯浓度检测与通风稀释排放，保证瓦斯浓度不超限；加强"一炮三检"，确保瓦斯浓度检测到位；实施远距离（地面）控制爆破，采取全矿井井下撤人、停电措施；采取综合防尘措施，防止次生灾害发生。

4. 回采工作面初采时期瓦斯治理问题的解决方案

回采工作面初采时期瓦斯治理问题，其实质主要是顶板管理问题。只要采空侧顶板及时垮落，初次来压步距不致超大，则采空侧储存的瓦斯问题也随之解决。

回采工作面初采时期顶板管理，视顶板岩石性质、初次来压步距、煤层瓦斯赋存情况等因素综合确定，可采取人工干预切眼强制放顶、顶板超前水力压裂等措施，诱导煤层顶板及时垮落，确保回采工作面初采时期瓦斯治理有效。

三、人工干预切眼深孔预裂爆破强制放顶

1. 工作面切眼典型深孔预裂爆破

（1）深孔预裂爆破高度的确定。

深孔预裂爆破煤岩层高度的确定方法一般有两种，一种是关键层确定法，另一种是碎胀系数法。

关键层确定法适合于复合顶板。邻近煤层的顶板相对较软，但厚度不大，在一定高度上又赋存有较坚硬、厚度较大的岩层，该较坚硬岩层之上又是相对较软岩层，形成复合结构顶板，该较坚硬岩层对顶板垮落形成关键层，此时，预裂钻孔以部分或全部穿过该关键层进行爆破为宜。如果关键层非常厚，视煤层开采厚度，可以考虑钻孔部分穿过。

碎胀系数法适合于基本顶直接覆盖于煤层的顶板，或直接顶比较坚硬的煤层顶板，煤层顶板结构简单，厚度大。煤层开采后，按直接顶（或基本顶）初次垮落，破碎冒落的煤岩体基本充填满开采冒落空间计算，预裂钻孔在煤层顶板法线方向上穿层厚度计算公式：

$$H_f = \frac{M}{K-1} \tag{7-1}$$

式中　H_f——预裂钻孔在煤层顶板法线方向上穿层厚度，m；

　　　M——煤层开采厚度，m；

　　　K——较坚硬的岩层顶板垮落碎胀系数，一般为 1.3 左右。

对于放顶煤开采，应结合工程实际对公式计算结果进行适当修正；或与关键层法综合

考虑确定 H_f 的合理数值。

（2）切眼顶板预裂爆破工艺流程。

切眼顶板预裂爆破工作布置→工作准备（准备工具、材料、设备，并进行切眼支护情况、设备设施情况检查）→加强预裂爆破放顶钻孔段支护→施工预裂放顶爆破钻孔→回撤工具、设备、物料→工作面设备安装→工作面设备调试运转、工作面推进→工作面停止推进、装药封孔→爆破。

切眼顶板预裂爆破工艺总体分三步实施：第一步是钻孔施工及相应的准备工作；第二步是工作面设备安装、调试推进；第三步是装药预裂爆破。其中，第二步"工作面调试推进"距离视工作面切眼直接顶完好情况、切眼支护情况、矿压显现情况及工作面便于预裂爆破操作空间需要等因素综合研究确定，一般推进 3~5 m 为宜。

（3）某矿综采工作面切眼顶板预裂爆破方案。

工作面切眼长度190 m，煤层采高约3.5 m。预裂爆破一共布置36个炮孔，炮孔编号A1~A20、B1~B16，炮孔布置在切眼内距非采帮侧2 m位置，沿切眼轴向"一字"布置。其中，回风巷布置3个孔，分别为H1、H2、H3，孔深为10 m，仰角为50°；运输巷布置2个孔，分别为Y1、Y2，孔深为6 m，仰角为50°；切眼内布置31个孔，其中A4~A18为浅孔，孔深13 m，B1~B16为深孔，孔深17 m，孔间距为6 m。两巷炮眼视顶板坚硬程度可适当增加，成组分别与H1、H2、H3，Y1、Y2平行布置。相应技术参数如图7-1所示。

钻孔设计深度按顶板煤岩层碎胀系数法计算综合分析确定。

2. 某矿综采工作面切眼顶板预裂爆破工程实践

（1）做好切眼顶板预裂爆破钻孔施工及相应的准备工作。

施工机具：4000型或1900型履带移动式钻机。

准备工序：配备齐全各类工具、材料、设备；检查切眼支护完好情况；施放钻孔位置并点眼定位，挂牌定号；清理现场杂物、浮煤浮矸。

施工钻孔：按定位、设计仰角、设计深度、钻孔直径等要求依次施工预裂爆破钻孔。

第一次验孔：检查孔深、角度、方向。如果不符合要求，必须重新补孔，并对不合格钻孔进行黄泥填满封堵。

施工完毕要对钻孔进行可靠保护。

（2）做好工作面调试生产并适当推进。

视工作面切眼跨度、顶板支护效果及完整情况、预裂爆破操作空间要求等，考虑工作面调试推进 3~5 m 后停止。

加强支护效果检查，切眼内所有支架（支柱）必须达到初撑力，并拉移（支设）整齐。

保证工作面煤壁截割整齐，采煤机停在合适位置；工作面煤壁不留伞檐，保持平直，护帮板全部打到位。

对于普采工作面，切眼内所有支柱必须达到初撑力，并支设整齐，有必要时需打贴帮柱进行护帮。

（3）按照装药工艺进行爆破装药准备工作。

典型装药工艺准备工作流程：制作炮泥→检查瓦斯→第二次验孔→制作爆破药管、制

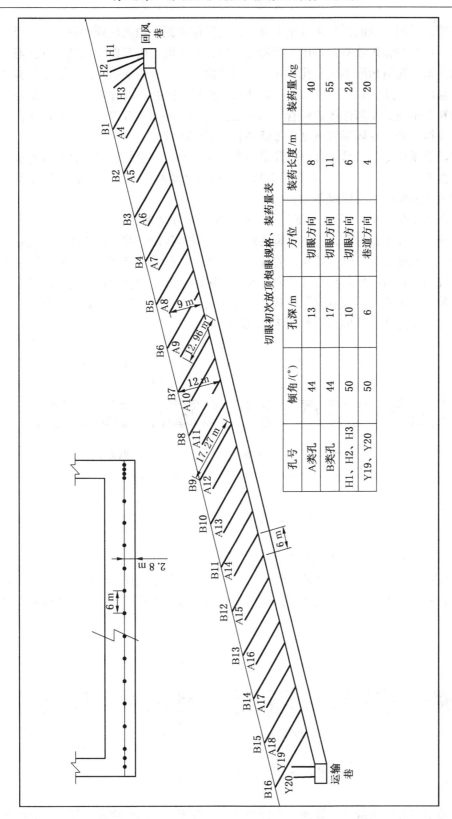

切眼初次放顶炮眼规格、装药量表

孔号	倾角/(°)	孔深/m	方位	装药长度/m	装药量/kg
A类孔	44	13	切眼方向	8	40
B类孔	44	17	切眼方向	11	55
H1、H2、H3	50	10	切眼方向	6	24
Y19、Y20	50	6	巷道方向	4	20

图 7 - 1 切眼顶板预裂爆破炮孔布置平、剖面图

作引药药管。①制作炮泥，使用专用工具、模具制作炮泥。炮泥软硬要适中，直径、长度符合要求，成品装箱码放整齐备用。②检查瓦斯，装孔前先由瓦斯检查员检查瓦斯，包括钻孔孔内瓦斯，瓦斯超限不准装孔作业。③第二次验孔，装药前由专人负责先行验孔，检查孔内的温度、深度、钻孔完好情况；装孔前先清理干净孔内的煤岩残渣；准备好装孔的工具、材料及炮泥。④制作爆破药管、制作引药药管，必须避开带电导体和设备，在支护完好且方便操作处由专职爆破员制作爆破药管和引药药管。

爆破药管采用专门工具、管材及胶带等进行现场制作，单根长度视钻孔装药量及材料长度等分为 1 m、2 m、4 m、6 m 等。筒状炸药药卷之间必须密接固定，成品爆破药管分类整齐码放于方便取用的位置备用。

引药药管单根以 4 m、6 m 长度为宜。首先采用专用竹签按要求在引药药管两端第二节筒状炸药中部扎出雷管孔；将雷管脚线理顺，并进行扭结短路，用绝缘胶布包好；每个引药药管装两发电雷管，电雷管从雷管孔插入并用雷管脚线缠绕绑紧，其后再用宽胶带进行防护性加固；若筒状炸药存在聚能穴，在制作爆破药管、制作引药药管时，其聚能穴方向必须一致，且雷管聚能穴方向与筒状炸药聚能穴方向也要一致。引药药管制作完毕后应由专人看管。引药药管结构示意如图 7 - 2 所示。

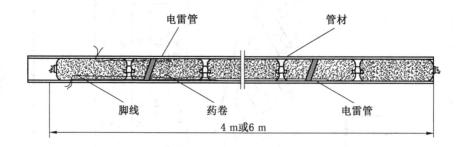

图 7 - 2　引药药管结构示意图

（4）按照装药工艺进行爆破装药工作。

典型装药工艺：装药，按照装药设计，人工依次将预先制作好的爆破药管、短接爆破药管、引药药管送入钻孔内，用专用炮棍送到孔底并做到彼此密接。钻孔药管安装结构示意图如图 7 - 3 所示。

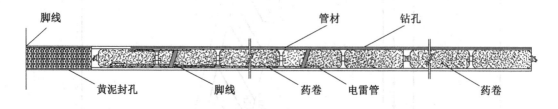

图 7 - 3　钻孔药管安装结构示意图

严格按照设计装药量进行装药，不得随意增减装药量。炮眼内发现异常、有显著瓦斯涌出、煤岩松散、温度骤高骤低等情况，不得装药；炮眼内煤、岩粉没有清除干净，不得装药；发现炮眼缩小、坍塌或有裂缝，不得装药；没有合乎质量和数量要求的封泥，不得装药；未检查瓦斯，或装药地点附近 20 m 以内风流中瓦斯浓度达到 1% 时，不得装药。

装药过程中必须采取可靠措施防止药管下滑窜出；对于存在聚能穴的筒状炸药，采取正向爆破，聚能穴方向朝向钻孔孔底。

（5）进行炮孔封孔。

采用人工填装炮泥封孔，把成型备用炮泥塞入钻孔，使用炮棍顶推到位并认真捣实，把口封好。每孔炮泥长度不得小于设计长度，炮泥必须振捣密实。

振捣封泥时要防止母线挤断或挤破造成短路或拒爆。严禁用可燃材料做炮泥，严禁用煤粉、块状等不符合要求的材料做炮泥。

（6）进行炮孔装药收尾工作。

将超长雷管脚线包缠好放入钻孔孔口可靠保护。填写装孔记录，记录好现场的装药量、孔深、孔径、孔数、雷管的使用量，记录装药时间、地点；打扫装药现场，清理工具及垃圾，恢复装药现场的标准化工作；装药使用的各种工器具归位；在工作面现场清点炸药与雷管的数量，严格按照清退制度将火工品送回炸药库与库工核实。

（7）**按爆破工艺实施爆破。**

典型爆破工艺流程：检查瓦斯→加强支护、支架压力检查→导通测试→爆破母线与雷管脚线相接→撤人、设警岗→爆破母线接入电源→汇报调度→起爆。

采用正向爆破，根据调度命令进行起爆操作。视矿井实际，可采取长距离爆破、分区撤人长距离爆破、全矿井撤人地面控制长距离爆破等。

典型爆破工艺流程及注意事项。①检查瓦斯，起爆前必须由专职瓦斯检查员检查瓦斯，如整个切眼区域及两顺槽向外 20 m 以内风流中瓦斯浓度达到或超过 1% 时，严禁进行相关爆破工序，同时要立即调查分析原因，并采取相应措施进行处理。②加强支护、支架压力检查。检查工作面液压支架是否拉移到位，工作阻力是否存在异常，护帮板伸出是否紧贴煤壁，端头支护和两巷超前支护是否符合要求等；单体柱工作面支柱工作阻力、煤壁、护帮、端头及超前支护是否符合要求等。③导通测试，由专职爆破员对雷管脚线和起爆母线使用专用仪表进行测试，发现问题立即处理。④爆破母线与雷管脚线相接，切眼区域钻孔装药完毕施放爆破母线；爆破母线准备接入电源端应先进行短接并用绝缘胶布包缠裹紧，另一端与雷管脚线进行串并联相接，接头全部用绝缘胶布包缠裹紧；将超长的母线与雷管脚线包缠好放入钻孔孔口可靠保护；同一孔内的两发雷管进行并联，与其他钻孔雷管连接形成电爆网络。⑤撤人、设警岗，确保人员撤离及时、到位，人员清点、设岗、撤岗由专人负责，警岗设置到位，并及时向调度汇报。⑥爆破母线接入电源，接线前清点确认所有人员去向后，由专职爆破员进行接线。⑦汇报调度，由现场指挥人员向调度汇报，内容包括切眼装药工作收尾情况、撤人警戒情况、瓦斯检查情况、工作面支护情况、爆破连线工作完成情况等，同时申请爆破指令。⑧由专职爆破员按指令实施起爆。

3. 特殊情况下的切眼顶板预裂爆破工艺流程

如果工作面切眼刷扩施工完毕存在待安装时间较长、待采时间较长、工作面直接顶松软破碎、工作面直接顶为遇水泥化膨胀岩性等原因，则钻孔太早施工且采取湿式作业，可能对切眼顶板稳定及支护、钻孔有效维护带来较大困难。此时应考虑对施工工艺步骤顺序进行适当调整，主要是将钻孔施工调整安排到"工作面设备安装、工作面设备调试运转、工作面推进"等工序之后，钻孔施工与装药预裂爆破顺序连续进行。

因工作面设备已经安装，支架对工作面切眼进行可靠支护，不会因为钻孔施工软化顶板（顶煤）而影响切眼支护效果；钻孔施工完毕，在较短的时间内进行装药预裂爆破，可避免出现钻孔变形、垮孔等现象。

4. 切眼顶板预裂爆破工艺技术应用说明

对于切眼深孔预裂爆破工艺技术，许多矿井都应用过或正在应用，其钻孔设计与施工、装药爆破工艺方法也各有不同，这与各自地质条件、开采工艺、矿井工艺传承等因素相关。本书介绍的布孔技术与工艺，只是一种较典型的方式，供广大读者学习参考。

四、工作面典型深孔定向水力压裂技术

工作面深孔定向水力压裂技术是近十年快速发展并取得明显成效的煤岩层弱化、软化与破坏技术。其具有成本较低、操作简便、安全无污染等特点，同时也存在对煤岩强度、致密性、透水性等自然因素要求严格的缺点，还存在压裂速度缓慢、时间要求较长、预裂效果难以全面准确评估的问题。

根据顶板岩层结构、岩层厚度、岩性、顶板关键层厚度及位置，以及煤层采高等因素综合考虑钻孔设计参数，也可以结合前述预裂钻孔在煤层顶板法线方向上穿层厚度计算公式进行水压预裂高度测算。

1. 工作面切眼坚硬顶板定向水力压裂钻孔布置方式

切眼第一排水力压裂钻孔布置方式：钻孔水平投影均垂直于切眼中线进行均匀布置，并在切眼采帮煤壁侧钻孔，钻孔开孔位置距煤层顶板（或顶煤）200～300 mm，钻孔深度为 50 m，孔间距 15 m，钻孔直径为 56 mm，钻孔方向朝工作面推进方向，与煤层夹角为10°（相对仰角）。

切眼第二排水力压裂钻孔布置方式：钻孔水平投影均垂直于切眼中线进行均匀布置，并在切眼采帮煤壁侧钻孔，钻孔开孔位置距煤层顶板（或顶煤）200～300 mm，钻孔深度为 30 m，孔间距 15 m，钻孔直径为 56 mm，钻孔方向朝工作面推进方向，与煤层夹角为16°（相对仰角），与第一排钻孔均匀错开布置。

工作面切眼水力压裂钻孔布置示意图如图 7-4 所示。

2. 工作面两顺槽坚硬顶板定向水力压裂钻孔布置方式

工作面两顺槽压裂钻孔布置方式：采用双侧布置，在巷道的回采帮钻孔，钻孔开孔位置距煤层顶板（顶煤）200～300 mm，孔深 60 m，孔径 56 mm，孔间距 10 m，钻孔与煤层夹角为10°（相对仰角），钻孔水平投影与顺槽中线夹角为70°。若工作面斜长较大，钻孔参数会相应调整设计。

工作面两顺槽水力压裂钻孔布置示意图如图 7-5 所示。

3. 定向顶板水力压裂工艺实施步骤

钻孔施工→钻孔开槽→定位封孔→钻孔水力压裂→压裂效果评价。

（1）利用大功率地质钻机、坚硬岩石专用钻头在需压裂的坚硬顶板上施工钻孔。

孔深根据坚硬顶板的厚度、钻孔的角度及前述钻孔顶板法线高度确定方法综合分析确定，钻孔的角度可根据所需压裂面角度的变化而确定，钻孔的水平投影与巷道的水平夹角

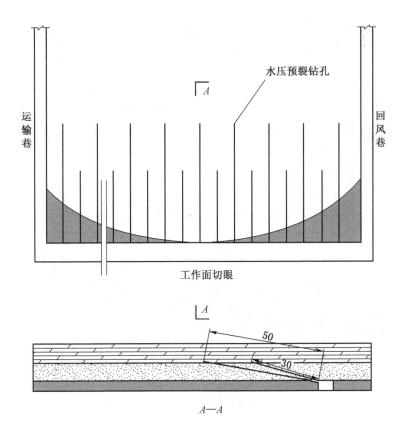

图 7-4 切眼水力压裂钻孔布置示意图

一般为 70°~75°，钻孔仰角一般不超过 20°（与煤层相对仰角）。

（2）钻孔开槽。

钻孔每钻进 10 m（视岩性变化可适当调整）后，退出钻杆及岩石钻头，将岩石钻头换成开槽钻头，在孔底进行开槽，如此循环，直至钻孔结束。开槽施工要达到开槽位置，以确保开槽的效果。

开槽对于定向压裂是非常重要的步骤，当进行水力压裂时，开槽处产生应力集中，它会引导裂隙首先从开槽处发育。

（3）定位封孔。

先用高压注水管（特制钢管，每根长 1.5 m）将定向封孔器置于预定封孔位置，将压裂筛管段置于预裂缝处，然后用手动泵向封孔器注水加压至 9~12 MPa，使封孔器胶管膨胀撑紧孔壁，完成封孔工作。

（4）钻孔水力压裂。

定向水力压裂采用倒退式压裂法。压裂使用高压水泵供水，高压水泵压力可达 60~80 MPa。具体步骤为：将高压水泵先通水再通电，然后开启压力开关缓慢加压，同时观察记录高压泵压力表的数值，持续加压至预裂缝开裂，这时压力会突然下降；保压注水使裂纹持续扩展，沿与裂纹方向形成横向裂纹。

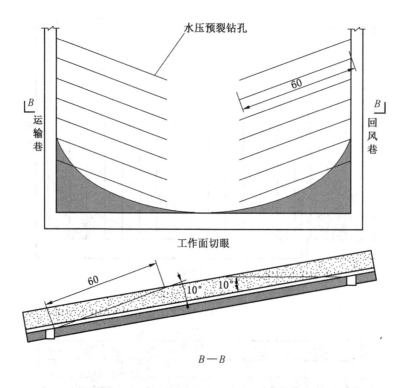

图 7 - 5 工作面两顺槽水力压裂钻孔布置示意图

前三处高压泵保压注水时间不少于 30 min，后几处保压注水时间不少于 20 min，完成钻孔压裂。

（5）压裂效果评价。

水力压裂效果的监测可使用矿用钻孔成像装置查看压裂后钻孔内裂纹的发育情况。在工作面初采期间可进行矿压监测，监测支架受力状况和基本顶（老顶）初次来压步距，通过处理与分析矿压监测数据，评价水力压裂控制顶板的效果。

五、工作面隅角尾巷悬顶治理技术

回采工作面隅角瓦斯治理，治理隅角悬顶是关键举措之一。回风隅角悬顶，造成瓦斯流动及存储空间大，且瓦斯易于形成积聚状态，管理难度大；进风隅角悬顶，造成采空区大量漏风，其内积存瓦斯被风流带至回风隅角逸出，常常造成回风隅角瓦斯超限。

针对回采工作面两端头"三角区"内局部悬顶及冒落不充分的情况，可采取退锚、施工切顶排孔、水压预裂等措施，促使顶板及时垮落。

1. 两顺槽超前退锚

随着工作面推进，以端头支架顶梁前端为基准，每次退锚杆、锚索距离不得超过 4 m；当锚杆、锚索距非采帮较近，处在端头架与非采帮之间时，以端头支架立柱为基准，每次退锚距离不得超过 4 m；退锚时，每割一刀煤只能退距离支架顶梁最近的一排，严禁超距离或随意退锚。退锚范围不得超过行人通道。

2. 两顺槽超前施工切顶排孔

在两顺槽超前支护段外横向施工切顶排孔,要求钻孔排距为 5～7 m,每组施工横向两排切顶孔,每组两排间距为 400 mm,孔间距 400 mm,深度 7～9 m,孔径 30 mm。

3. 两顺槽隅角尾巷典型水压预裂技术

（1）隅角尾巷水压预裂钻孔布置。

根据水力压裂理论、最大拉应力准则、工作面顶板岩层结构、岩层厚度、岩性、采高等因素综合确定设计参数。考虑施工方便,钻孔施工与压裂工作在超前支架前端位置进行,超前距离视工作面推进速度、工艺实施时间综合确定。

某矿综采工作面隅角尾巷水压预裂钻孔布置示意如图 7 - 6、图 7 - 7 所示。

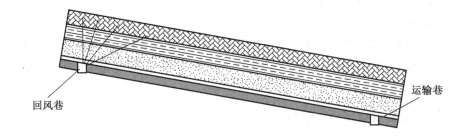

图 7 - 6　工作面隅角尾巷水压预裂钻孔布置正视图

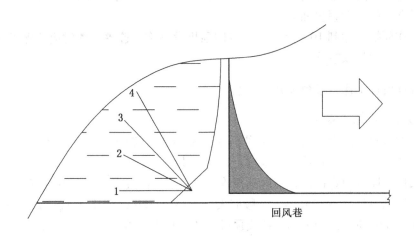

图 7 - 7　工作面隅角尾巷水压预裂钻孔布置俯视图

钻孔设计参数见表 7 - 1。

表 7 - 1　钻孔设计参数表

孔号	钻孔长度/m	钻孔倾角/(°)	钻孔与顺槽中线夹角/(°)
1	20.6	51	0
2	20.9	40	38

表 7 - 1（续）

孔号	钻孔长度/m	钻孔倾角/(°)	钻孔与顺槽中线夹角/(°)
3	26.4	25	58
4	33.1	15	68

（2）隔角尾巷水力压裂参数。①水压压力，根据水力压裂理论计算以及水力压裂技术工程实际应用经验，水力压力一般为 11.5~35 MPa。②压裂次数，根据压裂扩展半径、端头压裂目标及岩层厚度确定，从钻孔底部逐步向孔口压裂，压裂间隔 4.5 m，每孔压裂次数 3~4 次。③压裂时间，工作面推进前方钻孔及超前高位钻孔单次压裂时间约为 25~30 min，包括注水扩展裂隙时间。

4. 隔角充填

工作面两隔角及时采用不燃编织袋装矸充填，减少进风隔角向采空区漏风，减少回风隔角瓦斯积存空间，控制隔角涡流，减小抽采空间，使瓦斯流场可控性增加，提高抽采效率。

六、严格控制后部空间悬顶距离

对于工作面初采期间，严格控制后部空间悬顶距离是非常有效的风险管控措施。

如果工作面推进超过切眼宽度（一般为 8 m 左右），采空侧顶板没有垮落预兆，此时应降低推进速度，人为增加升降支架（支柱）频次，提高支架（支柱）初撑力，增强工作面支架对顶板的扰动频次和强度。

如果工作面推进达到 10~15 m，采空侧顶板没有垮落迹象，此时应暂停工作面推进，实施人工干预强制放顶措施。

七、合理设计工作面参数及开采工艺

1. 合理设计工作面参数

工作面技术参数的合理设计是多种因素紧密结合、综合考虑的结果，如矿井设计产能、投资人的经济能力、政策法规因素、客观地质条件等等。

对初采期瓦斯风险管控，采空区顶板管理是重点。因此，对于顶板坚硬且厚度较大的煤层，工作面倾斜长度不宜太小，一般应设计长度在 120 m 以上为宜；如果煤层倾角较大，顶板压力受倾斜分力的影响，造成顶板更加不易于垮落，因而工作面倾斜长度也应适当加长或工作面采取伪斜布置。合适的工作面斜长，有利于顶板管理，辅以人工干预，可有效避免采空区大面积悬顶。

工作面走向，在井田范围许可情况下，宜于布置较长工作面，有利于顶板管理。

2. 合理设计选取工作面开采工艺

对于坚硬顶板煤层，提高工作面支护强度和支护稳定性、可靠性，是有效控制坚硬顶板的工艺选择。综合机械化开采工艺、高阻力支架是设计首选。

第三节　回采工作面末采及回撤时期瓦斯治理技术

一、回采工作面末采的概念

回采工作面末采是一种通俗的叫法，一般是指回采工作面距离停采线 15～20 m 位置时开始，为回采工作面拆除创造良好的工作条件，工作面开始调整支架状态，放顶煤工作面则停止放顶煤，并对工作面两端头及超前段进行加强支护；回采工作面距离停采线10～15 m 位置时开始，进行铺顶网、挂钢丝绳作业，直至距离停采线 3～5 m 停止工作面推进；距离停采线 3～5 m 内进行回撤通道施工，在条件允许的情况下，有的矿井预先施工回撤通道；回撤通道施工完毕，准备工作结束进行回撤作业。通常把以上这一阶段工作直至采煤工作面封闭完毕这段时间的工作统称工作面末采。

对于上述概念范围的界定，不同矿井、不同的回撤工艺、不同的开采工艺会有一些不同。如放顶煤开采，回采工作面末采开始时间可确定为减少放顶煤（或不放顶煤）的时点；对于不铺网回撤的工作面，工作面距停采线起始点的距离则为最大控顶距与回撤通道宽度之和。

矿井回采工作面末采距离受煤岩层物理力学性质、矿压显现情况、煤层开采高度（厚度）、设备技术参数、工作面回撤工艺等因素综合影响，经分析确定。

二、末采时期瓦斯治理存在的问题

（1）如果工作面是近距离煤层群开采，则上位层采空区瓦斯、下位层卸压瓦斯在末采及回撤期间向工作面采空侧汇集逸出，增大隅角瓦斯管控难度。

（2）工作面回撤通道施工完毕后，巷道空间大，支架顶梁间、支架尾部空间因风流紊动作用减弱，易于积聚瓦斯。

三、工作面回撤通道留置问题

1. 工作面留置通道回撤存在的问题

保留回撤通道，工作面回撤期间风量配置合理，风流稳定，有利于通风瓦斯管理，两顺槽安装的局部通风机仅作为应急备用。

回撤通道支护与维护，材料投入大；采空区封闭后，因支护的存在，回撤通道区域难以垮落压实，易于形成漏风通道，因此不利于防灭火管理。

2. 工作面不留通道回撤存在的问题

不留通道回撤存在的优点是节省材料和人工，回撤通道区域没有支护易于垮落压实，利于防灭火管理。

不留通道回撤需要使用局部通风机供风，通风风筒影响通道断面，对施工作业也会有一定的影响；瓦斯逸出较大时需增大供风风量，瓦斯管理难度加大；使用局部通风机通风为正压通风，在回撤完毕密闭后正压变负压，可能造成采空区瓦斯浓度短期异常偏高。

四、工作面末采及回撤期间瓦斯管控治理

（1）根据工作面的瓦斯涌出情况、通风现状和巷道支护方式，综合分析瓦斯涌出规律，以便确定合理的瓦斯治理技术方案与管控措施。

（2）工作面开始回撤时，应优先选择保留通道全负压上行通风方式，局部通风方式不利于风筒管理。对于近距离煤层群开采来说，回撤支架后，临近煤层卸压释放的瓦斯逸出至回撤作业空间，不利于瓦斯管理和安全快速回撤。如果工作面风量不足时，可考虑使用局部通风方式对工作面增加供风。

（3）工作面回撤支架时，应优先采取木垛支护方式对回撤后方巷道进行支护，因为木垛支护方式避免了后方巷道大面积悬顶现象，而且在工作面煤壁与木垛之间形成一个通风通道，保证了工作面正常的全风压通风。

（4）随着工作面回撤支架的进行，回撤后方通道顶板垮落和底板鼓起产生裂隙，临近煤层卸压瓦斯逸出通道打开，释放速度加快，工作面有效风量不断降低，回风流中平均瓦斯浓度呈逐渐增大趋势。因此，必须加强对工作面的风量、风向和瓦斯情况的检查，以便及时采取有针对性的安全技术措施。

（5）回撤支架结束后，工作面应立即封闭，并重点对停采线段进行防灭火处理。

（6）分析工作面末采及回撤时期瓦斯来源与积聚特点，瓦斯管控重点应该在顶板（顶部）和采空侧。高位钻孔抽采、隅角抽采、邻近层抽采、邻近巷道钻孔定向控抽亦是解决之策。

（7）保持合理的配风量，对防止自然发火和工作面末采及回撤安全至关重要。

第四节　采掘工作面临时封闭时期瓦斯治理技术

一、掘进工作面

1. 瓦斯抽采管路安设布置

掘进工作面（独头巷道）在掘进施工已停工，准备施工临时密闭前，需将瓦斯抽采主管路延接至工作面迎头（掌子面）2 m 左右位置。瓦斯抽采主管路在拟施工密闭位置向外 2 m 左右设置阀门，并保持关闭。密闭施工结束要对所有管孔（阀门）进行可靠接地。

2. 临时密闭设计施工

临时密闭设计位置一般位于掘进工作面（独头巷道）后部具有全风压通风的联巷口向迎头 5 m 左右位置。通常情况下，临时密闭设计施工观察孔、压差管孔、措施管孔（注氮管孔）、瓦斯抽采预留管孔、放水管孔、启封预留管孔等。临时密闭设计施工厚度视巷道断面、矿压情况和保留时间长短综合考虑确定，设计施工厚度可选取 500 mm、800 mm 等。

掘进工作面（独头巷道）临时密闭设计施工示意图如图 7 - 8 所示。

3. 启封前瓦斯风险管控治理措施

（1）密闭日常检查。安排人员定期对密闭内 CH_4、CO_2、CO、O_2、温度、压差等参数进行测定，对密闭完好状况进行检查。同时，对密闭外的气体状态相关参数也要进行测

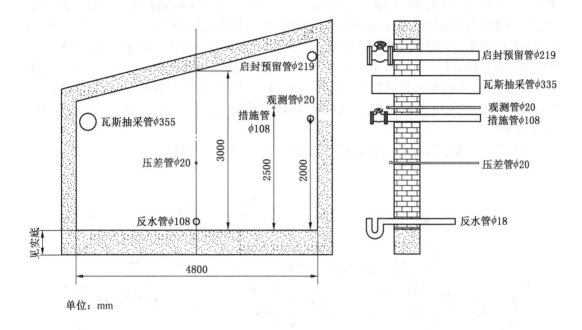

单位：mm

图 7－8　掘进工作面（独头巷道）临时密闭设计施工示意图

定。及时对有关数据进行比较分析，发现异常采取相应措施进行处理。

（2）密闭启封前闭内瓦斯抽采。考虑密闭启封时对闭内高浓度瓦斯排放存在安全风险，建有抽采系统的矿井可利用预留瓦斯抽采管路预先对闭内高浓度瓦斯进行抽采，在抽采时可打开密闭预留的观察孔、压差孔、放水管孔、启封预留管孔等，以保证适量进气，提高抽采效果。

二、回采工作面

1. 瓦斯抽采管路安设布置情况

工作面停止生产，准备施工临时密闭前，需将回风巷隅角瓦斯抽采管路（若安装有该管路）固定在合适位置，并采取可靠的防护措施以免坠落、损坏。

回风隅角、顺层孔、高位孔瓦斯抽采管路在拟施工密闭位置向外 2 m 左右设置阀门，并保持关闭。若管路中间没有需要不停抽的钻孔、旁通等，则可以用外端总控阀门关闭控制，而不必在密闭位置另设阀门。

密闭施工结束要对所有管孔（阀门）进行可靠接地。

2. 注氮管路安设布置情况

对于煤体易自燃矿井，工作面一般在进风巷安装有注氮管路并对工作面采空区进行注氮。注氮管路在拟施工密闭位置向外 2 m 左右设置阀门，并按需要适时打开或关闭注氮。

3. 临时密闭设计施工情况

对于回采工作面，临时密闭设计位置一般有两种情况。一种设计位于工作面两巷道后部具有全风压通风的联巷口向工作面方向 5 m 左右位置，该位置优点是材料运输简便，密闭前不必进行局部通风机通风，缺点是封闭巷道长，闭内积存瓦斯量大，巷道出水较大的矿井，会因积水淹没巷道、设备、材料等。另一种设计位于工作面回风巷超前支护段外侧、运输巷转载机头部外侧位置附近，该位置优点是克服了第一种方案的缺点，但存在封闭材料运输困难、封闭作业必须进行局部通风机通风的问题，封闭后必须用局部通风机对密闭墙至外口段的巷道进行通风。临时密闭设计施工观察孔、措施管孔、压差管孔、瓦斯抽采预留管孔、运输顺槽注氮管孔、放水管孔、启封预留管孔等；临时密闭设计施工厚度视巷道断面、矿压情况和保留时间长短综合考虑确定，设计施工厚度可选取 500、800 mm 等。

回风巷、运输巷临时密闭设计施工示意图如图 7 – 9、图 7 – 10 所示。

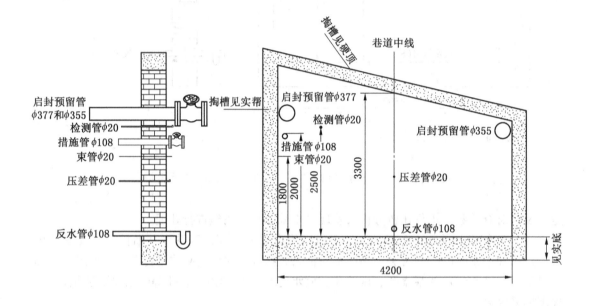

单位：mm

图 7 – 9　回风巷临时密闭设计施工示意图

4. 密闭启封前安全技术措施

（1）密闭日常检查。安排人员定期对密闭内外 CH_4、CO_2、CO、O_2、温度、压差等参数进行测定，对密闭完好状况进行检查。及时对有关数据进行比较分析，发现异常采取相应措施进行处理。

（2）密闭启封前闭内瓦斯抽采。考虑密闭启封时对闭内高浓度瓦斯排放存在一定的安全风险，建有抽采系统的矿井可利用瓦斯抽采预留管孔预先对闭内瓦斯进行抽采，在抽采时可打开密闭预留的观察孔、压差孔、放水管孔、启封预留孔等，以保证适量进气，提高抽采效果。

5. 工作面临时密闭启封前抽采瓦斯量及抽采时间预计计算

（1）巷道积聚瓦斯纯量计算公式：

$$Q_j = LSC \tag{7-2}$$

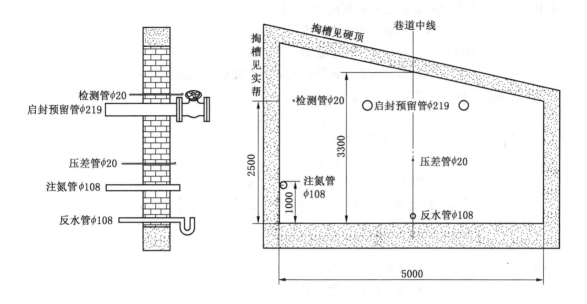

单位：mm

图 7-10 运输巷（进风巷）临时密闭设计施工示意图

式中 Q_j——巷道积聚瓦斯纯量，m^3；

L——瓦斯积聚巷道长度，m；

S——瓦斯积聚巷道平均断面，m^2；

C——巷道内积聚瓦斯平均浓度，检测分析综合确定，% 。

（2）工作面瓦斯自然涌出量计算公式：

$$Q_y = qT \tag{7-3}$$

式中 Q_y——工作面瓦斯自然涌出量，m^3；

q——回采工作面绝对瓦斯涌出量，根据回采工作面封闭前实测的绝对瓦斯涌出量取最近一段时间的平均值综合分析确定，m^3/min；

T——预计瓦斯抽采时间，min。

（3）预计瓦斯抽采时间计算公式：

$$T = \frac{Q_{zc}}{Q_b} \tag{7-4}$$

式中 T——预计瓦斯抽采时间，min；

Q_{zc}——预计抽采总混合量，m^3；

Q_b——瓦斯抽采泵抽采流量，m^3/min。

（4）瓦斯积聚总纯量计算公式：

根据上述计算公式，预计工作面及运输、回风巷的瓦斯排放纯量、排放时间，运输巷瓦斯积聚纯量计算公式：

$$Q_{yj} = L_y S_y C_y \tag{7-5}$$

式中　Q_{yj}——封闭区域运输巷积聚瓦斯纯量，m^3；

L_y——封闭区域运输巷瓦斯积聚巷道长度，m；

S_y——封闭区域运输巷瓦斯积聚巷道平均断面，m^2；

C_y——封闭区域运输巷内积聚瓦斯平均浓度，检测分析综合确定，%。

工作面瓦斯积聚纯量计算公式：

$$Q_{mj} = L_m S_m C_m \qquad (7-6)$$

式中　Q_{mj}——封闭工作面巷道积聚瓦斯纯量，m^3；

L_m——封闭工作面瓦斯积聚巷道长度，m；

S_m——封闭工作面瓦斯积聚巷道平均断面，m^2；

C_m——封闭工作面巷道内积聚瓦斯平均浓度，检测分析综合确定，%。

回风巷瓦斯积聚纯量计算公式：

$$Q_{hj} = L_h S_h C_h \qquad (7-7)$$

式中　Q_{hj}——封闭区域回风巷积聚瓦斯纯量，m^3；

L_h——封闭区域回风巷瓦斯积聚巷道长度，m；

S_h——封闭区域回风巷瓦斯积聚巷道平均断面，m^2；

C_h——封闭区域回风巷内积聚瓦斯平均浓度，检测分析综合确定，%。

综上所述，封闭区域瓦斯积聚总纯量计算公式：

$$Q_z = Q_{yj} + Q_{mj} + Q_{hj} \qquad (7-8)$$

（5）瓦斯抽采总混合量计算公式：

闭内区域混合总量计算公式：

$$Q_{zh} = Q_{yh} + Q_{mh} + Q_{hh} \qquad (7-9)$$

式中　Q_{zh}——封闭区域积聚瓦斯气体总混量，m^3；

Q_{yh}——封闭区域运槽巷道积聚瓦斯气体混量，m^3；

Q_{mh}——封闭区域工作面巷道积聚瓦斯气体混量，m^3；

Q_{hh}——封闭区域回风巷道积聚瓦斯气体混量，m^3。

气体混量计算只要把纯量计算式中的瓦斯平均浓度去掉即可。

按照密闭内全部混合气体置换3次，综采工作面及运输、回风巷抽采总混合量可由如下公式计算得出：

$$Q_{zc} = 3Q_{zh} + Q_y \qquad (7-10)$$

（6）瓦斯抽采时间计算公式：

$$T = \frac{Q_{zc}}{Q_b} = \frac{3Q_{zh} + Q_y}{Q_b} = \frac{3Q_{zh} + q \cdot T}{Q_b} \qquad (7-11)$$

$$T = \frac{3Q_{zh}}{Q_b - q} \qquad (7-12)$$

6. 工作面临时密闭启封前实施的相应工作

（1）利用上隅角瓦斯抽采系统对工作面密闭内隅角及附近区域瓦斯进行抽采置换。

打开管路控制闸阀，对工作面隅角及附近区域瓦斯进行抽采，抽采时保证地面瓦斯抽采泵站的在线监控正常运行，对抽采的流量、负压、瓦斯浓度、一氧化碳浓度等参数进行实时掌控。

（2）抽采时实时观测瓦斯抽采泵的负压及运输（进风）顺槽"U"形压差计的负压，待抽采泵负压有明显变化或者打开密闭墙观测孔发现孔风流流向闭内现象明显时，打开运输（进风）巷密闭墙上留设的启封预留管，形成回风巷密闭抽采、运输巷密闭进气的闭内气体流场，对回采工作面封闭区域内的瓦斯气体进行抽采置换；回风巷启封预留管打开时间根据封闭巷道长度及抽采时间、抽采量综合分析确定；如密闭施工前对上隅角及回风巷密闭口都设置有瓦斯抽采管路吸气口时，回风巷密闭可不设置启封预留管（此时密闭区间内局部瓦斯积聚的可能性较小）。待抽出 CH_4 浓度小于 1.0% 、 CO_2 浓度低于 1.5% 时方可启封密闭。

（3）如有必要，可利用高位钻孔抽采工作面顶部（垮落带与裂隙带之间）的瓦斯。

7. 工作面密闭启封期间瓦斯防治措施

（1）准备工作。

① 如果对工作面密闭内进行注氮，那么启封前 1 天停止向工作面注氮。②其他启封密闭准备工作与掘进工作面（独头巷道）相同或相近，在此不再赘述。

（2）矿井装备有瓦斯抽采系统时的启封密闭、排放瓦斯。

第一种情况，矿井装备有瓦斯抽采系统，且密闭前没有安装使用局部通风机供风。①瓦斯排放期间抽采系统连续运行，对密闭区域进行抽采。②提前利用抽采系统对密闭区域瓦斯进行充分抽采与补风稀释，检测确定瓦斯抽采管路中瓦斯浓度低于 1% ，二氧化碳浓度低于 1.5% ，其他气体浓度均符合规定时，对运输巷、回风巷两道密闭启封，先后顺序可不作严格约定，可先开启各密闭预留管孔，后再进行启封作业，以方便启闭操作与风流调节，并保证不出现瓦斯超限。③待两巷道密闭开口断面扩大至 1 m × 1 m 后，完善通风设施；待风流瓦斯浓度小于 1% 并稳定 30 min 后，可对密闭启开位置继续拆除扩大至要求断面；施工人员持续检查回风流 CH_4 浓度和 CO_2 浓度，同时两道密闭启封人员彼此用电话保持联系。

第二种情况，矿井装备有瓦斯抽采系统，且密闭前安装使用局部通风机供风。①对于密闭内的瓦斯混合气体，提前利用抽采系统对其进行充分抽采与补风稀释，检测确定瓦斯抽采管路中瓦斯浓度低于 1% ，二氧化碳浓度低于 1.5% ，其他气体浓度均符合规定时，再进行启封作业和局部通风机关停控制。②顺槽密闭前安装使用局部通风机供风的情况，视两处密闭部分启开后（如宽 1 m × 高 1 m），先对运输巷密闭前供风局部通风机停风，测定整个工作面系统风量、 CH_4 浓度、 CO_2 浓度，在系统风量合适、 CH_4 浓度低于 1.0% 、 CO_2 浓度低于 1.5% 、其他气体浓度均符合规定且持续稳定 30 min 以上时，确定风流汇合点气体各项参数符合规定，持续稳定正常后，进一步扩大两侧密闭墙启封口，增大通风量，在合适时间停止回风侧局部通风机。

（3）矿井没有装备瓦斯抽采系统时的启封密闭、排放瓦斯。

如果矿井没有装备瓦斯抽采系统，则回采工作面临时密闭启封方式有两种，一种是先启封回风巷密闭，另一种是先启封运输（进风）巷密闭。两种启封顺序对密闭区瓦斯流场产生的影响相反，瓦斯防治措施和注意事项存在一些不同。

闭前采用局部通风机通风的情况，局部通风机的停机操作与"矿井装备有瓦斯抽采系统，且密闭前安装使用局部通风机供风"所述方法相同。

第一种开启作业的标准步骤如下所述。①利用预留的各类管孔，依次逐步打开其阀门，在两密闭负压差的作用下，对密闭内高浓度瓦斯气体进行补气释放；该过程较慢。②先行启封回风巷密闭，需要检测管孔逸流出来的瓦斯浓度，如果浓度超过1%，则需通知运输巷准备启封人员关闭（或适量关小）管孔阀门。③利用局部通风机的风排作用或密闭附近的风流负压作用（没有局部通风机），保证密闭附近区域瓦斯浓度小于1%；若风流负压作用（没有局部通风机）对密闭前的瓦斯稀释作用偏小，可考虑吊挂挡风帘、引风筒等措施进行导风（导风风量较小，一般采取局部通风机供风为宜）。④准备工作充分后，对密闭进行启封，先行小口开启，严格控制逸出瓦斯量，若汇合风流处瓦斯浓度超过1%，则暂停扩大密闭开启口。⑤持续开启回风巷密闭扩口作业，保证汇合风流处瓦斯浓度小于1%，直至扩大密闭开启口至要求断面。⑥待汇合风流处瓦斯浓度小于1%，且持续稳定30 min以上时，回风巷启闭人员电话联系运输（进风）巷启闭人员，依次打开管孔阀门（如果关闭）。⑦在保证回风巷汇合风流处瓦斯浓度小于1%的情况下，在合适时间对运输巷密闭进行启闭作业（可部分与回风巷启闭平行作业），直至两巷道密闭全部启封完毕。⑧在关闭局部通风机（拆除挡风帘、引风筒等）后随时关注巷道风量变化，待回风巷风量达到工作面正常风量80%以上时，全面恢复全风压通风。

第二种开启作业的标准步骤如下所述。①利用预留的各类管孔，依次逐步打开其阀门，在两密闭负压差的作用下，对密闭内高浓度瓦斯气体进行补气释放；该过程较慢。②先行启封运输（进风）巷密闭，需要实时检测回风巷管孔逸流出来的瓦斯在密闭前的混合浓度，如果浓度超过1%，则需通知运输巷准备启封人员适当控制管孔阀门开启幅度。③利用局部通风机的风排作用或密闭附近的风流负压作用（没有局部通风机），保证回风巷密闭附近区域管孔逸出后混合气体瓦斯浓度小于1%；若风流负压作用（没有局部通风机）对密闭前的瓦斯稀释作用偏小，可考虑吊挂挡风帘、引风筒等措施进行导风。④准备工作充分后，对运输巷密闭进行启封，先行小口开启，严格控制进入闭内的风量；若回风巷汇合风流处瓦斯浓度超过1%，则暂停扩大密闭开启口，甚至进行部分遮挡，减少进风量。⑤持续进行运输（进风）巷密闭扩口作业，保证回风巷汇合风流处瓦斯浓度小于1%，直至扩大运输（进风）巷密闭开启口至要求断面；此时运输（进风）巷启闭人员电话联系回风巷准备启闭人员，确认运输（进风）巷启闭工作完成。⑥回风巷密闭依靠管孔充分逸流，待汇合风流处瓦斯浓度小于1%，且持续稳定30 min以上时，回风巷准备启闭人员电话联系运输（进风）巷启闭人员，确认对回风巷密闭开始启封，先行小口开启，严格控制闭内风量和排出瓦斯量；若回风巷汇合风流处瓦斯浓度超过1%，则暂停扩大密闭开启口，可采取措施对已开口进行部分遮挡减少排风量；在保证回风巷汇合风流处瓦斯浓度小于1%的情况下，持续扩大密闭开启口至需要的断面。⑦在关闭局部通风机（拆除挡风帘、引风筒等）后随时关注巷道风量变化，待回风巷风量达到工作面正常风量80%以上时，全面恢复全负压通风。

注意事项：通常情况下，矿井没有抽采系统，且无法保证闭内瓦斯浓度不超限，第二种启闭作业方式不作为首选。

（4）瓦斯排放流经路线全面检查。

在两巷道密闭全部启开拆除后，由救护队人员继续检查回风巷启封处瓦斯浓度，确认瓦斯浓度不超过1.0%，二氧化碳浓度不超过1.5%，氧气浓度不小于19%，且稳定

30 min 后没有异常时，方可由救护队人员沿运输（进风）巷新鲜风流进入工作面侦查，对工作面 CH_4、CO_2、CO、温度、顶板、支护、积水等安全情况进行全面检查，发现问题及时汇报并确定处置方案。

（5）生产系统恢复。

确认工作面瓦斯排放结束，两道密闭全部拆除后，救护队员安排检查回风巷、工作面等地点瓦斯浓度情况，只有当整个工作面瓦斯浓度不超过 1.0%（总回风低于 0.75%），方可确认瓦斯排放工作结束。瓦斯排放结束后，由机电、通风、安全、调度、生产、地测、采煤区队等部门负责人对工作面进行全面检查，及时处理本单位、本部门业务范围内的各类问题，为全面恢复生产系统做好准备。

工作面全面检查结束后，通风部门负责调整工作面风量到正常风量，待工作面风流稳定后，其他各系统由相应部门进行全面恢复后，方可恢复正常生产。

第五节 瓦斯泵站停泵时瓦斯风险管控技术

一、有计划停泵

矿井瓦斯抽采泵检修或管路改造，需要瓦斯抽采泵停止运转时，可能直接导致抽采地点、回风流、采掘工作面、采煤工作面回风隅角等区域瓦斯浓度升高甚至超限，故矿井计划停转瓦斯抽采泵时，必须制定专项安全技术措施，并严格执行，确保在停泵期间不出现瓦斯超限事故。

（1）瓦斯抽采泵检修停泵前，瓦斯抽采泵站管道间必须及时打开排空管，将瓦斯泵内高浓度瓦斯气体进行置换，同时将井下瓦斯抽采管道内高浓度瓦斯经管道直接由排空管排出。

（2）井下抽采管路安设的放水器出水管及配气阀及时关闭，防止因管路负压消失，导致抽采管路内高浓度瓦斯经放水器逸出至巷道。

（3）回采工作面进、回风隅角及架间要及时封堵，减少采空区瓦斯逸出。

（4）工作面配风可根据实际情况进行适当增大，以此稀释工作面及回风巷瓦斯。

（5）工作面回风隅角可通过安设临时风障、临时导风筒等措施进行导风稀释隅角瓦斯。

（6）安排专职瓦检员盯守回风隅角及停抽区域瓦斯，发现异常立即汇报并及时处理。

（7）矿井瓦斯抽采泵检修或管路改造期间，井下与瓦斯抽采相关区域及回风系统，与瓦斯抽采泵检修或管路改造等非关联的工作一律停止，必要时警戒撤人。

（8）如工作面平时生产时瓦斯含量较大或停泵时间较长，预计停泵后靠风排不能解决工作面及回风流瓦斯问题时，建议对工作面进行临时封闭。

二、非计划停泵

瓦斯抽采泵非计划停止运转是指在瓦斯抽采泵正常运行期间突然停止运转或因故障需要紧急停止运转等情况。停止运转抽采泵可能会造成抽采区域瓦斯异常或超限，为了最大限度避免瓦斯抽采泵非计划停泵，及停泵后将影响降至最低，使用单位会提前编制非计划停泵安全技术措施。

1. 预防措施

（1）瓦斯抽采泵每套单独系统必须有一台备用泵，并且采用双回路专用供电，保证供电可靠；严禁擅自停止瓦斯抽采泵运转。

（2）地面瓦斯抽采泵房必须采用不燃性材料建筑，并且必须有防雷电装置，确保雷雨季节安全运行。

（3）地面瓦斯抽采泵房及周围20 m范围内禁止堆放易燃物和有明火。

（4）地面瓦斯抽采泵及其附属设备，至少备用一套并保证设备完好。

（5）地面瓦斯抽采泵房内瓦斯泵吸气侧管路系统中，必须装设有防回火、防回气和防爆炸作用的安全装置，并定期检查，保持性能完好。

（6）地面瓦斯泵站放空管的高度应超过泵房房顶3 m。

2. 运转期间预防措施

（1）瓦斯抽采泵站各种安全装置必须齐全可靠，各种设备必须经常检查，保证完好，安排专人定期检查抽采管路系统，保证严密不漏气。

（2）瓦斯抽采泵站内各控制阀门要定期检查，保证阀门开、关灵敏。

（3）泵站内按照规定配置防灭火器材并保证完好，任何人不得擅自挪用。

（4）瓦斯泵司机每隔2 h必须观测一次所有数据，并做好记录，瓦斯浓度、抽采负压、流量、温度等参数变化异常必须立即汇报，相关单位和人员及时进行分析研究，并采取相应措施。

（5）抽采瓦斯泵站监测系统必须保证灵敏可靠，各类传感器定期进行校验，发现传感器异常等特殊情况时，及时更换或校验处理。

（6）安排专职电钳工，定期对瓦斯抽采泵开关与机械部分进行维护与检修，确保设备正常运转。

（7）合理调整抽采系统，确保系统稳定，杜绝瓦斯泵超负荷运转。

（8）泵站值班室悬挂操作规程，指导操作人员能够正确操作瓦斯泵的运转。

（9）泵站内电气设备、照明和其他电气仪表必须采用矿用防爆型或本安型。

（10）泵站内必须有直通矿调度室的电话，确保电话处于完好状态。

（11）瓦斯抽采泵严禁人为无计划停止运转；需停止运转时，泵站司机必须提前请示矿调度及汇报相关领导，经同意后方可停泵；停泵时，井下与瓦斯抽采相关区域及回风系统，停止一切工作并切断电源，必要时警戒撤人。

（12）瓦斯抽采泵停止运转时，受影响区域加强现场瓦斯检查，瓦斯超过1%时，必须停止工作，撤出人员，采取措施，进行处理；瓦斯超过1.5%时，必须撤出人员，切断电源，采取措施，进行处理。

（13）如果停止瓦斯抽采工作面及其回风流瓦斯浓度持续升高，靠风排不能解决时，必须进行临时封闭。

3. 停泵处置措施

（1）当瓦斯泵停止运转时，泵站司机要立即汇报矿调度。矿调度员立即通知影响区域的工作面停止作业，切断影响区域内工作面及回风系统内一切非本质安全型电气设备。

（2）当瓦斯泵停止运转时，瓦斯泵站司机及时打开泵站排空阀，利用自然负压将管道内瓦斯经排空管排出地面。

（3）影响区域及回风巷风流中瓦斯浓度超过1%，必须停止作业，采取措施，进行处理；瓦斯超过1.5%时，必须撤出人员，切断电源，采取措施，进行处理。

（4）停抽工作面可临时利用风障及风筒导风等措施处理回风隅角瓦斯。

（5）安排专职瓦检员盯守回风隅角及停抽区域瓦斯，发现异常立即汇报并及时处理。

（6）如果停止瓦斯抽采工作面及其回风流瓦斯浓度持续升高，靠风排不能解决时，必须进行临时封闭。

三、大范围停电

矿井大范围停电可能造成瓦斯抽采泵停泵和通风机停止运转，若因自然因素导致地面架空线受损，则影响时间会比较长，由此可能导致停风区域或抽采区域瓦斯异常、超限，甚至井下大范围瓦斯超限。出现大面积停电时，要及时采取措施进行安全合理恢复供风、供电，减小停电事故影响。

1. 设计预防措施

（1）严格按矿井最大运行负荷设计变配电系统。

（2）按要求设计双回路、双电源分列运行供电系统。

（3）所有电器设备按要求设计各类保护措施，防止超负荷、带病运转造成大面积停电。

（4）按要求设计防雷电装置，防止雷电波侵袭，导致大面积停电事故。

（5）制定合理错峰用电制度及巡回检查制度，防止恶劣天气低温雪灾、高温热源导致大面积停电事故发生。

（6）若外围供电系统可靠性难以满足矿井瓦斯抽采及安全需要，矿井应考虑装备备用电源；备用电源严格按规程操作，严防反送电。

2. 运行期间预防措施

（1）定期检查维护电力系统，防止线路绝缘下降，线路终端头铜铝过渡不合格，造成接地或短路事故引起异常停电。

（2）定期检修维护电器设备，防止因检修不到位引起停电事故。

（3）严格执行停送电操作票制度，防止操作票错误或不使用操作票造成误操作，引发大面积停电事故。

（4）严禁带负荷送电，以免引发大面积停电事故。

（5）定期对设备整定值进行核算，防止因设备调整整定不合适，造成合闸大面积停电。

3. 大范围停电处置措施

（1）瓦斯抽采泵停止运转，主要通风机和局部通风机未停止运转时：可参照瓦斯抽采泵非计划停泵措施进行处置。

（2）主要通风机停止运转，瓦斯抽采泵未停止运转时：撤出井下所有人员，检身工严禁任何人员入井；切断井下全部非本质安全型电源及设备，停运所有燃油车辆；将回风井井口防爆门（防爆盖）打开，利用自然负压进行通风；瓦斯抽采泵不得停止运转，在主要通风机恢复通风后，对井下各个地点瓦斯逐步进行排查排放，对小范围积聚的瓦斯可利用临时连接抽采软管进行抽排；在未排查完毕瓦斯超限隐患地点，严禁任何电气设备送电。

（3）主要通风机和瓦斯抽采泵全部停止运转时：撤出井下所有人员，检身工严禁任何人员入井；切断井下全部非本质安全型电源及设备，停运所有燃油车辆；将回风井井口防爆门（防爆盖）打开，利用自然负压进行通风；供电恢复后，可先启动瓦斯抽采泵，待运转正常，各项抽采参数稳定后，再启动主要通风机恢复矿井通风；矿井通风恢复正常后，对井下各个地点瓦斯逐步进行排查排放，对小范围积聚的瓦斯可利用连接抽采软管进行抽排；在未排查完毕瓦斯超限隐患地点，严禁任何电气设备送电。

第八章　瓦斯钻孔抽采技术性问题及解决方案

第一节　俯角钻孔积水

一、俯角钻孔积水来源及对瓦斯抽采的影响

为保证回采安全，确保抽采达标，在待采工作面两巷道施工顺层钻孔，因煤层倾角致使回风巷（上顺槽）的钻孔沿煤层倾向俯角施工，导致钻孔内会积存一定量的打钻排渣用水，也会积存甚至排出煤岩层的孔隙裂隙水等。

钻孔内积水会在瓦斯管路抽采负压的作用下，抽吸出一部分，另一部分在水重力作用下无法抽出，始终积存在钻孔底部。钻孔积水会导致水封气体无法抽出，减少钻孔有效抽采长度，降低瓦斯抽采效率。从现场统计数据看，在煤岩层含水较大的情况下，俯角钻孔瓦斯抽采浓度只有仰角钻孔的 30% 左右，积水严重影响瓦斯抽采效果。另外，大量的钻孔水吸入干管、支管，增加抽采阻力，影响管网系统抽采效果。

二、解决方案

1. 集控压风排水

钻孔内积水影响钻孔瓦斯抽采效果，因此可利用集控压风排水的方法解决钻孔积水问题。俯角积水严重的钻孔在封孔时，需同时预埋一根直径 10 mm 左右的双抗管，延伸至钻孔孔底，待每个钻孔都封孔完毕后，每 30 个钻孔一组（视情况可以增减），将直径 10 mm 的管路并联，并联的管路与集控装置连接，集控装置另一端与压风系统连接，每班安排人员开启集控装置，供入压风，将钻孔内积水吹起，然后利用泵站负压将积水抽出，同时干管内积水会增加，需加强管路排放水工作。同时，在相应位置设置放水器进行放水。

一种集控压风排水装置现场安装布置示意图如图 8-1 所示。对于出水很少的钻孔及时关闭单孔压风控制阀停止压风吹孔排水。考虑安全需要，吹孔压风应优先采用高压氮气或二氧化碳等惰性气体。

2. 手动控制压风排水

钻孔封孔时，对于出水严重的钻孔，同时预埋一根直径 10 mm 的双抗管，延伸至钻孔孔底，待每个钻孔都封孔完毕后，再布置一趟压风管路，将所有预埋双抗管与压风管路连接，连接处设置手动阀门，定时安排人员手动开启供风阀门进行钻孔排水。

3. 自动定时控制压风排水

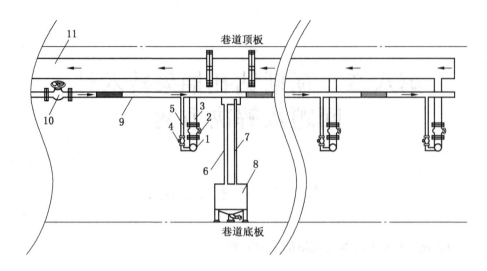

1—抽采钻孔；2—单孔抽采控制阀；3—单孔孔口连接管；4—单孔压风控制阀；5—单孔压风管；6—放水器进水管；
7—放水器配气管；8—自动放水器；9—压风主管；10—压风主管集控控制阀；11—瓦斯抽采干管

图 8-1　一种集控压风排水装置现场安装布置示意图

　　自动定时控制压风排水是利用电磁控制阀的开闭，控制气流通道的通、断或改变压缩空气的流动方向，实现气流的断或通。电磁阀的另一端与监控软件相连，利用软件中的定时器设定电磁阀开启间隔时间；当电磁阀作用时，开启压风，利用风压将钻孔底部的水吹起，在瓦斯抽采负压的作用下将水吸入管路中，以此来减少俯角钻孔积水问题。

三、解决方案存在的问题

　　（1）增加了成本。钻孔深度多长就需要预埋多长的双抗管路，其次还需要敷设监控线路、外置压风管路等，增加了投入成本。

　　（2）增加工程量。主要是增加了管路安装工程量。

　　（3）综合考虑，针对不同积水情况的钻孔，可以采取差异化的积水清除排放措施。如钻孔积水仅仅因为施工余水所致，则在钻孔施工完毕，进行充分的钻屑冲洗后，将送水器（水便）水管改为压风，利用钻杆进行吹孔排水。如钻孔积水存在煤岩层水的补给，但补给量有限，则不必安设专门钻孔排水系统，利用管道负压进行直接抽采，一定时间后因补给量减小，积水将会被抽干。如钻孔积水存在煤岩层水的补给，补给量比较大，预计补给时间长，则必须安设专门钻孔排水系统，以此保证钻孔瓦斯抽采效果。

第二节　抽采管道积水

一、现场实际

1. 工程实际

从井下管网抽采系统设计施工实际来看，所有干管全部吊挂在巷道顶板上，位于钻孔上方，采用三通连接集流器将钻孔并联至干管中，集流器在干管下方；部分工程采用干管三通连接支管，利用支管三通连接集流器将钻孔并联至支管中，集流器在支管下方（或上方）；钻孔孔口略高于集流器接口，集流器可能积水。若将管路吊挂在钻孔下方，集流器不会积水，但管路吊挂太低，会影响行人和运输，不利于管理。

集流器将钻孔并联在一起，钻孔与集流器采用软管连接，软管吊挂不平直，容易在软管弯曲处积水，影响瓦斯抽采效果。

2. 管道积水来源

煤岩层含水、钻孔施工积水、煤岩层孔隙裂隙水、地质构造水、俯孔渗透补给水、水压预裂水、邻近采空区水等，都可能成为瓦斯抽采系统积水的来源。在瓦斯泵站抽采负压的作用下，将所有钻孔来源的水吸入至各级管路系统中，若放水不及时或自动放水器不起作用，将导致管路积水，增加管道阻力，减小管道断面，影响抽采效果。

3. 积水情况

井下瓦斯抽采管道系统积水主要发生在以下位置：主管路上下山低端盲管及邻近段、干管区间安装低弯段、支管区间安装低弯段、孔口软管悬垂下弯段、集流器底部、龙门管弯起低位段等较低位置。

积水严重时，管路充水减小过流断面甚至封堵严实，造成集流器和抽采孔口负压较小，甚至没有负压，严重影响抽采效果；积水严重时，抽采干管或支管内能发出哗哗的水流声。

二、放水器类型

放水器分为负压自动放水器、电磁阀自动控制放水器、电磁阀集控风动阀控排水系统和人工手动放水器等。

1. 负压自动放水器

负压自动放水器主要由积水容器（蓄水桶）、浮球及配重（漂浮组件）、通大气阀、负压平衡阀、磁力阀组、进出水口盖（进水阀、放水阀）等组成。

其工作原理是初始状态时浮球和导向杆处于放水器最低位，负压平衡阀与抽采系统连接孔处于打开状态，放水器腔体（蓄水桶）与抽采系统负压均衡。管路内积水在自重作用下通过进水管、进水阀进入放水器；随着水位升高，浮球（漂浮组件）在浮力作用下不断上升，当浮球上升至负压平衡阀托盘后浮力和磁铁吸力大于其重力时，推动负压平衡阀阀杆上升，关闭负压平衡阀与抽采系统连接孔，同时打开通大气阀与外界大气的连接孔进行减压放水；积水容器（蓄水桶）水位下降后，浮球下降至负压平衡阀下托盘时推动负压平衡阀阀杆下降，打开负压平衡阀与抽采系统连接孔，同时关闭通大气阀与外界大气的连接孔，放水器腔体内（蓄水桶）与抽采系统连通进水。

负压自动放水器可实现无人化连续不停循环式放水，放水效果良好。但安装需增加一定投入，需要人工定期巡检维护，特别是通大气阀易因水质问题生锈结垢，造成导杆灵敏度下降，导致不能自动放水，需要进行润滑或从其与大气连通处加乳化液进行防锈处理。

注意事项：负压自动放水器负压平衡管与瓦斯抽采管的三通接口必须高于进水管与瓦斯抽采管的三通接口，如图 8 - 2 所示为一上一下布置；如因条件所限，负压自动放水器负压平衡管与进水管必须同时连接在瓦斯抽采管的同一三通盖板（盲盘）上时，则盲盘上的负压平衡管连接管要比进水管连接管进水口增高150～200 mm。自动放水器结构示意图如图8-2所示。

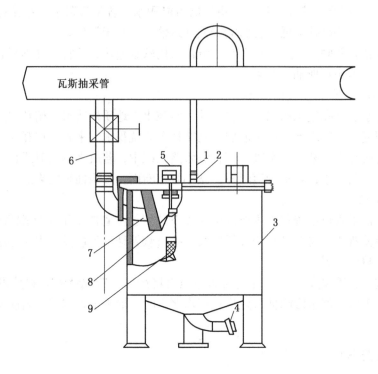

1—负压平衡管；2—负压平衡阀；3—蓄水桶；4—放水阀；5—通大气阀；
6—进水管；7—进水阀；8—磁力阀组；9—浮漂组

图8-2　自动放水器结构示意图

2. 人工手动放水器

人工手动放水器主要是由积水容器（储水罐）、进水阀、排水阀、配气减压阀及控制闸阀等组成，容器大小可视积水多少和现场空间大小进行加工制作，简单方便，安设容易，可以适合不同负压条件。人工手动放水器的缺点是需要人工定期操作闸阀放水。人工手动放水器可从厂家定购，也可自行设计加工。瓦斯管连接截止阀（进水阀）处于常开状态，配气减压阀、排水阀处于常闭状态，手动放水时两者状态相反。

人工手动放水器应安装在瓦斯抽采管路低弯处，瓦斯抽采管通过截止阀及连接管与集水器（储水罐）相连，管路积水时，水在重力作用下，通过常开截止阀及连接管进入到集水器（储水罐）中。当放水时，关闭连接管上的常开截止阀（进水阀），打开集水器（储水罐）相对高点处于常闭状态的配气减压阀、相对低点处于常闭状态的手动排水阀，实现放水功能；放水结束后，关闭配气减压阀、手动排水阀，打开连接管上的常开截止阀（进水阀）。人工手动放水器结构示意图如图8-3所示。

人工手动放水器经济实用，放水效果好，但增加了人工，若管路积水多或放水不及时，多余的水进入抽采主、干、支管路系统中，则会增加管道阻力，降低瓦斯抽采负压，影响瓦斯抽采效率。

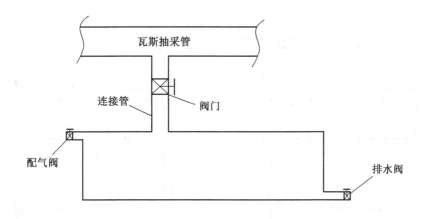

图8-3　人工手动放水器结构示意图

3. 电磁阀自动控制放水器、电磁（或手控）阀集控风动阀控排水系统

针对人工手动放水器和负压自动放水器各自存在的优缺点，研究使用电磁阀自动控制放水器、电磁阀集控风动阀控排水系统。

如果瓦斯抽采系统出水量不大，需安装放水器的数量不太多，位置零星分散，可考虑采用电磁阀自动控制放水器代替人工手动放水器和负压自动放水器。电磁阀自动控制放水器结构可与人工手动放水器结构基本一致，仅仅是各个阀门由手动阀门改为电磁控制阀门。在集中供电系统上设置时间控制，按需要放水的时间进行预先设定，达到按时自动放水的效果。电磁控制阀需用本质安全型，价格较高，成本投入较大。

如果瓦斯抽采系统出水量大，需安装放水器的数量较多，位置相对集中，可对拟设置放水器的区域安装相应数量的非自动放水器，放水器的阀门采取气动阀门，气动阀门驱动气源在合适位置用总阀门进行定时电磁控制或手动控制，从而达到"一点控全面的目的"。放水器的结构可与人工手动放水器结构基本一致，仅仅是各个阀门由手动阀门改为气动控制阀门。

三、管道球阀放水

瓦斯抽采管路在进入工作面两巷道时，通常会在巷道入口处安设总阀门。若巷道距离长，则在管路系统中间位置安设多组阀门，阀门一般配合三通一起安装。安设阀门的目的之一就是放水。当管路积水较多需要放水时，关闭区间阀门，打开三通进行放水，也可关闭总阀门进行放水。关闭总阀门进行放水时，影响钻孔抽采时间较长，范围较大，减少瓦斯抽采量；关闭区间阀门相对影响较小。利用阀门放水都会影响钻孔抽采时间，在实际应用中应配合放水器的使用，不建议单独采用此法。

四、集流器底阀放水

干管、支管一般通过控制阀门与集流器连接，集流器处于相对较低的位置，集流器最低端一般留有盲端，或通过加装盲板形成。可以综合考虑在盲板上安装底阀进行放水除渣。集流器底阀放水结构示意图如图8-4所示。

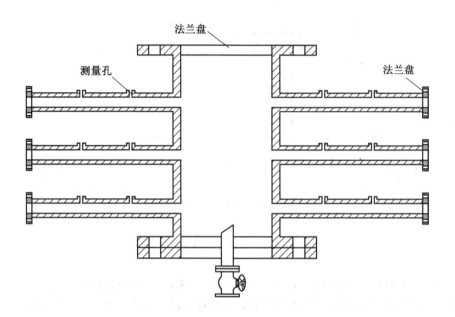

图 8-4　集流器底阀放水结构示意图

五、放水器安设位置及要求

水往低处流，因此瓦斯抽采系统积水通常会积聚在管路系统的最低点。采用集流器将钻孔并联时，集流器容易积水，应当在集流器下安装放水器或放水底阀。局部煤岩层富水区域钻孔，在该区域定点安设放水器。

瓦斯抽采管路系统拐弯、低洼、温度突变处、主管路上下山低端盲管及邻近段、龙门管弯起低位段等及沿管路适当距离（一般为 100～200 m，最大不超过 300 m）均应设置放水器。

瓦斯抽采管道放水器应安设于平整、稳定、位置较低、便于排水、便于操作维护的地点。有必要时，应对地坪进行硬化处理，并硬化施工蓄水池、排水沟等。

针对人工放水器和自动放水器各自存在的优缺点，有的矿井在瓦斯抽采管道系统易于积水点或重点位置，同时安装人工放水器和自动放水器，发挥各自优点，实现手动、自动"双保障"排水。

第三节　抽采管网系统漏气与抽采煤体氧化

一、抽采管网系统漏气

1. 孔口漏气

钻孔采用软连接方式，采用卡箍固定，软连接容易发生孔口漏气。当发生孔口漏气时，紧固卡箍或重新连接，或在接口处涂抹密封胶，确保钻孔不漏气。若因封孔质量问题导致漏气，则应考虑重新封堵，或进行孔口区域抹面处理。

2. 管网漏气

抽采管网由于长时间的负压，容易造成管路之间的密封圈损坏。若出现密封圈损坏漏气，应及时更换密封圈。管路之间的螺栓未紧固，易造成管网漏气，需重新紧固螺栓。若发生系统性漏气，则在满足抽采要求的前提下，选取合适负压，减少系统漏气。

3. 放水器漏气

采用自动放水器进行管路放水，在实际放水过程中，经常出现放水器顶针不能自动复位，导致大气与放水器相通，造成自动放水器漏气。出现这种情况时，需及时进行维护，将放水器的两个柱帽拆卸，人工顶针复位，解决放水器漏气问题。

二、抽采煤体氧化

1. 现场实际

通过施工各类穿层、顺层钻孔对煤体瓦斯进行预抽，以降低煤层瓦斯含量和消除煤层瓦斯突出危险性是目前广泛使用的瓦斯抽采治理手段。在钻孔施工和抽采过程中，煤渣排不净或受地压影响钻孔发生塑性变形都易造成钻孔中有破碎煤的存在，破碎煤在钻杆、钻头摩擦生热作用下或抽采期间通过裂隙产生供氧条件的低温氧化作用下，或因断层、破碎带、煤体松软等因素而导致钻孔封孔不严、钻孔附近煤体漏气，煤体氧化生热出现孔口"冒烟"，孔内 CO 气体浓度超标，甚至发生钻孔附近煤层自然发火等现象，形成矿井安全生产的隐患。

2. 钻孔施工期间煤体氧化现象及处理

在钻孔施工过程中，特别是见煤后排渣不畅煤渣堆积堵塞钻杆或造成抱钻后，钻杆旋转时与煤体摩擦产生高温易导致孔内煤体氧化产生烟雾甚至发生煤层着火现象。该类氧化、着火现象成因和地点明确，发现和处理容易。现象发生后施工人员要冷静进行处理，不要慌乱撤人造成事态扩大酿成更大的事故。施工人员应站在孔口上风侧，立即打开水管通过钻杆向孔内注水进行灭火、降温即可。

若要有效避免煤体氧化现象发生，优先采用水力排渣施工钻孔是关键。长钻孔施工过程中，供水没有到位不得开钻钻进。

3. 穿层钻孔抽采煤体氧化现象成因及处理

在掘前预抽或在突出煤层的突出危险区掘进巷道时，为有效消除煤层的突出危险性，往往采取在临近巷道（一般是岩巷）向处于突出危险区的待掘巷道位置施工穿层钻孔预抽消突的措施，该类钻孔抽采期间如管理不善也易造成煤体氧化。其主要原因是被掩护巷道掘进后，已掘段的抽采钻孔被揭露漏气造成煤体氧化。

穿层钻孔在预抽评价结束，被掩护巷道开始掘进后要关注掘进巷道与穿层预抽钻孔的位置关系，加强对钻孔抽采浓度、流量、孔内 CO 变化情况的观测，及时将巷道已掘段的预抽钻孔进行停抽、封堵处理，防止因持续抽采供氧造成煤体氧化甚至发生煤层自燃。如已发生氧化，就要及时进行注水、停抽、封堵处理。

4. 顺层钻孔抽采煤体氧化现象成因及处理

顺层钻孔抽采期间钻孔封孔段煤体处于松动圈范围，裂隙发育，如封孔不严、封孔长度不合适，钻孔孔口附近煤体裂隙、锚杆孔、锚索孔漏风进气易导致孔内煤体氧化现象的发生。

　　针对顺层钻孔，首先要做好瓦斯抽采钻孔的封孔工作，钻孔封孔深度要达到 10 m 以上，同时采取"两堵一注"带压注浆的封孔方式封堵钻孔，确保钻孔不漏气。其次要对钻孔的抽采浓度、流量、CO 浓度、温度等进行定期测定，控制低浓度、高流量钻孔的抽采流量，及时将 CO 浓度和温度异常上升的钻孔及其邻近钻孔进行关闭、停抽并注水，甚至封堵。若有断层、破碎带或其他地质构造等因素影响，则需进行区域排查堵漏，甚至注浆加固堵漏。

参 考 文 献

[1] 国家煤矿安全监察局，国家能源局. 煤矿瓦斯等级鉴定办法 [M]. 北京：煤炭工业出版社，2018.

[2] 国家安全生产监督管理总局. AQ 1027—2006 煤矿瓦斯抽放规范 [S]. 北京：煤炭工业出版社，2006.

[3] 国家安全生产监督管理总局，国家煤矿安全监察局. 煤矿安全规程. 北京：煤炭工业出版社，2016.

[4] 张子敏，吴吟. 中国煤矿瓦斯地质规律及编图 [M]. 徐州：中国矿业大学出版社，2014.

[5] 刘昌岭，刘乐乐，李彦龙，等. 揭秘可燃冰　可燃冰知识 100 问 [M]. 北京：气象出版社，2018.

[6] 中国煤田地质总局. 中国煤层气资源 [M]. 徐州：中国矿业大学出版社，1998.

[7] 李增学. 矿井地质手册地质·安全·资源卷 [M]. 北京：煤炭工业出版社，2015.

[8] 于不凡. 煤和瓦斯突出机理 [M]. 北京：煤炭工业出版社，1985.

[9] 蒋承林，俞启香. 煤与瓦斯突出机理的球壳失稳假说 [J]. 煤矿安全，1995，(2).

[10] 周世宁，何学秋. 煤和瓦斯突出机理的流变假说 [J]. 中国矿业大学学报，1990，(2).

[11] 李萍丰. 浅谈煤与瓦斯突出机理的假说：二相流体假说 [J]. 煤矿安全，1989，(11).

[12] 刘宗平，王润起，孙金龙，等. 坑探岩石分级及检测方法 [J]. 探矿工程，1990，(2).

[13] 李鹏. 钻孔瓦斯动态抽采流量法测定抽放半径技术研究 [J]. 内蒙古煤炭经济，2019，(12)：4 - 5，72.

[14] 胡金涛，吉丹妮. 示踪气体法确定抽采半径在顾北煤矿的应用 [J]. 华北科技学院学报，2015，(5)：23 - 26.

[15] 张再镕. 钻孔施工与瓦斯抽采精细化管理模式的探讨与实践 [J]. 内蒙古煤炭经济，2016，(C1)：43 - 44.

[16] 任仲久. 下向瓦斯抽采钻孔自动排水技术研究与应用 [J]. 能源与环保，2018，40 (1)：31 - 35.

[17] 王一帆. 基于立体交叉钻孔的低渗透煤层瓦斯抽采技术研究 [J]. 煤矿机械，2018，(2)：29 - 30.

[18] 张永福. 保德煤矿 88501 面瓦斯预抽试验应用技术 [J]. 煤矿安全，2009，(1)：11 - 14.

[19] 谈国文. 地质构造带石门揭煤防突技术 [J]. 中州煤炭，2015，(4)：1 - 3.

[20] 杨晓红，赵磊. 跨采面递进式掘进条带预抽消突技术的研究应用 [J]. 山西焦煤科技，2017，(C1)：132 - 135.

[21] 解文汇. 瓦斯抽采设备钻孔过程中漏气问题分析与优化 [J]. 机械管理开发，2019，(5)：78 - 80.

[22] 赵中玲. 一起掘进巷道贯通瓦斯超限事故案例分析 [J]. 科技情报开发与经济，2011，(6)：212 - 214.

[23] 雷红艳. 钻屑瓦斯解吸指标 K1 临界值快速确定方法试验研究 [J]. 煤炭科学技术，2019，(8).

[24] 公衍伟. 黏液封孔器在煤层瓦斯压力测定过程中的安全问题及对策研究 [M]. 徐州：中国矿业大学出版社，2012.

[25] 赵晶. 涌水条件下的下向钻孔煤层瓦斯压力测定技术 [J]. 中国煤炭，2015，(12).

[26] 吴爱军. 胶囊黏液封孔器在测定煤层高瓦斯压力时失效成因分析 [J]. 中国安全生产科学技术，2013，(2).

[27] 宋学锋，李拳春，曹庆仁，等. 煤矿重大瓦斯事故风险预控管理理论与方法 [M]. 徐州：中国矿业大学出版社，2010.

[28] 杨建国，林柏泉，康国峰. 煤矿生产安全风险管理机制的研究与应用 [M]. 徐州：中国矿业大学出版社，2009.

［29］罗云，樊运晓，马晓春．风险分析与安全评价［M］．北京：化学工业出版社，2004．

［30］付建华．煤矿瓦斯灾害防治理论研究与工程实践［M］．徐州：中国矿业大学出版社，2005．

［31］宫玖朋，王庆安．定向单支水平钻井预抽井下煤层瓦斯技术研究［J］．科研，2018，(8)．

［32］黄书祥．唐口煤矿综采工作面采空区瓦斯分布数值模拟［J］．煤矿安全，2015，(9)．

［33］严永军，雷伟锋．采空区采动"裂隙圈"空间范围的研究［J］．河南科技（上半月），2014，(11)．

［34］周世宁，林柏泉．煤层瓦斯赋存与流动理论［M］．北京：煤炭工业出版社，1999．

［35］陈学习，齐黎明．煤层瓦斯压力与含量测定技术及应用［M］．北京：煤炭工业出版社，2015．

［36］魁永成．祥升煤矿6号煤层瓦斯抽采半径现场实测分析［J］．西部探矿工程，2020，(5)．

［37］高祥．丁集煤矿穿层钻孔增透预抽瓦斯治理技术［J］．黑龙江科技信息，2015，(21)．

［38］梁银权，王进尚，冯星宇．高瓦斯低透气性煤层深钻孔高压水力割缝增透技术［J］．煤炭工程，2019，(6)．

［39］蕫玉清，雷云．基于液态 CO_2 相变致裂增透技术的煤层瓦斯治理［J］．能源技术与管理，2019，(3)．